国外建筑设计译丛

设计与场所认同

[英] 乔治娅·布蒂娜·沃森
伊恩·本特利 著
魏羽力 杨 志 译

中国建筑工业出版社

著作权合同登记图字：01-2008-4119号

图书在版编目（CIP）数据

设计与场所认同/（英）沃森，本特利著；魏羽力，杨志译．
北京：中国建筑工业出版社，2009
（国外建筑设计译丛）
ISBN 978-7-112-11597-6

Ⅰ．设… Ⅱ．①沃…②本…③魏…④杨… Ⅲ．建筑设计
Ⅳ．TU2

中国版本图书馆CIP数据核字（2009）第210921号

This first edition of Identity by Design by Georgia Butina Waston is published by arrangement with ELSEVIER LTD, The Boulevard, Langford Lane, Kidlington, OXford, OX5 1 GB, England.

本书由英国Elsevier出版社授权翻译出版

责任编辑：程素荣
责任设计：郑秋菊
责任校对：王金珠 刘 钰

国外建筑设计译丛
设计与场所认同
［英］乔治娅·布蒂娜·沃森
伊恩·本特利 著
魏羽力 杨 志 译

*

中国建筑工业出版社出版、发行（北京西郊百万庄）
各地新华书店、建筑书店经销
北京嘉泰利德公司制版
北京云浩印刷有限责任公司印刷

*

开本：787×1092毫米 1/16 印张：18 字数：432千字
2010年3月第一版 2010年3月第一次印刷
定价：58.00元
ISBN 978-7-112-11597-6
(18866)

目 录

致　谢

如果没有世界各地人们的慷慨相助，本书可能永远也无法写成。一些人为特定的案例研究提供了信息，另一些人对共同完成整个计划至关重要，我们应感谢他们。

很多当地人丰富了我们对特定案例研究的理解，没有他们的远见，我们可能永远难以打动游客。我们特别想要感谢如下人物：布拉格的 Michal Hexner and Jiři Štursa；卢希尔雅那的 Richard Andrews，Stane Bernik，Peter Krečič，Vesna Grunčić -Vedlin and Braco Mušić；关于伦敦地铁是 Bob Langridge；墨西哥的 Diego Villaseñor，Ricardo Legorreta，Teodoro Gonzalez de Leon，Carlos and Lisa Tejeda，Cecilia Martinez de la Macorra，Ana Maldonado Villaseñor and Luis Gabriel Juarez；博洛尼亚的 Pier Luigi Cervallati，Gianfranco Caniggia and Nicola Belodi；佩鲁贾的 Lucia Vašak and Fabrizio Fiorini；马来西亚的 Jimmy Lim，Mijan Dolbani and Bayo Bayudi；波士顿的 Eric Schmidt and Dick Gavers；在响应环境的设计途径方面，有 Paul Murrain，Ivor Samuels，Richard Hayward，Sue McGlynn，Graham Smith，Mariana Castaños，Dora Boatemah（令人伤感的是他已在本书完成前去世），Thomas Esterine 和布莱克斯顿的安吉尔镇的居民。我们非常感激他们。还有以下机构对图片的贡献：Asia Publications，Concept Media，波士顿再开发局，景观设计杂志，MIT 出版社，波士顿国立图书馆托管人，Verso 出版公司，Edizioni L' Inchiostroblu，Tachen，Electa，Arcadia，Institut Masyarakat，Escala，The Monacelli Press，Thames and Hudson，Birkauser Verlag AG，Studio Vista，Rotledge，Uiverza v Ljubljani 和 Foulis 出版社。

然而，一本书的产生并不仅仅是心智探讨的事情，而且它也包含了大量艰苦的实践工作。对此，我们也应当致以谢意，尤其是 Jane Handal，Jessica Keal，Catherine Smith，Maureen Millard，Linda New，Regina Mapua Lim，Anwar Punekar and Mario Reyes。没有他们，我们将无法完成此书。

最后，任何长期计划都需要不断的挑战和鼓励才能发展下去，《设计与场所认同》也不例外。我们知道应有多少归功于他们：David Watson，Iva Bentley，Christina Dorees，以及所有推动我们在第一时间发展这些想法的学生们，还有城市设计联合中心的支持。

乔治娅·布蒂娜·沃森
伊恩·本特利

导　言

当今，世界各地的许多人都似乎觉得一个场所应该有其特征——“认同”(identity）是最常用的词——来使它有别于其他场所。故事曾经就是这样进行的，由于大部分建筑产生于乡土过程，地方与地域认同感的形成不需要任何人去努力实现。至少在19世纪前，交通的限制保证了世界各地的大部分建筑源于用当地的材料建成，而对结构原则和建造技术的有限理解把建筑类型的范围限定在任何特定的地方。当然，我们不应夸大所有这些稳定性，在很多地方，尽管这些限制都存在，激进的设计变革仍时有发生。当英国的考茨沃德山(Cotswold Hills）上适于建设的木材消耗殆尽时，工匠们开始采用新的方式，建造出石头房屋，这一地区现在因此而闻名（图0.1)。然而，即使地方特色受到如此激烈的变化影响时，这些变化本身也并非主要通过选择而形成，而是由于建造者所面临的新的限制，其性质仍旧是地方的。

工业化使这些地方限制日益松弛。19世纪中叶在世界上正在进行工业化地区，相对廉价的运河和铁路交通意味着建筑材料这样的东西可以有更加广泛的来源。科学进步带来了技术潜能的爆发，扩大了这些新得到的材料的用途。新的设计思想利用这些潜能，通过设计图书与期刊数量的不断扩张，以及设计师人数的不断增长而得以传播，现在他们发现跨越更广阔的地理范围来工作更为实用。在快速工业化的城市化年代，用来控制公共健康和安全的新条例与法规也为了可预测的生产而寻求共同的执行标准，这同样侵蚀了地方和区域的本土差异。经过了一个多世纪的变迁，具有地域特色的建成形式不再能够自发产生了。任何一个人细想一下都清楚：正如建筑师M·霍夫（Michael Hough）所指出的，“地域特色的问题变成了一个选择的问题，因而是设计的，而非必需的”。[1]

现在任何行业的人们似乎都对此特殊问题饶有兴趣。例如，查尔斯王子为了增进对场所－认同（place-identity）的特定理解，忠告设计师们要“使其所在成其所成”(Let where it is be what it's made of) [2]。反体制(anti-establishment)[1]的艺术家露西·里帕德（Lucy Lippard）虽然具有非常不同的价值观，但至少也同意场所－认同的问题，她赞美“地方的诱惑”，提倡一种“融入/或照亮场所”[3]的艺术。这种感情的广泛传播也使她在选民中得到了可观的政治力量，因此如今在世界很多地方，场所－认同的问题已吸引了主流政客们的注意。例如新加坡议员Hong Hai对“新加坡有时将构成人们的根源与传统的建筑和场所弃若敝屣”

[1] 反体制（anti-establishment），一种反对社会、政治、经济惯常原则的观点，多见于社会和政治议题。在英国反体制组织多为反对统治阶级。——译者注

图 0.1 考茨沃德的乡土建筑

之事深表遗憾。[4] 场所－认同感现在如此广受重视，也突出体现在经济上。如今它已变成了全球范围内的热销商品：通过“独特卖点”（Unique selling proposition），地方性在现今全球最大的产业中被市场化为旅游目的地。“寻找特色与不同之处是旅游的全部意义”，M·霍夫提醒我们说。[5]

面对这些与日俱增的社会、政治和经济压力，许多设计师如今希望在他们的作品中涉及场所－认同的话题。例如在英国，环境部 1996 年的研究[6]显示各种专业领域的设计者们已经开始认识到这一议题的重要性；皇家城镇规划学院前院长 T·罗伯茨（Trevor Roberts）2002 年提出认同感是“规划的基本目标”。[7]这种关注并非仅仅是英国文化中特有的怀旧方面，它在地理上传播得更为广泛。将这一关注应用于非常不同的，也许是更加面向未来的文化语境中——比如马来西亚——B·贾尔斯（Bob Giles）就强调了“当地政府对民族认同的渴望”在建筑中的重要意义。[8]

从这些例子中可以明显地显示出，对恰当的地方和地域认同的广泛追求不能仅仅视为一件毫无疑问的“好事情”，设计思想家们指出其消极方面也没什么坏处，其中两点尤其重要：首先，场所－认同的概念和极端右翼的政治思想关系久远。例如人们在纳粹意识形态中想到了“国土”和“祖国”的作用。其次，场所－认同感在实践中常常被约简为一个在市场上买卖的简单商品，成为日常生活迪斯尼化的一部分。N·利奇（Neil Leach）很好地总结了这一孪生的危险，他提出“我们在地域主义中认识到的可能不仅仅是一切呼唤地域或民族认同感中内在的潜在危机，而且是这一概念在晚期资本主义文化条件下潜在的复杂性。”[9]危险当然存在，但我们并不把它作为在设计中解除场所－认同的论据。实际上，恰恰是普遍愿望和内在危险的强硬结合使场所－认同变得如此有趣，并且如果需

图 0.2 莫斯塔古桥

要规避危险的话，这恰恰是有必要在设计实践中讨论其含义的原因。因而在本书中，我们的目的是在建筑、城镇规划和城市设计中推动就此话题基于实践导向的讨论。

"认同"是一个声名狼藉的宽泛概念，正如詹姆斯·唐纳德（James Donald）所指出的，"'认同'是当代人文与社会科学中最被过度使用但最少思考的术语。"[10] 依我们的看法，这种不严谨并非弱点。相反，这是为何这一术语有价值的关键理由。保罗·吉尔罗伊（Paul Gilroy）提出：

> 全然不同的思想被压缩到特性的概念之中，它可以涉及宽泛的议题，在通常无关联的主题和观点之间制造出创造性的连接。[11]

我们的城市设计实践证明了这一点：认同的概念使设计的议题能够在社会和政治的术语中讨论，人们似乎认为它与自己的日常生活相关。使用者谈及某个场所认同感时，当我们深入其表面之下，我们发现他们的头脑中通常已有某种场所所具有的他们自己的认同方面的意义：该场所如何影响他们构想自身的方式，或者他们对场所的想象如何影响其他人构想他们。两个非常不同的案例可有助于阐明我们的意思。

第一个案例位于波黑的莫斯塔（Mostar）镇，为内雷特瓦河（Neretva River）上举世闻名的古桥[1]所在地(图 0.2)。古桥在 1993 年克罗地亚人和波斯尼亚穆斯林的内战中毁坏。当地波斯尼亚人随后的

[1] 莫斯塔桥（Stari Most），由土耳其建筑师 Hairuddin 在公元 1556 年奥斯曼帝国占领巴尔干地区时建造。奥斯曼帝国统治这一区域以后，波斯尼亚人普遍开始信仰伊斯兰教，而生活在同一地区的塞尔维亚人与克罗地亚人则分别继续信仰东正教和天主教，从而使这一区域形成天主教、伊斯兰教和东正教三教并立的局面，莫斯塔古桥连接分居两岸的波斯尼亚人和克罗地亚人社区，被视为东西文化交流的桥梁。1993 年 11 月 9 日，在波斯尼亚人和克罗地亚人的内战中，莫斯塔古桥成了民族纠纷、宗教冲突牺牲品，被克罗地亚人炸毁。2004 年在联合国教科文组织资助下完成重建。——译者注

陈述[12]表明桥的突然毁坏如何彰显了它在形成他们自己的个人和社会认同感中所担当的重要作用，达到了完全将桥视为他们自己的一部分的程度："我的感受和任何真正的莫斯塔人一样……我感到自己身体的一部分被扯掉"，波奈德（Bernaid）[13]说，他是当地人，一辈子都住在莫斯塔。

波奈德作为一个"真正的莫斯塔人"的自我认同感显然与莫斯塔的积极价值相联系，特别是古桥，他与其他莫斯塔人共同享有：古桥"像一个具有非凡灵魂的人那样，有着一个人应有的全部好品格"，这是一位当地妇女艾丽莎（Enisa）的说法。[14]然而，从我们自己在破败的英国社会住宅完全不同语境的工作中，我们知道即使是那些一点也不受喜爱的场所，也常常对人们感受他们自己的识别性的方式施加强力影响。

例如，自20世纪80年代后期以来，我们一直和居民共同从事布莱克斯顿（Brixton）安吉尔（Angell）镇的住宅地产重建工作，它们建于20世纪70年代，位于伦敦南部。在20世纪90年代，我们和居民们一起致力于建立引导该地区未来的城市设计策略。作为策略的一部分，我们协助居民们定义他们希望从重建中得到的场所－认同感。这是个冗长而复杂的故事[15]，长话短说，和居民代表们关于安吉尔镇的建筑、街道和绿色空间的激烈讨论带来了三种关键场所－认同需求的清晰表达。

首要的想法是在安吉尔镇及其周边环境之间实现最大的空间和知觉关联。其目标是要打破居民和外来者头脑中将安吉尔镇作为一个犹太人聚居区的感觉，那种孤立感——它建立在与其居民的联系上——通过它在形式上有别于其周边环境而显示出来。人们希望和更为广阔的"布莱克斯顿特色"有更大的融合之感，可能具有政治上赋权的影响，帮助居民从犹太隔离区（ghetto）的社会身份中解脱出来。

居民的第二个要求是重建工作应把场所设计得更"居家"（homely）。讨论澄清了"居家"是作为"体制化"（institutioal）的反面来理解的，居民们寻求与非体制化生活相关的历史形式，来支持（并授权）发展非体制化的人的社会认同，能够自己决定他们生活场所的变迁。

第三个也是最后一个愿望表达在居民的"认同纲领"（identity brief）中，重建的场所应当以"现代"的特性而告终。这里的想法是与现代性相关的形式将授权发展一种社会认同——面向未来，而不是"陷于过去"：作为怀有积极热望的有远见的人，而不是无可救药之人。

这一陈述的要点不在于争论这些需求是否最好地符合了居民利益，也不在于由这些磋商而产生的实际建筑、街道和绿色空间设计是否在实践中支持了认同纲领（虽然现场效果迄今为止似乎广为接受）（图0.3），其目的在于显示出居民场所－认同的需求与他们自己目前和想要得到的身份之间有多么紧密的联系。

总之，从莫斯塔和安吉尔镇，我们都可以看到在场所－认同和人们的个人与社会认同之间的紧密联系，既关乎几世纪之前的工程构筑物，也涉及现代城市的住宅地产，他们位于极不同的文化环境中，一个深受喜爱，另一个基本没有。场所认同和人类认同相互交织是一个经常遇到的现象，或许这有助于解释为何"认同"这个词在日常言谈中同等地涉及场所与人。

然而不幸的是，对建筑师、城市设计师和规划师在这种交织的过程中如何工作显然缺乏有用的理论。例如建筑理论家N·利奇说"建筑理论中几乎没有提到人与建筑的实

图 0.3 布莱克斯顿安吉尔镇的新住宅

际认同方式”[16]，这当然没错。然而，在我们能够发展出任何有用的“如何去做”的模式之前，必须形成某种导向实践的关于“如何思考”的概念。

正如莫斯塔和安吉尔镇显示的，影响人们身份建构的不是建筑、街道和绿色空间本身的物理配置，而是它们对人们意味着什么。它依赖于与事件和人为事实(Artefact)有关的被视为再现(representing)。例如在英国·民族认同的例子中，斯图亚特·霍尔（Stuart Hall）指出：

> 民族认同不是与生俱来的东西，而是形成和改变于再现之中并与再现相关联。我们仅仅因为“英国性”作为英国文化的一套意义系统逐渐被再现出来的方式，才知道什么是英国的。[17]

这对于任何社群的想象成员来说同样正确。但意义的重要性不应仅仅在一个场所向人们表现为何物方面才被考虑，社会学家斯科特·拉什（Scott Lash）解释道：

> 城市的表意不是我们坐在电影院里，阅读一本书，听音乐会或看电视时的再现表意。城市只有当我们沿着小径和大道穿越它时才有意义，它不是一个再现，而是整体的环境。在城市以及空间场域中我们比“积极的观众”更加积极，比互联网和CD-ROM更加互动。超越互动性，比互动性更互动的是定居。我们定居或“生活”在城市空间的场域之中。[18]

拉什将定居的过程描述为“超越再现，或更恰当地说，先于再现”[19]，使整个身体的所有感官都参与进来，所产生的意义源自人类使用模式，以及场所自身的感官联系。这里再次涉及莫斯塔居民的描述，它证明了通过特殊的戏剧化使用方式建立场所经验的重要性，因为古桥和特殊的人类行为模式具有强烈的关联，和当地人生活事件的重大仪式联系在一起，例如成人礼。对于男人们来说，成人的门槛是在众目睽睽下鼓足勇气从桥上跳进内雷特瓦河中而跨越的："当你从桥上跳下之时你就知道你是一个男人了"，露西·布莱克斯塔德（Lucy Blakstad）介绍说。[20] 对于妇女，有意义的事件是不同的，一位当地50多岁的妇女泽拉（Zehra）回忆道："某种程度上古桥是情侣之桥……我的初吻就在那古桥上。"[21] 另一位当地妇女雅斯娜（Jasna）也表示同意："没有一个莫斯塔人不曾在古桥附近做过爱的。"[22]

如果我们想想为何古桥是内战破坏的特殊目标，意义在使用与形式方面的重要性同样遭遇了残酷的透明。在使用层面，城镇被河流一分为二，古桥构成了人们穿越其间的唯一自然通路：具有不同历史的人之间的联系，它作为美其名曰"种族净化"的认同－变化策略的一部分必须摧毁。涉及形式本身的意义在这一魔鬼事业中也起了作用：桥的伊斯兰尖拱代表了奥特曼的传统，本身就是在所谓的"净化"程序中要被清除的一部分。"净化掉莫斯塔的穆斯林还不够"，一个参加攻击的民兵说，"其遗产也必须毁掉。"[23]

总之，在一个场所的结构和开放空间之中定居的多重感知过程产生了一个意义的综合体，其中涉及形式与使用模式，地理学家将那些人类干预下改造的景观称为"文化景观"（cultural landscapes）。如果我们想理解为何场所－认同影响了如此众多之人，那么我们必须一方面着眼于意义和文化景观的联系，另一方面着眼于人们的身份。这就是本书中我们采用的全面视角，将我们带入场所－认同的特殊定义，它成为我们随后章节中思考的基础。对我们来说，场所－认同就是一系列意义，与任何特定的文化景观相联系，任何特定个人或群体用来建立其个人或者社会认同。

从安吉尔镇的故事中可以看出，居民希望能够以动态的方式召唤当地的文化景观：他们想利用房屋的重新设计来帮助建构复兴的、更有影响力的认同。安吉尔镇的居民并非唯一这样做的。在认同建构的动态过程中，利用文化景观作为意义的关键来源似乎是当今很多人生活中的中心议题。

认同建构的动态本质并非如它有时显示的那样是新现象：至少在某种程度上总是存在一种建构人们自身认同的需求，而不只是作为一个施予物被动地接受。当然建构过程很久以来就明显具有流动性，例如任何地方的传统宗教观中，人类被上帝的想象所塑造受到科学发展观中人类从类人猿演化来的挑战，同时也是那些科学思想提供了攻击资本主义工业化进程的方法，它炸毁了所有方面传统的确定性。马克思和恩格斯经历了早期工业化过程的愉快与恐惧，他们写道如何"所有固定的，快速凝固的关系……都一扫而空……所有坚固的东西都烟消云散"。[24] 稍晚些时候，德国哲学家尼采看到文化景观卷入了这一新的流动性之中的认同建构过程。他写下了对新的设计方法的需求，感到人们不再满足于传统的建筑和室外空间，因为"我们想看到自己转译为石头与植物，当我们围绕着这些建筑和花园闲逛时，我们想要在我们自己里面散步"。[25]

整个20世纪，不断深化的科学研究水平还在进一步侵蚀已经确立的认同之源，它基于以前的确定性。例如，人类本质上有别于自然的认同过程经历了剧变，正如阿德里安·弗兰克林（Adrian Franklin）指出的：

自然的概念近年来已经充分改变了，从一个外在于并且不同于人类与文化的独立现实，转变为一个越来越依赖于全体人类社会运转的领域，并在其中成形。[26]

从更为广阔的视角看，人类也将以前概念上的宇宙中心位置连根拔除了。J·基洛特（John Gillott）和M·库玛（Manjit Kumar）认为：

科学永远地改变了人类对在宇宙中位置的感知。从前是宇宙中心的一个身体定居者，宇宙的其他部分围绕着他旋转，现在我们将自己视为一个微小行星的居民，围绕着一个普普通通的星球旋转，在银河系的边缘，它还只是无数其他星系中的一个。[27]

与这些转变相并行，认同建构过程的流动性进一步增长，因为核心价值的变化支配了很多人的生活。社会理论的各种不同领域中的思想家们都认为在这些价值变化中，最为重要的是选择在日常生活中与日俱增的重要性。例如社会学家齐格蒙特·鲍曼（Zygmunt Bauman）告诉我们，如今选择是“最高价值”[28]，而F·英格里斯（Fred Inglis）以文化研究的视角将选择称为“以目的和认同来满足消费者的关键道德行为”。[29]选择的重要作用甚至反映在定义贫困的新方法上，V·库尔蒙（Violaine Courmont）报导说：

2000年世界银行报告从物品（金钱的或是生活必需品）的匮乏开始，一直讲到选择能力的不足，选择的可能性被认为是幸福的基本要素。[30]

选择在如此众多的人们生活中扮演的角色对于认同建构过程具有复杂而矛盾的含义。一方面，选择是最高价值，选择一个人自己的身份——在认同问题上暗示了一种极端的流动程度——似乎很受重视，至少对于某些人在某些时候是这样的。A·R·斯东（Allucquére Roseanne Stone）在此方面强烈地感到愉悦感：

我倾向于将自己视为一个实体，选择用认同的游戏制造自己的生活经历。有时看似我过去的一切都是一种延伸的托辞，为了用主体的地位与相互作用来实验。毕竟，还有什么材料比用一个人自身来实验更好吗？[31]

某些种类的文化景观比其他的更好地支持以主体地位与相互作用来实验的愿望，在此需求针对的是为大范围不同行为模式和文化诠释的选择提供开放潜质的地方：这类地方常常被称为“共鸣的”。[32]然而，共鸣并非全部：这一特殊硬币还有其另一面。甚至实验性如R·斯东的人仍会感到在认同方面某种对稳定性更深切的感受：

说任何主体的地位是一种面具并不一定就开辟了新天地。那样不错且有益，但大多数人仍认为一些主要的主体地位是理所当然的。当他们受到压力，可能会对此概念口是心非，甚或他们现在的“根本”角色也是一个面具，但没有人会真正相信。对于所有的目的和意图，你的“根本”角色就是你。除此之外，空无一物。[33]

在现今的情况中，选择是“最高价值”，“关键的道德行为”和“幸福的基本要素”，然而一种稳定的“根本”认同的建构并非易事。人们想在其生活尽可能多的方面操练选择，包括有必要选择他们的选择标准。这潜在导致了选择的永劫回归：一种关于怎样选择的选择方法的选择，如此这般，永无休止（ad infinitum）。这种状况不会为感受任何特定选择带来有坚实基础的基本价值。但感知总会莫名其妙地产生：无知无觉（senselessness），它牵涉到“关键的道德行为”，在心理学上却永不可行。

选择的显赫地位在事实上的认同建构过程中既鼓励着自由也产生了恐惧。米兰·昆德拉（Milan Kundera）在他最著名的小说《生命中不能承受之轻》[34]（The Unbearable Lightness of Being）中如此诗意地表达了它所制造的内在紧张。如今，认同的建构部分依赖于找到恰当的心理重量来平衡轻之愉悦，以防自我全然飘向虚无。在选择的最高价值下，这种重量唯有通过选择和试验的试错过程来获得，齐格蒙特·鲍曼解释道：

> 因此人们总是需要再试一次，然后再来一次——唯有如此尝试，绝望地死死抱住坚固和有形的事物，以及它们所允诺的永生。[35]

或许我们从此开始洞悉为何在认同建构过程中，文化景观看起来具有如此特别重要的影响，有积极的也有消极的。它们由持久的建成或自然形式构成，芬芳弥久，适合于被“绝望地死死抱住”，无与伦比。

莫斯塔的案例表明古桥为人们的生活贡献出的永恒感，彻底显现于其毁坏之时的痛失感。当地人埃米尔（Emir）觉得“痛失古桥就像你从宇宙中拿掉了几颗行星一样”。[36]一位当地妇女艾丽莎在战争中失去了亲密的家庭成员，用更加不寻常的语言表达了她对同样话题的感受：

> 我可以以某种原因接受战争中母亲和丈夫的死。人们死去，消失……但不是古桥，1566年它就建造了，在这儿呆了这么多年。[37]

文化景观特别适合用来满足永恒感，它使根源稳固，反转时而令人愉快的“存在之轻”的“不能承受”方面。但仅仅是恒久性自身并不能带来当今认同建构过程中，由流动性滋生的更深入的话题。正如齐格蒙特·鲍曼所言：

> 人们必须选择，却没有得到正确选择的简单诀窍……既然在美好与邪恶之间的分界线并不存在，要经过行动过程而绘制出来，那么这些绘制界线的努力结果就类似于一连串的足迹，而不是一个绘制好的道路网络。因而孤独就像共鸣之屋中的定居者那样持久而难以排遣，这是一种矛盾心理……当孤独无法得到缓解与平息时就会极度痛苦，难以忍受。[38]

处理这种痛苦的孤独感，同时使人们的选择在基本价值缺席的情况下仍有意义，一种办法就是把自己看做一个更大社群（community）的一部分，其中别人也和自己做同样的选择；这样人们可以通过社群其他相关成员的认可而使自己的选择有效。文化景观在能否培养这一社群成员感受的过程中起了重要作用。然而我们开始研究这种作用之前，必须先在这一语境中更深入地探究社群概念本身。

面对无知无觉的威胁，社群成员的全部要义是它想要使人们的选择生效。然而，既然选择是最高价值，那么这种生效的达成就不能以压制人们的选择为代价。我们期望我们认识的社群成员总是赞同我们做出的任何选择。当然，实际上，生活从来不会这么简单：这些是仅存于头脑中的社群，社会学家B·安德森（Benedict Anderson）称之为“想象的社群”。[39] 例如谈到民族，安德森指出，它们都是“想象出来的，因为即使最小民族的成员也从不会认识他们的大多数同胞，不会遇到他们，甚至不会听见他们说话，而他们共有的幻象存活在每个人的头脑中”。[40] 在一个选择是最高价值的社会中，这种想象的社群的成员资格非常重要，是多数人认同的中心。

在复杂的现代社会，多数人把自己看做几个想象社群的成员。其中有一些相对稳定而持久，就像安德森上面用作例子的民族国家，或者和人类生活的核心尺度联系在一起的其他东西，比如种族划分，性别或在生命周期中的阶段。相反，另一个极端是相对“浅薄”而短命的事物，比如包括所有方面的时尚牺牲品。在所有层面上，甚至最浅薄的层面，任何想象社群的成员都需要一种对于社群“现实性”的信仰元素，鲍曼指出：

> 相信他们在场是唯一的砖和砂浆，而归咎于重大价值是他们唯一的权利之源。对于寻求赞同的个体的决定，一个想象的社群被授予了仲裁权，并且允诺和仲裁紧密相关，获得了赞同或不赞同的权利（当然，自始至终，人们必须确信这种颠倒的秩序是使整个事件运转的理由）。[41]

这里信仰的因素位于想象社群的成员使无拘无束的选择生效之途的中心：如果有任何假装的因素，生效的过程就无法起作用。这意味着社群自身的存在必须被“识别”为真实的，先在于人们自己的成员身份，而不仅仅是被发明出来使自己的选择生效的东西。

想要将想象的社群识别为先在于人们自己成员身份，必须基于某种令人信服的“证据”。“真实”世界中围绕着我们的先在事件和人造物就必须作为证据来理解，证实了想象的社群“真的”存在，我们没有“虚构”。我们环境的所有方面，从音乐、服饰到旗帜和城市形态，都能够潜在地作为确认某一个想象社群预先存在来诠释；但当前在我们大多数人所属的典型的想象社群范围内，特定的方面在不同的“深度”上具有特定的意义。

由于越来越快的时尚循环与今日经济体系的纠缠，围绕我们的种种方面，如服饰、音乐和装修饰面，相应都可以任意使用，短命无常。这意味着从中读出的意义大多只适合于我们最“浅薄”、动态、短暂的社群建构。相反，文化景观的相对恒久——特别是所有潜在的社群成员都有权进入的公共空间——能够用来建构最稳固，最“深入”的想象社群类型，它关系到我们自身认同的某些最稳固、最深刻的方面。

人们担心对场所的过度聚焦可能会形成危险的民族主义认同感，他们有时提出文化景观在今天已经不再是认同建构的恰当材料。例如N·利奇提出，我们现在处于一个“较少通过场所的概念来建立认同的年代，如家乡、出生地等；而越来越多地通过短暂的现象，例如工作和财产”。[42] 然而不幸的是，不是每个人都平等地赋予了选择工作和财产的能力，许多人——即使在想象中很富裕的社会——也很难识别他们生活在，如里奇所说的，“一个不断变动的社会，其空间原型是交通换乘点和机场大厅”。[43]

任何情况下，我们仍必须面对T·布洛克兰（Talja Blokland）提出的问题，她提醒道，“我们发现当代社会鼓动不断寻求这一问题的答案：如果在日常与别人的接触中我们不断发现新的差异，那我们属于哪里？”44 或许最近的研究发现认同的形成中利用文化景观仍然很重要，才不可避免地需要投入这一问题，即使对于新世纪旅行者[1]那样真正的游牧者来说也一样。例如K·海瑟灵顿(Kevin Hetherington）告诉我们，这里提到的景观是“象征着不确定性、矛盾感情和边缘性的场所。这样，它们就被当做了象征处在社会边缘的外围群体的中心”。45 “像这些地方，比如史前巨石阵（Stonehenge）[2]，代表了一个象征场域，从另类到主流的各种身份在其中被激活与生产。”46

总而言之，对于设计者，不接受想象社群成员的认同过程似乎不太现实，它至少部分超越了交通换乘点和机场大厅，参照文化景观来建构，对许多人一直都很重要。出于同样原因，设计者在工作中难免改变更为广域的文化景观，有必要在认同暗示上担负一定的责任，接受这一点是明智的。

总之，想象社群的自我认同过程是一种强大的策略，来对付选择的永劫回归所特有的疼痛的孤独感，而不会输掉选择本身；无论财产和其他个人所有物的重要性如何，想象社群的持续建构至少有部分涉及场所的概念。A·M·富蒂艾（Anne-Marie Fortier）提出，

> 想象的社群既是一个团体的共同历史、经验或文化——团体的财产——所创造的，也是关于想象的社群如何附着于场所——文化的定位——之上。47

任何情况下，场所也是团体的“共同历史、经验和文化”的一部分：利奇有过如此优美的表述，“相关行为的记忆如幽灵萦绕于建筑之上”。48

当利奇那样的论者指出这种萦绕可能有问题时，他们当然没错，部分因为当前任何场所都可能成为视自己为不同的想象社群成员的人之居所，这些人带有不同的价值和身世。这一情境在世界上很多地方变得愈加复杂，设计者面对的是很困难的议题。关键问题在于任何社群都至少在某种程度上通过与他者的区分来界定：我们成为“我们”，因为我们并非“他们”，至少在某种程度上。人们永远无法避免这种区分，因为它天生就是认同建构过程本身的一部分：“他们”的概念居于我们第一眼识别“我们”的过程之中心。即使我们把“我们”看做整个人类，也不可能最终免除和某些“他者”的区分——机器，“荒野”或随便什么东西。“非常奇怪”，J·克里斯特娃（Julia Kristeva）说，“局外人生活在我们内部：他是我们身份的隐秘面孔”。49

很清楚，在某些情况下，任由这些我们/他们之间的差异通过文化景观或其他方式的发展，会带来可怕的负面后果。差异的感知和其他紧张状态的互动太简单了，将带来极其恐怖的结果；就像我们在莫斯塔看到的“种族清洗”，或者在更大的生态圈中，人类发展的冲击对全部物种的破坏。

至于在人类领域，法国社会学家A·图

[1] 新世纪旅行者（New Age Traveller），指英国一群带有嬉皮信仰的人，在音乐节之间旅行，为了在和其他具有类似信仰的人组成的社群中生活。其交通工具和住房包括有篷货车、卡车、公共汽车和敞篷车改造成的汽车住宅。他们大量产生于20世纪80年代和90年代早期的，如今已渐趋式微。——译者注

[2] 指位于英国索尔兹伯里的史前巨石阵。——译者注

图 0.4 巴黎阿拉伯世界研究中心（建筑师让·努韦尔）

兰（Alain Touraine）指出，让来自不同的想象社群的人们“生活在一起”，关键是首先要发展一种对他所说的“主体”的相互尊重[50]：努力建构使生活有意义的认同，让所有人都无可避免地参与其中，无论一个人自己的身份和别人的有多大差异。在以自身为目的的认同建构过程中，对其价值标准的尊重高于一切，要求特殊类型文化景观的支撑。它强化了对场所共鸣的需求，可以为广泛选择不同的行为模式带来开放的可能性，也能够支撑对一系列不同想象社群恰当的文化理解。

在今日的多元文化社会，共鸣的一个重要方面就是德国哲学家W·维尔施（Wolfgang Welsch）所称的“跨文化性”。一旦我们重视跨文化性，就会特别强调我们对所有物理尺度的场所的思考方式。例如在较大的尺度上，我们倾向于同意T·布洛克兰的观点：“邻里并非永远不能成为一个社群。相反，作为一种手段，它服务于实际的和象征的目的，形成许多不同的社群并使之永存。”[51] 在较小尺度上，我们可以举让·努韦尔（Jean Nouvel）的巴黎阿拉伯世界研究中心（图 0.4）的例子为参照，来理解维尔施的跨文化性：

> 努韦尔通过形式的操作来激起一种欧洲文化和亚洲文化接触的深厚感情，可以被理解为高科技文献和阿拉伯装饰的一体化。功能与装饰以一种惊人的方式相结合，可谓你中有我，我中有你。[52]

对设计者来说，跨文化性难于在始终如一的基础上着手，因为它有赖于对一系列想象社群的理解和感受，它们均有别于设计者自己，不是当前设计文化中惯用手段的一部分。毕竟，想象的社群仅存在于其成员的头脑中："每个人的头脑中都留有他们团体的图像"，[53] B·安德森的话被一再引用。尤其是，这一"团体的图像"就像所有的社会结构一样存在于人们的记忆之中，正如社会学家安东尼·吉登斯(Anthony Giddens)所说的，在"富有见解的个体的记忆轨迹"之中。[54] 然而，记忆的社会共享（或非共享）是设计者的雷区，有可能支撑一个想象社群的任何特定的形式或行为模式的相关记忆，对另一个来说同样很容易显得毫不相关甚至是敌对的。让事情变得更加复杂的是，职业设计师自己——仅仅通过是职业设计师这一美德——就常常感受到某种他们自己的"设计社群"和自己的重要记忆。建筑师S·安德森（他和B·安德森没有任何关系）指出，实际上这对于建筑作品的自治是必须的；但它也带来问题，导致"职业记忆"有可能与其他每个人的"社会记忆"有很大不同。[55] 面对这种普遍性问题，看来想要在设计中产生出彻底的跨文化性，就要让设计过程本身形成新的、更加开放的协同创造途径，视使用者为他们自己的社群价值方面的合作专家。[56]

维尔施将阿拉伯世界研究中心的跨文化性与他所说的"总是处在难以忍受极限，在陈腐的'自属性（owness）'的向度上倒行逆施"[57] 相比较。这种"倒行逆施"内在于很多受到好评却是单方面的努力，它们坚称在相关的场所中，新的建设要"为保护而保护"(keeping in keeping) 任何既存的事物，以此来维持现有的场所－认同，偏狭得到了鼓励，因为它滋生出过去一定比未来更好的观点；这相应地又鼓励了F·弗雷迪（Frank Furedi）所说的"恐惧的文化"，经常受到媒体的夸大宣传，很多人以"知足常乐的道德"来行事，将他们自己视为生活在一个"危险的陌生人之世界"[58] 中，在那里恋爱是危险的，甚至一个诸如握手这样的友好手势也会构成健康危险。

近期的城市变迁也深涉于这种恐惧的文化的进展之中。J·R·肖特（John Rennie Short）的解释再次强调了公共空间在认同形成过程中的关键作用：

> 在美国，弥漫着对他人的恐惧感某种程度上可以归因于城市形态，它意味着人们很少能在公共和第三空间中遇见与他们不同的人。当我们被隔离，进入了生活经验的分离空间，我们唯有通过媒体的陈词滥调和白日梦才能遇见他人。当我们失去了允许我们亲眼看见别人的共享空间，我们也就失去了一个真实市民社会的基本要素。[59]

当普遍化的对"他人"的恐惧表现在经济领域中时，甚至在相对富裕的社会，它也通过时常称作可得经济资源"零和"(zero-sum)[1] 的概念造就了想象社群之间的紧张关系：因为资源供应总量是有限而固定的，它支持如果"他们"得到很大改善，"我们"就必定所得甚少的悲观主义观点。正如政治思想家E·盖尔内（Ernst Gellner）指出的，解决这种紧张状态的任何有效途径都要求在其他事物中，认同导向一种更加乐观的"非零和"的未来观：如果"我们"和"他们"一起工作，那么未来我们都能做得更好。[60] 如果文化景观有助于发展这些更加乐观的、前瞻的身份，

[1] 零和是一个经济学的词汇，指的是指参与博弈的各方，在严格竞争下，一方的收益必然意味着另一方的损失，博弈各方的收益和损失相加总和永远为"零"，双方不存在合作的可能。——译者注

它需要涉及的不仅仅是过去，还是一种未来的开放感。

然而，渴望文化景观支撑个人与社会的认同建构（它重视未来的开放感）并不是说根源性就无关紧要了，实际上，我们至此的讨论逻辑都相当有力地提出如果我们想要从“恐惧的文化”中挣脱出来的话，需要一种有恰当的根源身份，以此首先来发展尊重开放未来信心；也提出了文化景观具有建构这些根源的潜在作用。从这一视角，建筑文化中时常呈现出对已建立的场所认同感的极端忽视，例如雷姆·库哈斯（Rem Koolhaas）著名的“去他妈的文脉”的立场[61]，恰恰是对许多城镇规划师坚持“为保护而保护”方式的片面否定。或许此处最好的平衡是非专业的西岸（West Bay）多塞特（Dorset）村的居民，最近我们和他们一起工作，当时他们决定想让那儿“源于过去但不囿于过去”。[62]

从“恐惧的文化”中挣脱的需要，以支撑根深蒂固且乐观的“非零和”个人与社会认同的发展，对于人类与“自然”有关的身份认同同样具有重要寓意。如果人类要学会与自然和谐共生，我们必须停止把自然作为外在于我们自己的事物，具有固定的不可变的特征，我们和它有零和的资源关系来考虑。在此，我们已经将人类/自然区别的概念最近的转变看做参与了增加认同建构过程的流动性，现在它也在其重新建构过程中起到积极作用。正如A·弗兰克林指出的，我们应当好好地遵循象B·拉图尔（Bruno Latour）[63]那样的思想家在“宣称人类与自然的边界纯属虚构”中对自然本身的重新概念化：[64]

物种之间相互作用的结果，包括人类的行为和设计，无论发生了什么，都是历史演变的作用；它是共同定居的自然结果。[65]

个人与社会认同可以从传统的人类/自然二分法中自由建构，支撑其建构的文化景观对于发展一种乐观的、非零和的、共同定居的概念是基本的，莫斯科维奇（Moscovici）说：

社会不再作为束缚自然的机能看待，而将和自然结合，鼓励走向丰富物种的可能性，增加生存前景的信念与实践。[66]

从与其他想象社群的成员以及自然共同生活的视角来看，我们需要形成有根源的认同，又不因根源而陷入一种K·多威（Kim Dovey）所说的“场所奴役”[67]的关系中，而面向未来更加乐观开放。然而，假设当前“恐惧的文化”深入人心，如果我们去发展这些开放乐观的认同，就要竭力求得一切帮助。此时需要的是支持新的认同实验，无须松开我们已确立的根基。按照艺术理论家A·丹托（Arthur Danto）所说，某些艺术门类可以提供这一支撑，通过一种“并非陌生的体验，即通过艺术从自己身上抽身而出”[68]。通过这种从自身抽身而出的过程，人们就能够具有“新的艺术相关的认同……同时以某种方式保存了他们从前的身份”，美国哲学家D·戈德布拉特（David Goldblatt）说。[69]

任何经由艺术的影响维持的新的身份在“共同生活”方面有可能大体上是正面或者负面的。戈德布拉特自己举的例子就很难不被视为负面，他提及“强有力的建筑使自我变容（transfigure）”：“例如，很容易想象本土的印度人变容为一个大英帝国的成员。”[70]然而艺术能否同样帮助人们试验新的认同，有可能具有正面的共同居住的含义呢？当然，某些涉及已逐渐被称为“新公共艺术”的作者认为是可以的。例如N·费尔辛（Nina Felshin）如此看待新公共艺术的特征：

公共空间的创新性使用提出了社会政治与文化意义的话题，鼓励以社群或公众的参与来作为实现社会变革的方式。[71]

因此，很多艺术门类似乎潜在地在塑造文化景观上起了重要作用，来自不同想象社群的人们有可能在其中完成共同生活的艰苦大业。

总之，迄今为止我们的讨论表明，在文化景观和人类认同建构的关系方面有四个关键问题目前正处于危机之中。其一，我们需要景观，它将支撑起人们日常生活中选择的最开放的可能，并将有助于形成我们在实践中利用这些机会所需要的赋权感。其二，我们需要景观来支撑想象社群的建构，驱散内在的孤独无根感——令人兴奋的选择的永劫回归带来的不利一面。其三，作为特定想象社群的成员，我们需要景观的帮助以超越知足常乐的道德，以可持续的方式发展我们的开放而乐观的认同，这是我们找到和其他人共同生活的跨文化途径所需要的。其四，我们需要景观来鼓励我们发展出和更宽广的我们通常称之为“自然”的生态系统和谐共处的能力。但这一切在实践中意味着什么？我们如何超越一种简单的许愿清单，走向关于如何设计的实践思想？

首先是一个警告：场所－认同并非设计中最紧要和最终的事务。它虽然重要，也仅仅是实际设计工作中需要对待的无数话题中的一个。忽略现存设计文化中发展起来的其他因素，单单专注于此是短视的。我们应该识别那些因为在场所－认同方面有所值而应该发展的方面，以此来寻求改善现存设计文化更为恰当，而应当抛弃那些我们所知的诸如膝跳反射式的“为保存而保存”和大男子主义式的“去他妈的文脉”。[72]然而，作为出发点，我们如何从场所－认同的视角探寻现存设计文化中的赞成与反对的观点？

当下的主流设计文化很大程度上是在现代主义传统之中发展起来的，这一传统的很多方面逐渐成为全球化的形式－生产系统的一部分，到目前为止，对于建立场所－认同感很重要的地方差异，它似乎总是在擦除，而不是在创造新的积极的差异。因而大多主流的现代主义价值观和设计实践使设计者很难创造性地参与到场所－认同问题中就不奇怪了，而场所－认同的问题在今天对很多人来说显得如此重要（当然也包括下班后的现代主义设计者们自己）。

如是观之，在场所－认同方面，现代主义传统可能被作为问题，而不是作为解决方案的一部分而过于轻易地放弃。然而人们不应该指望大部分设计者抛弃现代主义传统，正如近来推销后现代的古典主义努力失败所昭示的那样。毕竟设计者和所有人一样，都能感受到从属于一个想象社群的需求，能够帮助他们相信他们在工作中所做的选择是合理的；而且对于很多人来说，满足这一需求的仍旧是现代主义社群的成员身份。然而幸运的是，现代主义社群强调原初性和创造性价值，意味着其成员从来没有用单一的声音说话；现代主义传统之中总是有反叛的涓流，有一些对场所－认同具有积极价值。

所以，在创造积极的场所－认同设计方面形成一种结构良好的方法，就需要深入研究在实践中考虑这一问题的创造性设计作品案例。我们可以找到自19世纪后半叶以来很有趣的作品，当时工业化的进程一方面导致了认同建构上日益增强的流动性过程，另一方面侵蚀了曾有助于这一过程扎根的特定文化景观的独特性。在此期间曾有大量有趣的设计方法，适应于不同地方的各种文化差异和历时而多变的设计理念。要想从一整套创造性作品的研究中有所收益，我们选择了围绕广域范围内的案例研究来组织本书，跨越了现代主义自身的时间跨度。大体上，这些研究按它们最初设计的年代顺序粗略地联系在一起，使我们能够探究用设计来实现场所－认同的重要新方法不断浮现。对历史连续性的关注非常重要：假设现代主义在很多设计者生活中起到关键作用，那么我们希望表明我们所探寻的是一种真正的“另类现代主义传统”，自现代运动之初就在其中成长，而不仅仅是对它一系列孤立的背叛。

每一个案例研究将首先着眼于建筑、城市设计和城镇规划在认同建构过程中所起作用。然而，由于艺术世界作为一个整体在这一过程中的潜在重要性，探究建成形式可以起到的特殊作用就相当重要，以区别于其他艺术媒介如音乐、舞蹈和绘画，这样我们就不会错误地试图使文化景观的物质结构担当它们天生就不适合的角色。每个案例研究将建成形式的介入定位到更为广泛的艺术世界之中，以助于揭示其场所－认同的特殊潜质。

我们将在每一个案例中研究新的设计实践如何在新理论的复杂相互影响中发展。正如我们将看到的，新的理论概念出现于与新的实践问题斗争的努力之中。相应地，实践问题不能作为问题看待，除非人们能够想象出可供选择的方式或答案，至少有一个最黯淡的轮廓。理论、问题和解答并存于特定案例的复杂相互作用之中。后面的每一章都深入研究了这样一个案例，本书结论将各章节汇集在一起，勾勒出在不同物理尺度上，可用于不同类型和层次的想象社群的不同设计方法。

注释

1 Hough, 1990, 2.
2 Wales, 1989.
3 Lippard, 1997, 286.
4 Cited in Ko, 1999, 25.
5 Hough, 1990, 3.
6 Department of Environment, 1996.
7 Roberts, 2002, 3.
8 Giles, 1999, 41.
9 Leach, 2002a, 94.
10 Donald, in duGay et al., 2000, rear cover.
11 Gilroy, 1997, 305. For a negative response to this argument, see Brubaker and Cooper, 2000.
12 Reported in Blakstad, 2002.
13 Blakstad, 2002, 173.
14 Ibid., 158.
15 For more detail, see Bentley, 1993.
16 Leach, 2002b, 28.
17 Hall, 1992, 292.
18 Lash, 1999, 85–86 (emphasis in original).
19 Ibid., 86.
20 Blakstad, 2002, 156.
21 Cited in Blakstad, 2002, 159.
22 Ibid., 2002, 158.
23 Cited in Sells, 1998, 93.
24 Marx and Engels, 1848.
25 Nietszche, 1974, 226(280), cited in Welsch, 1997, 134.
26 Franklin, 2002, 19.
27 Gillcott and Kumar, 1995, 139.
28 Bauman, 1992, 170.
29 Inglis, 1993, 179.
30 Courmont, 2001, 4.
31 Stone, 1996, 1–2.
32 For theoretical exploration of responsiveness, see Bentley, 1999, and for design guidance, see Bentley et al., 1985.
33 Stone, 1996, 2.
34 Kundera, 1984.

35 Bauman, 2000, 83.
36 Cited in Blakstad, 2002, 174.
37 Ibid., 172.
38 Bauman, S., 1995, 2–3.
39 Anderson, S., 1983.
40 Anderson, 1983, 15 (emphasis in original).
41 Bauman, 1991, xix (emphases in original).
42 Leach, 2002a, 95.
43 Ibid., 96.
44 Blokland, 2003, 64.
45 Hetherington, 1996, 36.
46 Ibid., 47.
47 Fortier, 1999, 42.
48 Leach, 2002b, 292.
49 Kristeva, 1991, 1.
50 Touraine, 2000.
51 Blokland, 2003, 207.
52 Welsch, 1997, 144.
53 Anderson, B., 1983, 15.
54 Giddens, 1984.
55 Anderson, S., 1999.
56 For further discussion, see Bentley, 1999, Part 4.
57 Welsch, 1997, 143.
58 Furedi, 2002, 107–126, see also Sandercock, 2002; Beck, 1998; Park, 1967, Chapters 11 and 13.
59 Short, 2001, 271.
60 Gellner, 1988.
61 For discussion of this approach, and its influence on recent architectural culture, see Benedikt, 2002.
62 West Dorset District Council, 2002.
63 Latour, 1993.
64 Franklin, 2002, 255.
65 Ibid., 9.
66 Moscovici, 1990.
67 Dovey, 1992.
68 Danto, 1981, cited in Goldblatt, 2002, 163 (emphasis in original).
69 Goldblatt, 2002, 163.
70 Ibid., 164.
71 Felshin, 1995, 9.
72 For a fuller development of the logic of this line of argument, see Bentley, 1999.

第1章

布拉格：民族认同的追求与危机

直到19世纪中叶，工业资本主义才从其18世纪的发源地英国广泛传播开来，随之而来的是一切坚固的东西都烟消云散，为人类的认同建构创造了永久的流动环境。与工业化同步，越来越多的人注目于建立想象的社群并以之为归属，人们为了给这些社群一个永久的寄托感而改变了文化景观。

想象社群和文化景观的相互交织对于国家领土的构想方式具有重要含义，因为在越来越多人的头脑中，土地和想象社群的永久交织构成了民族。相应地，民族转向作为社会认同的关键点具有深刻的政治含义，带来了"我们"的土地止于何处而"他们"土地始于何处的新问题。实际上，远在民族于想象中形成之前，任何特定的想象社群对于"自然"边界的感觉和已确定的国界之间就常常是不重合的，"我们"并不能控制"天生就是我们的"土地，这似乎很常见。

在"我们"没有可供献身的地域，而是仅仅被作为更大单元的附属物对待，受一些最高统治的"他们"所控制，这种不重合就很有问题。在欧洲工业化进程中的地区，这种状况的存在在久负盛名的哈布斯堡王朝（Hapsburg Empire）[1]极其明显，其统治者在维也纳统治着广大的民众，他们有着不同的语言和文化传统，每一种都有想象成为新的民族社群的潜力，渴望着要求得到当时帝国的土地权。这一切都对帝国的既得利益提出了根本挑战，维也纳中央政权不得不寻求将帝国联合在一起的办法，因而新的民族社群常常在反对帝国的对立关系中建立起来。

从属的社群为了实现他们对领土的渴望，必须找到建设统一的文化与政治规划的方法，来把"我们"联合在一起。当这些通常经过了复杂的反复试验而逐渐形成，就开始产生日益强大的意义之源，支撑更加广泛而深入的新想象社群的成员身份，直至还未受资本主义的不安定所影响的乡村人口之中。因此，19世纪后期逐渐目睹了民族主义文化–政治计划变得日益强大。

在工业化最为迅猛的地区，帝国的现状难以维持，人们最早感受到了民族主义的压力。在哈布斯堡王朝内部，工业化一

[1] 哈布斯堡王朝是欧洲历史上统治范围最广的王室，发源于瑞士北部，14世纪王朝基地从瑞士转向奥地利，最初其统治范围主要为奥地利和德国南部。王朝鼎盛期为15—16世纪，1519年查理五世即位，将领土扩展到匈牙利、波西米亚和西班牙，其家族一直把持神圣罗马帝国皇位，并通过联姻使权势深入欧洲各地。18世纪王朝分别在西班牙和奥地利绝嗣而亡。——译者注

图 1.1　11 世纪中期的中欧（根据 Bifeleux 和 Jeffries 的地图绘制）

开始扎根于斯洛伐克人的长久聚居地、波西米亚和维也纳南部与东部（图 1.1）。由于布拉格是这一地区至关重要的文化中心，那儿的设计师在发展民族主义的文化政治上起到了主要作用，他们寻求重新阐释与建构文化景观的方法，以强化新的民族社群的创建。布拉格的设计师们没有既定的方式，又要抵抗帝国特质，他们不得不发展出创造民族认同感的新途径。因此布拉格是场所－认同的现代主义思想的发源地，这就是为何我们的案例研究从那里开始。

最早有意识地通过设计建构场所－认同的努力是艺术家和知识分子做出的，他们寥寥无几。然而，如果他们的计划是不断获得足够的权力来实现政治独立，它必将奏响更加宽广的文化之弦。这在布拉格很困难，因为该城市人口具有极大的文化复杂性，如此众多的文化意义通过口头与书面语言的差异表达出来，与独特的乡村和城市生活方式相叠加，每一种都有自己内部的贵族与农民，或商人与工人的划分，以及基督徒与犹太人之间的差异。为了促进民族身份的发展，文化景观的意义必须跨越这些文化阻碍，支撑强有力的“我们”的感觉。

早期的反对官方文化，建构这类景观的努力不得不以边缘的方式运行；既在推翻官方的主导中得到资源，这意味着推进其他的动机，如公共健康或者历史保护，也通过建立新的神话与阐释：头脑中的，而不是地面上的景观。知识分子和艺术家们工作于边缘，需要从他们自己的精英文化中建造通往外部的桥梁，与他人相联系，那些人可能享有同样的民族身份，但在其他方面与之不同并且相互之间也是相异的。种种困难又与审查制度混在了一起，禁止表达反对哈布斯堡的民主情绪，在实践中很大程度地影响了书面语言。[1] 由于非口语文化同样跨越了语言障碍，很多重新阐释现存文化景观的早期努力通过音乐和视觉艺术得到了发展。

例如在音乐中，B·斯美塔那[1]（Bedřich Smetana）在其交响诗《我的祖国》（Ma Vlast）中带来了对于“我们”的民族景观新的现代感受，把乡村重新阐释为对老于世故的城里人无价的民族遗产。在歌剧《丽布金娜》（Libušine）中，斯美塔那也用丽布金娜女王及其农夫丈夫的传说赞美了布拉格建城的神话。这里的神话主题——古代民族自我决定的“黄金年代”，以及贵族与农民联合起来创造的“人民联合”的作用——对很多正在出现的民族是共同的基础。后来，A·德沃夏克[2]（Antonin Dvorak）探索了更多的精英与通俗文化之间的直接联系，他自己来自卑微的乡村：其《斯拉夫舞曲》将阳春白雪的音乐奠基于民间文化之上，整个身体通过舞蹈包含在民族认同建构中，越过维也纳圆舞曲来推动本土的波尔卡。

但是，把精英与通俗文化联系在一起是一项充满争议的事业。许多有影响力的文化人物感到过分强调民间文化会限制未来导向的民族认同的发展，打破既定的帝国文化和政治结构需要这种民族认同。例如在绘画中，民族现代性的追寻使艺术家远离民间艺术灵感，也使其远离维也纳的艺术，尽管维也纳因其显著的帝国内涵而代表了艺术现代性的中心。这同样使他们离开通过德语与奥地利文化产生联系的其他重镇，如柏林和慕尼黑。最后，他们被引向巴黎：一个现代绘画的世界级的中心，似乎对于日耳曼文化是“他者”，特别是在1870 年的普法战争之后。在巴黎，正是反叛的印象派抓住了画家 A·基托西（Antonin Chittossi）的民族主义想象：他和他后来的追随者们创造的现代图像强化了波西米亚景观的早期音乐表现，成为跨越城市 / 乡村区分的文化桥梁。

音乐、舞蹈与绘画中的创造性进展强化了新的感知结构，它最终培育出对布拉格自身文化景观的新阐释与变革。布拉格是个古老的城市，我们在理解这些新的干预如何起作用之前，有必要暂先回溯一下它早先的发展轨迹。

布拉格的发展从一开始就立足于地貌。它位于易北河的主要支流沃尔塔瓦河上，在有可通行的道路以前长期是一条战略性的贸易要道。9 世纪，河岸两边的高崖上的两座城堡的建设强化了这一贸易优势。布拉格的贸易税为欧洲最低的之一，在 10 世纪已经广为人知：965 年，众多外国访客之一，Ibrahim ibn Yacoub 称其为“一个繁忙的贸易中心”。[2]

贸易的增长需要有一个大型的市场，在城堡区（Hradcany Castle）对面的平地上发展起来。围绕着市场生长出了旧城区

[1] B·斯美塔那（1824—1884 年），捷克作曲家，捷克民族乐派的奠基者，被称为“新捷克音乐之父”。主要作品有交响诗《我的祖国》、歌剧《被出卖的新嫁娘》等。《我的祖国》中的第二乐章“沃尔塔瓦河”脍炙人口。——译者注

[2] A·德沃夏克（1841—1904 年），捷克作曲家，捷克民族乐派主要代表人物，作品众多，较著名的有《第八交响曲》、《第九交响曲“自新大陆”》、《b 小调大提琴协奏曲》、《安魂曲》、歌剧《鲁萨尔卡》（水仙女）和《斯拉夫舞曲》等。——译者注

图 1.2　布拉格：我们将遵循的空间序列

(Stare Mesto)。1170 年，沃尔塔瓦河上第一座石桥的修建使它与城堡联系在一起，此后其重要性逐渐显现。在城堡的护墙下方发展出了第二个居民点：小城区（Mala Strana），最后又被 14 世纪规划的新城区（Novo Mesto）进一步扩大。那时布拉格已经是一个重要城市了，拥有 5 万居民和中欧的第一所大学。1338 年皇家政令准予建设市政厅，象征着城市的自治。但布拉格以及波西米亚整体上的自治并不持久，政治动乱、宗教反抗以及封建领主之间的混乱斗争导致了贸易的衰退。1526 年，波西米亚被哈布斯堡王朝接管。

对 19 世纪的民族主义设计师来说，哈布斯堡的接管像是一场历史灾难，而 1526 年前的城市中心则代表了前哈布斯堡时期自由的黄金年代。然而民族 - 建筑的知识分子们并不想要再造黄金年代，他们宁可在其根源上发展出新的现代性。这如何从事？如何使相应的文化景观成为桥梁，跨越使"我们"分崩离析为单个文化区隔的各种障碍？

布拉格的最具创造力的设计师在文化景观的所有尺度上寻求解决这一问题的途径，从公共空间的总体结构，到建筑和公共艺术作品，再到街道家具的细节。这些文化景观通过定居来感知，而不是被动的思考。它们被穿越，而不是被观看，因此不可避免地被连续感知，而不是独立地一点一点。而为了从中习得有用之物，我们也必须连续地分析。现在让我们沿着一条特别重要的序列展开工作，在 19 世纪后半叶，这一序列组织了城市的快速增长。

按规划，城市大部分向北扩张，从市中心跨过沃尔塔瓦河：一个充分利用城市中心设施的实用想法，围绕着中心均等发展。这一扩张的概念至关重要之处是这样一个空间序列：连接瓦茨拉夫广场（Wenceslas Square），经过旧城广场，穿过沃尔塔瓦河，到那一边的列特纳（Letna）公园与峭壁。它被设计为将正在扩张的城市维系在一起的关键纽带：既是功能的也是象征的，"一个民族"主旋律的基本表达。一系列设计师在实践中寻求实现这种表达，有一套丰富的方法，因此我们将详细研究这一序列（图 1.2）。

序列的南端始于瓦茨拉夫广场，现在是城市主要的购物、文化和社会生活中心。它是个古老的公共广场，带有"黄金年代"的涵义，是波西米亚国王查理四世于 1398 年设立的一个马市。广场的大尺度——750 米长，60 米宽——是布拉格总体城市结构的关键要素，具有强烈的纪念性。作为逐渐发展 19 世纪民族－建筑计划的一部分，它的特征缓慢变迁，从地位较低的实用主义市场到重要的仪式与文化空间，并享有如今的名称。

名称变迁的时间印迹以及名称本身，在民族认同建设方面都很重要。重新命名正好发生在 1848 年波西米亚从哈布斯堡王朝那儿首次得到有限的行政自主权，该名称源于一位波西米亚国王，圣瓦茨拉夫，929 年遭暗杀后被封圣：一个真实的"黄金年代"的形象，他的殉教引发了一种传统做法，即把他列为波西米亚的主守护神。

广场的重要性得到了强化，与"黄金年代"主题相关，两个更晚近的干预重新诠释了现代生活。第一个是 1890 年约瑟夫·舒尔茨（Josef Schulz）设计的国家博物馆的完工，将广场的南端围合起来（图 1.3）。博物馆建在台地上，必须被"仰视"，强调了作为捷克历史的窗口的重要性。前后的高差变化通过一个纪念性的台基来转换，丽布金娜女王坐于其上，俯瞰着这个她在神话中建立起来的城市，形成了象征性的底座，博物馆的主体自其上升起（图 1.4a）。建筑的中央焦点在广场的长轴上直接形成一个地标，是一个高大的万神庙，其内部绘制着捷克历史上的重大事件，容纳着捷克名人们的铜像，从艺术到前瞻性的科学世界。万神庙的穹顶形成了一个玻璃天窗，透过它，捷克的文化成就象征性地闪耀着，照亮了城市的公共领域。

广场设计的第二个干预是约瑟夫·米斯尔贝克（Josef Myslbek）1912 年做的圣瓦茨拉夫的骑马雕像，比较小，但还是有强大的视觉冲击力，它强化了广场名称的民族与宗教的象征主义。圣人国王的头盔主导了雕像的戏剧性体量与轮廓，清晰地呼应着博物馆的天窗，以之为背景被观看；它将博物馆的影响施加于公共空间之中，从博物馆的记忆空间中骑出，进入正快速增长的城市空间本身，导向未来（图 1.4b）。

雕像所传达的信息涉及了当时对所有人（除了它所排除在外的少数非基督徒）都很重要的基督教宗教感情，因而跨接了一些社会隔离——或许也强化了另一些。瓦茨拉夫，一个圣人，也象征着波西米亚自治的黄金年代，另外四个波西米亚圣人立于其侧：柳德米拉（Ludmilla）和普罗科匹乌斯（Procopius）在前，阿涅斯（Agnes）和沃日特克（Vojtech）在后。

瓦茨拉夫沿着广场骑马向前，与前方旧城"黄金年代"的中世纪核心区相联系，这同样也戏剧化了空间的作用。顺着这一轴线，略转一小角，矗立着一个"黄金年代"的关键象征物——旧城市政厅的钟塔，重述着自治的前哈布斯堡悠长传统。沿下坡向其走去，穿过新的街道，它们向更多的黄金年代的地标敞开（图 1.5a）。广场结束

图 1.3　瓦茨拉夫广场端头的国家博物馆

于捷克国家银行的体量，它的侧翼伸入公共空间，像捷克财政权的纪念碑，逐渐不再依附于维也纳（图 1.5b）。

走过银行，空间特征陡然变化，标志出象征黄金年代的整个旧城地区。新的街道狭窄而弯曲，曲线形将人们注意力引导至旧城市政厅钟塔本身，除此之外，都是迷途。接受曲线形街道的既存形式，而不是为了使联系更加直接而拉直，对市政厅和钟塔效果的戏剧性表现有强大作用，因为弯曲确保了建筑直到人们处在很接近的区域时方才可见。它在民族主义方面带来的额外效果很重要，赋予市政厅和本地区的自治长期相关的象征价值："布拉格，王国之首"（Praga, caput regni），如其正立面所书（图 1.6a）。在此情境中，什么留在广场中不动，与何时需要干预，在设计决策中同等重要。

确保童话般的小市政厅的小尺度立面只能从近处，从一个引向旧城主广场的小型附属空间来体验，进一步强化了建筑的视觉重要性。尽管建筑物的尺度较小，但通过将注意力聚集于来自黄金年代的大木偶钟上（图 1.6b），这些近距离视角变得极端纪念性。钟建于 1410 年，1866 年约瑟夫 · 曼斯（Josef Manes）的装饰绘画增强了它的视觉效果。

经过市政厅的曲折路径，人们自然地引入旧城广场空间，途经市政厅大钟之下，在整个空间序列的下一个方向改变处形成了强烈的地标，作为黄金年代的一个辉煌符号。广场自身的巨大空间大部分都放任自流，除了保护工作加强了其庄严性，并在中间安置了一个雕像。雕像建立于 1915 年，是波西米亚黄金年代历史上另一位关键性的政治－宗教人物 J · 胡斯（Jan

图1.4　（a）丽布金娜俯瞰着她的城市；（b）瓦茨拉夫雕像

Hus）的宏伟纪念像：他是捷克的传教士和改革家，捷克民族和文化独立的早期斗士，1415年被作为异教徒烧死（图1.7）。当雕像矗立在瓦茨拉夫广场上时，胡斯纪念像把民族主义价值和基督教价值联系在一起，而后者在当时很可能会激发几乎所有的宗教少数派成员头脑中的感情共鸣；它努力跨越其他的语言、阶级和生活方式的障碍，这样就加强了民族主义信息本身的影响。

雕像的巨型尺寸、黑色的石头，以及胡斯外形的垂直性都与近乎哥特式的蒂恩（Týn）圣母教堂相呼应，胡斯曾在其中进行了他的许多著名的煽动性布道。教堂虽然从旧城广场看充满戏剧性，但在物质上却被下方的世俗建筑分隔开。就像瓦茨拉夫和国家博物馆那样，胡斯象征性地将教堂，及其与自身历史角色的关联引入广场；同时雕像纯粹的尺度，基座的巨大体量，参差不齐的岩石和可步入的平台向另一边的广场展开，为L·萨鲁恩（Ladislav Saloun）的设计带来了视觉冲击力，进一步强化了它的信息传达。

雕像也将注意力的轴线转向了巴黎大街（Pařizka Street），我们空间序列的下一站。它开放于1906年，把旧城广场跨过沃尔塔瓦河与对面的莱特纳高地公共开放空间相连接（图1.8）。很容易理解为何这条新的街道按照欧洲著名的非德语的文化中心来命名，我们已经开始探究它在捷克民族文化发展中的作用。然而，这种联合的逻辑并非直接可见。

巴黎大街开放之时，它毁坏了所经之处的一整条旧有的都市结构。这与今日我们在古老的城市中心随处可见的设计方法迥然相异，那儿大部分街道都仅仅通过对旧有结构的拓宽和最小调整而形成。这种保护导向的途径显然和我们曾经描绘的民族主义设计方法是合拍的，因为前哈布斯堡城市中心本身就是一个黄金年代的基本历史和象征意义的人造物。那么，为何巴

图1.5 （a）从瓦茨拉夫广场上看到的哥特风格的火药塔；（b）瓦茨拉夫广场端部的捷克国家银行

黎大街成为这一法则的例外呢？

这种明显失常有一个险恶的解释。巴黎大街切过一片长期以来与犹太文化相联系的地区，从民族主义的种族视角看起来不是城市遗产有价值的部分。充分利用基督教的象征主义来跨越其他社会障碍，将文化景观构想为民族社群形成的故土，这一切再明显不过地表明，将犹太人作为对基督之死负责的无根“流浪者”而排除在外。

或许该地区部分因为真正的公共健康原因而摧毁：黑暗、狭窄的街道，不这样的话很难达到现代的卫生标准。布拉格最著名的犹太作家弗兰茨·卡夫卡（Franz Kafka）自己就生于布拉格的另一片犹太区约瑟弗夫（Josefov），如此来描写他的记忆：

今天我们走过重建后城市宽阔的大街，但我们的脚与眼睛没有自信。我们的内心仍在颤抖，似乎我们还在肮脏的老街中。我们的内心还没有对任何改观产生印象。我们身体里不健康的古老犹太区比我们周围的新卫生城市更加真实。[3]

对卡夫卡来说，毫无疑问，新的卫生地区相对“不真实性”部分起因于新的建筑与公共空间“拒绝”了更早年代和建筑重要性的早期犹太公共建筑——犹太教堂，学校，市政厅。按照我们迄今所遭遇的逻辑，我们应当希望这些都在城市的新空间结构中得到赞美。相反，巴黎大街无视这一切。它的线路靠近两所主要的犹太教堂，经过的却是这些布拉格古老犹太文化纪念物的背面，与之成一看似偶然的角度，这样教堂只能从背后的小街进入（图1.9）。犹太墓地和其他的纪念性建筑同样得到了“背街地址”，处在死角，完全被新的公共空间

图 1.6　（a）旧城市政厅立面；（b）黄金年代的人造物：奥尔洛兹（Orlož）木偶钟

结构所忽略：一种犹太民族从城市景观中的象征性驱逐，它作为“民族统一”主题的表达，出乎意料地操弄得如此细致。

沿着巴黎大街继续向前，我们发现这一主题经由城市与乡村的一种象征连接得到了进一步表达。街道轴线越过沃尔塔瓦河，被引向远处的莱特纳树木繁茂的山崖，我们的空间序列终止于该处。这一最终的连接最大的潜在障碍是沃尔塔瓦河本身，虽然其影响已经最小了，因为这里是它最窄的一段。1906 年，J·库拉（Jan Koula）设计的斯瓦托普卢克·捷赫（Svatopluk Cech）[1] 桥作为现代的、面向未来的钢铁结构进一步减轻了河流对于总体空间序列打断的影响。因为高高的新艺术运动风格的街灯列于桥的两边，远端有一对纪念柱，给空间足够的围合，使其延伸过河流而不带有过多可察觉的中断（图 1.10）。

当设计者通过单个建筑的设计来寻求建构民族认同感的方法时，库拉的钢铁结构桥梁所表达的对现代性的强调也具有重要作用。投身其中的设计者部分受到维也纳建筑师奥托·瓦格纳（Otto Wagner）所倡导的功能、结构和建造等理性方法的影响，他曾经在维也纳帝国中心的建筑学院教过许多重要的布拉格建筑师，作为维也纳事实上的城市建筑师，他也通过作品影响了其他人（图 1.11a）。4 对于整个帝国的年轻

[1] 斯瓦托普卢克·捷赫（1846—1908 年），捷克诗人，在散文方面，特别是幽默、讽刺小说方面的创作也取得了较大成就。作品反映了当时捷克社会的民族矛盾和社会问题，洋溢着强烈的民主主义和爱国主义思想。——译者注

图 1.7 胡斯纪念像

设计师来说，瓦格纳是首屈一指的，包括很多来自布拉格的，因为他追求的一种“现代建筑”：也是他最有影响的一本书的显要标题。现代性的强调看来对于建构想象的民族社群，打破既定的文化与政治结构是最基本的，但瓦格纳现代性的特殊概念原则上适用于任何地方，这是因为其理性凌驾于地方文化差异之上，不利于他们所追求的想象社群的建设。甚至他最钟爱的学生和一度亲密的同事，斯洛文尼亚建筑师J·普雷尼克（Jože Plečnik，我们将在下一章中看到其作品）也视瓦格纳的作品某些方面为“不带种族气质，也不独特”。[5]在布拉格，需要一种新的有别于瓦格纳的设计理念来推动新的民族认同的想象成为现实。为了理解其发展过程，我们将在更广阔的语境中思考这些新理念。

对于瓦格纳的另一个学生，建筑师P·雅纳克（Pavel Janák）来说，激进的新形式概念最有可能通过强调建筑的艺术向度来发现，而不是通过瓦格纳自己强调的材料和建造：实际上，雅纳克要求“他们从属于艺术的意图”。[6]然而这种从属并非意味着完全弃绝理性，雅纳克感到对于一种解放了的自我表达的艺术，“我们需要一种新理论”。[7]

建筑师J·考特拉（Jan Kotěra）自1898年起任布拉格工业艺术学院建筑学教授，他看到了一条发展这一新理论的途径：

> 为了创造一种属于我们自己的形式，我思考我们通俗艺术的根基，会学习到什么是我们自己的建造方式，什么是我们自己的材料。[8]

图 1.8　巴黎大街，朝莱特纳方向

为了在实践中遵循这一路线，人们要求一种精妙的平衡行为。为了保持现代性的感觉，为了在考特拉扎根于本地的“我们的通俗艺术”旨趣和激进的新概念形式之间形成强烈而清晰的联系，必须寻找一种良方。

在巴黎的艺术世界中可以找到产生这种联系的途径，自从印象派之后，它就和捷克的民族主义文化发展联系在一起。1909 年前后，在巴黎的工作室中最具反叛性的运动当属立体主义，它一开始受到嘲笑，但在 D · 卡恩韦勒（Daniel Kahnweiler）[1] 富于影响力的画廊推动下很快成为收藏热点。立体主义作品几乎从一开始就为布拉格艺术家们所熟知，捷克杂志 Mánes 回顾了 1910 年巴黎独立沙龙的立体主义作品展，立体主义绘画也直接在布拉格出现。1911 年 V · 克拉玛（Vincenc Kramar）博士开始购买布拉克和毕加索的作品，并和卡恩韦勒建立了直接联系，到 1914 年已累积为

[1] D · 卡恩韦勒，德裔法籍艺术商和出版家，最先支持立体派，与毕加索有长期密切交往。1907 年他在巴黎开办一个小画廊，不久就专门展销毕加索、布拉克和德兰等人的作品。——译者注

图 1.9 从巴黎大街看古老的新犹太教堂

法国以外最重要的立体主义收藏之一。布拉格还主办了由工艺美术小组（Skupina Vytvarnych Umelcu）组织的立体主义展览：1912 年和 1913 年展出了毕加索、布拉克和格里斯（Gris）的作品，在布拉格的知识阶层中确认了运动的可信度，这也包括她的建筑师们：布拉格像小型的文化中心城市那样，建筑师和画家们经常频繁出没于同样的咖啡馆（图 1.11b）。

立体主义意味着现代性，但对那些追求现代民族认同的人而言，这并非其仅有的潜在关联，立体主义与法国的民族认同有关，[9] 这一联系被诸如 J · 梅辛格（Jean Metzinger）1911 年影响深刻的《立体主义与传统》理论化。他赞美“特定的常规符号与新符号之不可或缺的混合”，[10] 其理念提出了立体主义如何为连接通俗文化（特定的常规符号）和最新先锋派的现代性意义提供一种方法。

这种联系放在立体主义形式与波西米亚和摩拉维亚所特有的“哥特式巴洛克”特殊传统之间很容易想象（图 1.11c 和图 1.11d）。捷克建筑历史学家 V · 斯拉佩塔（Vladimir Šlapeta）将这种联系视为理解捷克在建筑上采用立体主义形式的关键：

> 在捷克的历史建筑中找到了重要灵感：波西米亚和摩拉维亚南部晚期哥特的钻石拱券，它预见了立体主义的形态，以及 18 世纪早期 G · S · 埃切尔（Giovanni Santini-Aichel）在哥特式巴洛克精神激励下的零星作品。[11]

根据 F · 布尔克哈德（François Burckhardt）的说法，钻石拱卷直到 1880 年还在建造，[12] 因此有一个几乎没有中断的独具先例的地方传统可供使用。当然这一建筑传统在捷克先锋建筑师中众所周知：正如斯拉佩塔指出的，“兹德内克 · 威尔斯（Zdeněk Wirth），艺术史学家和 Mánes 建筑小组的朋友，1908 年写了关于捷克哥特式巴洛克的论文”。[13] 这样，立体主义就可以被想象为根本是捷克的，同时象征着现代性，但对那些想要超越奥地利文化统治的人来说还具有更深的吸引力：其形式截然不同于奥地利先锋派——维也纳分离派典型的平面的、图案化的表面。这种差异受到明显重视：雅纳克指出，“在我们感到应该成为造型形式的地方，奥尔布里奇（Olbrich）和霍夫曼（Hofmann）使用了装饰”。[14]

总而言之，立体主义形式和现代捷克身份的追求之间，存在着多重的亲合关系。毫无疑问，也存在着许多其他可用的艺术灵感的潜在源泉，其中一些可能带有强烈

图 1.10　斯瓦托普卢克 · 捷赫桥的空间限定

的现代性内涵，一些甚至可能与先前的捷克建筑有关，此外另一些可能符合与最新的奥地利建筑形式的差异。但唯有立体主义处于现代性、捷克历史和拒绝维也纳艺术影响的交会点。它决非无可避免，但我们能够看到为何在布拉格产生立体主义（建筑）。

捷克立体主义建筑没有像绘画那样受到法国实验如此重大的影响，与之并行并达到一种很高程度的混合。布拉格最早成熟的立体主义建筑是 Celetna 大街上 J · 戈卡尔（Josef Gočár）的黑色圣母大楼，设计于 1911—1912 年，与巴黎雷蒙 · 杜尚 – 维永（Raymond Duchamp-Villon）的立体主义住宅[15]差不多同时。立体主义住宅仅仅是秋季沙龙上展出的一个实物大模型，在法国建筑发展中被证明是死胡同，黑色圣母大楼则与之不同，最初它是一个百货商场，是城市中心的一幢主要建筑，一条重要的捷克建筑作品线上的先驱（图 1.12）。

建筑追随着法国立体主义理论，结合了梅辛格的“常规符号”，不仅在于立体主义语汇对哥特式巴洛克传统晶面形式的基本指涉，还在于戈卡尔将立体主义形式同构成黑色圣母大楼物质环境的更早期的建筑先例相联系。建筑坐落在两条特色各异的街道的交叉口，联系着两者的视觉主题（图 1.13a 和图 1.13b）。檐口与束带在两条街上位于几乎相同的水准，在两街之间的转角延伸下去，将它们联系起来。新立面的设计也结合了壁柱，呼应 Na Prikope 街上的相邻建筑，但通过现代的大块玻璃将其连接。这些较大的窗户产生的虚实比例很可能迥异于相邻的现有建筑。而把玻璃部分铸为有角度的凸窗解决了这一问题，虽然由玻璃构成，但其形式有足够明显的

图 1.11 （a）瓦格纳的维也纳玛约利卡住宅（Majolikahaus）；（b）毕加索：昂布华斯 · 沃拉尔（Ambroise Vollard）肖像，1909—1910 年；（c）哥特式巴洛克拱卷；（d）哥特式巴洛克灵感的门廊

实体感，与周围建筑物相称。另外，这些晶面形式本身就使人想起邻近的现有建筑，呼应着切莱特纳大街里面一点突出的阳台形状，这种环境主题的重申延续到主入口、大厅和楼梯井。入口大门本身和戏剧性的柱子、装饰过的门扇（图 1.13c 与图 1.13d），以及它所引向的雕塑般的电梯厅，和附近的一些巴洛克入口一样（图 1.11d），都来源于同样的形式族谱。

这种设计方法跨越了通俗文化的传统根源和高超艺术、未来导向的立体主义语汇，提出了一种高度的跨文化性，在约瑟夫 · 科考尔（Josef Chochol）的作品中运用得更加极致，尤其是其维谢赫拉德（Vyšehrad）郊区的 Neklanova 街的住宅。从类型上来看，Neklanova 街的建筑是个传统的公寓街区，实际上，依特定的标准看，这座建筑在脱离传统类型方面甚至不如黑色圣母大楼，因为它立面上的虚实比，以及垂直比例的窗户，都沿袭了传统的先例。对先例的坚定使用成为与更详细层面有力的立体主义形式形成设计对比的基础。外墙的样式远比黑色圣母大楼更富动态，其转角彻底镂空，形成阳台（图 1.14）。这种有角度的形式贯彻到细节中，例如窗户、门，甚至五金器具，这样每次开门时，立体主

图 1.12　黑色圣母大楼

义的现代性就可以通过手有形地感受到。

在内部的私人空间中也可同样感受，因为在瓦格纳学派的“整体艺术品”传统中，立体主义运动涉及所有家具陈设的设计，从椅子到烟灰缸。当这种情形被推到极致，就会对认同建构过程产生负面意义，想象社群的表达碾碎任何个人选择的余地。1900 年建筑师阿道夫·路斯（Adolf Loos）注意到这种危险，当时他讽刺了“贫穷的富人”，他们被有效地囚禁在设计到每一个细节的家中，就像“整体艺术品”那样，没有留下任何个人表达的余地。[16]

尽管在细节中的一切大胆尝试，Neklanova 的建筑和它的邻居们还是构成了一片非常同质的地区。站在科考尔的角度来看，这当然不是对现存建筑“为协调而协调”的努力结果，因为该建筑建造早于其在两边的邻居。而是因为所有这些建筑，包括科考尔的，都使用了同样的既存类型作为他们各自不同设计的起点似乎更合适。实际上，似乎科考尔在总体建筑体量、门窗等主要外部要素的位置和比例方面严守类型，允许他能够极端自由地诠释其他更为次要的元素——达到了远比黑色圣母大楼更宽广的范围——而不会导致建筑不恰当地独立于环境之外。它确实独立出来，但仅仅以很谦逊的程度，在两条街道和一条铁路线之间，与它的次要地标地位相符。

Neklanova 街的建筑设计于 1913 年，恰在第一次世界大战爆发之前。随着战后凡尔赛条约的签订，哈布斯堡王朝的解体，捷克人的想象社群获得了政治独立。1918

图 1.13 （a）黑色圣母大楼细部与周边环境；（b）本土但前瞻性的细部；（c）黑色圣母大楼入口；（d）黑色圣母大楼楼梯间

年捷克共和国成立——意味深长的是，独立是在瓦茨拉夫广场的瓦茨拉夫国王雕像下宣布的——1920年斯洛伐克加入，组成捷克斯洛伐克。当时捷克斯洛伐克民族国家代表着已确立的状况，世界大战以战争之名带来的恐怖使很多进步论者感到民族主义彻底破产，这是战后一种新的认同建构的基础。在这一处境下，时局呼唤有着新根源的想象社群的新类型。

然而，新的捷克斯洛伐克仍然有其混杂的文化遗产，人们说捷克语、斯洛伐克语、德语、波兰语和意第绪语[1]（Yiddish），工业化与农耕地区的经济利益冲突不断。这种复杂状况产生了严重的紧张局面，在政治上通过掌握统治权的社会民主党和右翼的农民党之间的争执表现出来。20世纪30年代后期当纳粹德国进一步施加外部压力，宣称支持捷克斯洛伐克数量可观的德语少

[1] 意第绪语，中欧和东欧的犹太语。——译者注

图 1.14　Neklanova 街公寓

数民族时，这种紧张局面恶化了。面对这种冲突状况，进步设计师及其社会民主党的中产阶级客户们寻求一种文化景观，支持“高于”文化特殊神宠论的认同建构：因为显而易见的原因，这一立场吸引了很多最进步的犹太设计师的支持。在布拉格，对这些新文化景观最具影响力的追寻发生在“山菊花（Devětsil）运动”[1] 期间。

在建成形式的领域，山菊花可以理解为从民族主义转变为国际主义推动力的捷克立体主义，因而修剪了其特定的捷克形式语言。例如，戈卡尔等设计师早期使用的强烈的“捷克”晶面形式让位于一种更加抽象的几何语言，这与许多其他国家的进步设计师一样，后来被适当地称作国际式。这种设计文化明显是普世主义的，而不是倾向于本土的地方主义。[17] 它寻求“超越”任何特殊地方性的设计原则，并且作为一个国际运动的一部分，发展了一种无意指涉任何特定地方或种族传统的形式语言，同样无意指涉从城市到烟灰缸在所有尺度上延续“整体艺术品”的传统。

山菊花是一个根基广泛的文化工程，在 20 世纪 20 年代，F · 斯梅捷卡尔（František Šmejkal）告诉我们，它吸引了“几乎所有年轻一代的进步作家、画家、建筑师、摄影师、作曲家、剧院经理、评论家和记者”。[18] 其价值同样对社会民主党的政客们具有明显吸引力，因而为了纪念捷克斯洛伐克成立十周年，在布尔诺（Brno）举办了一个大型展览，为了赞美它的新认同，展览采用了小型山菊花的住房方案的形式。

运动的重要理论家卡雷尔 · 泰格（Karel Teige）试图在山菊花宽广的总体领域中调解两种完全冲突的倾向。如他自己所说，“构成主义方法具有严格的规则，是关于无用的艺术。诗情主义（poetism）是它现存的同道，是生活的气氛，……关于愉悦的艺术。”[19] 在山菊花运动之中，构成主义和诗情主义涉及不同的文化领域：建成形式严格来说是构成主义的，而诗情主义向来则与绘画、音乐和写作这样的艺术形式相联系。

当时，构成主义强调诸如身体健康这样议题的重要性，与全人类同等相关，跨

[1] 山菊花 运动，捷克进步艺术家发起的一个前卫文化运动，称做 Devětsil（捷克语，山菊花的意思），主要关注于魔幻现实主义，1920 年发起于布拉格，其间名称多次更改，1925 年称为“山菊花现代文化联盟”，其间出版了艺术刊物《RED》、《DISK》等，其主要成就在于诗歌，也对雕塑、电影等其他艺术形式做出了贡献。其成员来自文化界各方面，较知名的有诗人塞弗尔特等。——译者注

越了所有的想象社群，而显然不是诸如精神性或审美的文化议题，那些是诗情主义的领域。[20] 泰格在1924年任建筑杂志《Stavba》[1] 编辑时如是说：

> 我们拒绝允许任何美学的考虑来预先决定建设，因为这样限制了建筑学的进程。新建筑必须是卫生的。医学成就应当决定布局、建造手段，以及城镇规划的原则。这是对于人类健康最高的重要性。[21]

构成主义的趋势切除了对任何人类真实生活的现存文化结构中正在生长的根源的关注，它向所有的乌托邦幻想开放。其中许多照着前苏联的杂志来描绘，[22] 很多山菊花的成员和苏维埃出版社“罗曼·雅各布森随员”（Attaché Roman Jakobson）建立了个人友谊；或者亲自造访前苏联：泰格1925年去过。这些乌托邦思想中的突出部分是拒绝当代对公共与私人的区分，在社会领域，也在其所支持的空间结构方面。泰格自己这么说：

> 集合住宅中最小的公寓应该是一个可供生活的小间，一间为一个成人的房间。这些小间应当按照一个大蜂窝的方式来组织。人们的生活方式有必要放弃传统家务，使儿童成长与教育社会化。这些小间中没有厨房，没有起居室，没有小孩的房间。它是一个为了睡眠，为了独自休息，为了学习和文化工作，为了智力和个人生活的空间。[23]

这种思想似乎已经被即使是深信于此的共产主义者完全放弃了。S·坦普尔（Stephan Templ）告诉我们，当共产主义工人合作社 Včela 于1931年举行一个住宅设计竞赛时，它放弃了这种想法而赞同“传统的‘小资产阶级’生活组织与设计”。[24]

这样，在脚踏实地地取得建成形式方面，人们采用了一种更具文化根源的路线，在其中构成主义和诗情主义走到了一起。这种融合在布拉格的巴巴（Baba）住宅区最明显，它于1932—1936年在捷克制造联盟（Czech Werkbund）的资助下建成。[25] 巴巴的建设以通俗文化为基础，就像此前的立体主义设计那样。首先，P·雅纳克的总平面规划保持了积极的公共空间形式，建筑的正面朝向公共街道，私人的背面在其后。其次，建设准备阶段发现的前基督教时期的考古遗存留作非建设用地，这一事实例证了历史根源的重要性。第三，独立住宅的规划虽然在空间上常常是创新的，看起来却毫无推动现有家庭结构激烈变革的愿望。最后，与捷克斯洛伐克之外形形色色的制造联盟住宅不同的是，巴巴是家庭住宅传统的私人投资方式。另外，巴巴的平面布局坚定地扎根于它的特殊景观：雅纳克棋盘格式的总平面设计（图1.15）将所有住宅与下方沃尔塔瓦河的景色联系在一起。

总的来说，巴巴的文化景观坚实地扎根于文化与场所，但它激进的“现代”、未来导向的详细外观（图1.16a和图1.16b）将它仅仅从陷于过去之中拯救出来。这种在根源性和开放的未来之间的特殊平衡似乎已为广大社会领域主动接受。当然居民自己虽手头相对宽裕，但他们的职业范围广泛，从艺术家到公务员到军人；在政治上也有很大不同，既包括捷克斯洛伐克国

[1] Stavba，捷克语“建筑”的意思。——译者注

图 1.15　巴巴总平面规划

会中社会主义人民党代表，也包括活跃的法西斯主义者。虽然巴巴遭到像泰格那样的激进分子的拒绝，但当时报纸的统计显示了它广受欢迎。在其向公众开放期间有一万两千人前去参观，S·坦普尔告诉我们说“即使保守的德语报纸《布拉格日报》(Prager Tagblatt) 对建筑的平屋顶也说了一些积极的东西。在《国家晚报》(Národni Večernik) 上也可以读到类似的评论”。[26]

它在根源性和开放的未来之间的平衡易于理解，将巴巴从山菊花在构成主义和诗情主义间令人疲惫不堪的分裂中拯救出来，这种分裂常常意味着构成主义努力创造新的，很可能是包罗万象的文化景观，仅仅通过忽略消极的文化传统而不是使它们参与其中，这在实践中注定要失败。进步设计师想要的意义是一回事，但使用者实际理解的这些新形式有赖于他们自己的社会认同，在很多情况下这仍然围绕着想象的社群来建构，其中宗教和被感受到的种族划分继续起到根本作用。无论其设计者的意图如何，新的“构成主义”景观从某些种族和宗教的视角看待时便呈现出非出自本意的意义。对于很多人，它们意味着“外来的”，而且这对于肆无忌惮的煽动型人物来说轻而易举，他们通过将新建筑解释为“亚洲的”或者“犹太的”来加剧反犹情绪，留意一下犹太建筑师在功能主义运动中起到的主要作用即可。相反，巴巴没有使自己屈从于斯图加特魏森霍夫住宅项目的纳粹明信片所示范的类别的操弄，它增加了棕榈树来使人联想到它与犹太人的海法或特拉维夫的相似之处。

纳粹于 1939 年占领了捷克斯洛伐克，

图 1.16 （a）巴巴：总体景观；（b）巴巴：前瞻的图景

在他们的反犹主义统治下，大部分布拉格的犹太人被杀害。然而，与人种灭绝并行的是，纳粹建设了布拉格犹太博物馆，这原本是件小事，直到它容纳了约20万件展品，都是从捷克斯洛伐克各地以及更远的犹太教堂劫掠而来的。与瓦茨拉夫广场上的国家博物馆不同，后者为了建构一种当代成就的历史根源意识，作为一个基础来建设民族的未来；而新的犹太博物馆试图将犹太人描绘成一种灭绝的、外来的人种，和现代生活无关，根本就没有未来。

1945年纳粹被推翻后，布拉格的文化景观鲜有机会改变，直到1948年捷克斯洛伐克成为斯大林统治下的前苏联的卫星国。斯大林在苏联很早就拒绝并禁止构成主义，因其对现存文化的简单忽略，而不是以共产主义理想来进行重整。斯大林支持一种"现实主义"艺术，与通俗文化相联系，他希望会容易被大众理解，这样就可以成为很好的国家宣传媒介。[27]所以在斯大林统治下，国家拒绝了两次世界大战之间先锋派的"功能主义"建筑，推行一种"社会主义现实主义"的设计方法。从事社会主义现实主义项目时，根据俄罗斯哲学家鲍里斯·格劳伊斯（Boris Groys）的说法，斯大林那时正在继续整体艺术品的工程，用巨大的政治力量在现实中推行，而不是作为一个梦想：

> 在斯大林主义的苏联，先锋派的事业在其终点湮没：政治权力拒绝了先锋艺术家的癖好，根据它自己构想的世界发动了艺术变革。[28]

整体艺术品名不虚传，社会主义的现实主义全面统治了文化景观。正如理论家G·内杜什文（G.Nedushivin）1938年所见，"一座新的桥梁的每一个栏杆"都按照"城市的有机整体之链的一个环节"[29]来考虑：一种局部在整体中全面地淹没，映照并推动着个人对于社会－政治体系的遵从。

社会主义现实主义的整体艺术品和桥梁栏杆都需要纪念碑。鉴于苏维埃历史学家们逐渐将1948年称为"个人崇拜"的鼎盛时期——个人就是斯大林自己——前苏联领导人的图像横跨中欧和东欧的文化景观无尽地复制着。美国小说家约翰·斯坦贝克（John Steinbeck）1947年走访了苏联，在日记中记录道：

> 苏联的一切都发生于斯大林石膏的、青铜的、画出来的或绣出来的眼睛注视之下……毫无疑问，苏联最大的产业之一就是绘制与铸造，装饰与锻造斯大林的图像。他无处不在，他看到一切。[30]

布拉格也不例外。1949年制作了一尊斯大林雕像，成为用来完善巴黎大街街景的地标，捷克艺术家P·布赫勒（Pavel Büchler）后来视其为我们先前从瓦茨拉夫广场沿之而行的空间序列的一个象征性接管：

> 在任何时刻，斯大林都会步下基座，沿着他望见的城市平面上的轴线，穿过大桥……走向旧城广场上的胡斯雕像。他将向14世纪后期的改革派传教士伸出双臂，像运动员那样拥抱他，像冠军向失败者表达敬意。[31]

看起来确切无疑的是，斯大林社会主义现实主义艺术的冲击对许多中欧和东欧人的确起到了强烈的认同建构作用，即使他们从艺术角度极度蔑视。俄罗斯

图1.17 （a）斯大林雕像；（b）斯大林的报应者：一个充气的迈克尔·杰克逊（Michael Jackson）

学者A·西多罗夫（Aleksandr Sidorov）对此有清晰表述：

它充满了一种共同理想的感情，这对所有人都有用，还有它赖以运转的基础：永恒、乐观和成功。直到现在（他写于1991年）都一直对我们苏联以及其他时代的同时代人有一种不可抗拒的作用，尽管我们对斯大林主义的“杰作”持批判态度也是如此。[32]

布拉格的斯大林也有类似的影响，尤其对于年轻人，P·布赫勒证实了这一点，他回忆起他在斯大林像旁边让人拍照是他最初的记忆之一：“（这）是个令人骄傲的时刻，我五岁的自我把斯大林看做世界上最伟大的奇迹，并且多年以后还不断回响。”[33]（图1.17a）

直到1956年，斯大林崇拜——以及与之相伴的社会主义现实主义的设计方法[34]——才受到苏联新的领导人的公开指责，所有中欧与东欧的官员们忙于安排卸除他数以万计的图像。然而，布拉格的斯大林雕像巨大无比：30米高，1.4万吨重——它下部的小山坡不得不用混凝土加固——建造它用了600个人，[35]毁掉它并非易事。作为权宜之计，它被包裹在脚手架里面，阻断了斯大林的注视，同时提出它的拆毁方案。假如首先考虑到建造斯大林雕像投入的资源，拆除它的商议被推迟或许并不奇怪。1990年，雕像最初的设计者之一J·斯图尔萨（Jiři Štursa）讲述了他为了让官方同意改变雕像的象征意义而不是简单地毁掉它所做的努力：“毕竟，它是我们历史的一部分”。[36]他的提议包括搬走斯大林本体，但留下当配角的工人们，或者加入新的元素，将作品转变为共产主义女性的纪念碑。斯图尔萨伤心地说，“莫斯科的好建议”最终获胜：斯大林雕像于1962年炸毁。

在布拉格，斯图尔萨并非唯一对纪念像炸毁所蒙受的历史大扫除感到矛盾的人。例如捷克小说家米兰·昆德拉将其视为深植于布拉格历史的危险进程的一部分，这样历史自身被持续而系统性地擦除：

塔米娜出生的那条街叫施维林（Schwerinova）街。这是第二次世界大战时的名字，当时布拉格被德国人占领。她的父亲出生在切尔诺克斯特勒茨（Cernokostelecka）大街，即黑教堂大街，当时由奥匈帝国统治。她母亲嫁到她父亲家时，那条街叫福熙（Marshal Foch）元帅大街，那是第一次世界大战之后。塔米娜是在斯大林大街度过的童年，可是她丈夫来娶亲的时候，那条街又改叫维诺赫拉德（Vinohrady）大街。可是，这里面所说的一直是同一条街，人们只是改变了它的名字，不停地改，人们给它洗脑，让它变得愚蠢。37 [1]

不仅仅是名字被改变了，抹去有罪的印迹：

在那些不知自己叫什么名字的街上，徘徊着被推翻的历史古迹的幽灵。被捷克的宗教改革推翻，被奥地利的反宗教改革推翻，被捷克斯洛伐克共和国推翻，甚至连斯大林的塑像也被推翻了。38 [2]

然而，被拆毁的纪念像的幽灵的确还在布拉格的文化景观上游荡。在社会主义现实主义认同的总体影响下，尤其是斯大林的雕像，对作为人为事实的斯大林的简单拆毁并不足以擦除作为记忆的斯大林。正如 P · 布赫勒说的：

就像许多其他场地、建筑或机构，在它们的功能或用途改变后很长时间，其最初的命名仍然为人所知，"斯大林"就是"斯大林"，既没有友爱，也没有憎恶……"斯大林"不仅仅是一个有形的场所或构筑物，而是布拉格场所精神的一方面，城市集体记忆的一种状态。39

捷克斯洛伐克呼唤着新社会认同的形成，并受到再次改变布拉格文化景观的新策略的支持。文化景观没有自上而下发起变革的力量，又一次从边缘来改变。例如，瓦茨拉夫广场的景观在很多人头脑中 40 永远地改变了，1968 年，哲学系学生 J · 帕拉希（Jan Palach）为抗议在那儿自焚而死。

反对极权主义的第一文化而发展一种"第二文化"的更为宽泛的想法，特别在年轻人中间，最早由艺术史学家和文化理论家，颠覆性的摇滚团体"宇宙塑胶人"（Plastic People of the Universe）[3] 成员之一 I · 基鲁斯（Ivan Jirous）在 1974 年明确提出。41 塑胶人用像"Egon Bondy's Happy Hearts Club Banned" [4] 中诗人艾贡 · 邦迪（Egon Bondy）的讽刺性歌词。塑胶人和他们的粉丝受到警察的暴力镇压，这引发了愈加普遍的同情心，尤其是先锋剧作家瓦茨拉夫 · 哈维尔（Vaclav Havel），这直接导

[1] 此处译文采用了米兰 · 昆德拉《笑忘录》中的译文，王东亮译，上海译文出版社 2004 年，pp242-243.——译者注

[2] 同上，p243.——译者注

[3] Plastic People of the Universe，1960 年代晚期成立于布拉格，名字取自摇滚艺人 Frank Zappa 的同名歌曲，风格为自由即兴的迷幻音乐。1968 年布拉格之春事件后，乐团转往地下发展，却仍不容于当局，曾被捕入狱，直到乐团从前的哈维尔当选总统才得以平反。——译者注

[4] 为宇宙塑胶人乐队的第一张唱片名，戏仿了"甲壳虫"的《佩珀军士孤独心灵俱乐部》（Sgt. Pepper's Lonely Heart Club Band）。Band 一词被换成了 Banned，意指布拉格的很多俱乐部被关闭了。Egon Bondy 是"宇宙塑料人"圈子里的诗人朋友，这张专辑的歌词采用了 Egon Bondy 讽刺辛辣的诗歌。——译者注

致了有着更加广泛基础的 77 宪章（Charter 77）人权运动的形成。

一种统一高压政权的行动来推翻它们的策略,而不是像以前在塑胶人的“Banned”的标题中所暗示的那样试图将它们从历史上抹去，成为后来天鹅绒革命公共艺术作品的一条基本原则，如粉红坦克（Pink Tank），当地的政客和艺术系学生将一辆二战时期苏联坦克反复涂上粉红色，作为战争纪念,反对连续不断的官方反绘画。后来，斯大林雕像难以毁坏的基础转变为“碉堡”（Bunker）夜总会：再次，在压制的遗物中利用“西方”舞蹈中的身体来表达一种“自由”的社会认同，从而改变了头脑中景观的意义。

这些天鹅绒革命的诸多策略中所共有的是幽默：米哈伊尔·巴赫金（Mikhael Bakhtin）或许最为有力地表达了这种潜能：

> 面对一个客体，面对一个世界，笑声粉碎了恐惧与虔诚，用一种习常接触之物来对待，从而为绝对的自由阐释扫清了道路。[42]

天鹅绒革命成功地重获捷克主权之后，有了很多令人振奋的迹象，想象的社群更加复杂，包容而开放的观念都可以在布拉格的政治议程上找到。瓦茨拉夫·哈维尔现在从塑胶人的支持者上升到共和国总统，1989 年当他得到一项和平奖时如此说道：

> 依照真实面目来看待人类世界，我们现在比从前任何时候都更有准备：数十亿独特的人类个体组成的复杂社群……必须永不把他们混同为同质的群众……与总体——作为‘阶级’，‘民族’或‘政权’——来赞美或谴责，喜爱或仇视，诽谤或歌颂。[43]

斯大林传奇的最新进展似乎很好地反映了这种方法。1996 年 9 月，斯大林巨大的基础，设计承载 1.4 万吨的重量，却用来承托一个巨大的迈克尔·杰克逊充气雕像的不能承受之轻：如今，人们可能希望那些看到它的人不可磨灭地和头脑中斯大林的幽灵对话（图 1.17b）。这是幽默在文化景观中解放能力的不朽例证，很难想象比迈克尔·杰克逊更合适的形象来感染斯大林的幽灵，用一种开放的选择，因为正如鲍德里亚（Jean Baudrillard）指出的，“（他）是……我们所想象的一切形式转变的雏形，将我们从种族与性别中释放出来”。[44] 然而，很显然这不是像在墙上写一句政治口号那样，用一个英雄替代另一个的简单问题。对很多人，杰克逊的图像也意味深长地言及中欧乏味的消费主义的控制：这儿不存在头脑简单的赞美或谴责，喜爱或仇视，诽谤或歌颂。

总之，我们的分析首先从场所 - 认同角度揭示了一系列对文化景观设计有用的课程，特别是在文化意义的层面上。在以设计来支持使用者建构想象社群的寄托感方面，我们了解到既存文化景观特定方面的重要性，它有助于这种“扎根”的过程。在布拉格，有价值的方面具有不同尺度，从城市的整个“黄金年代”中心，到特定的空间，如旧城广场，或建筑，如教堂或市政厅，再到小尺度的人造物如奥尔洛兹钟，甚至空间的命名和重新命名。它们在设计中的运用方面，我们了解到既有突出文化景观的这些方面，也有将它们从知觉上联系在一起来形成整体大于局部之和的方法。我们看到在所有尺度上的突出重要部分的策略：街道聚焦于特定的重要建筑，神话上、历史上和精神上的重要形象，例如丽布金娜、瓦茨拉夫和胡斯在纪念物中被戏剧化了，通过与国家博物馆和蒂恩教堂的空间和视觉关系，以及国家博物馆自己所展示的历史事件和人造物，给这些纪念物的设计带来更深刻的意义。我们还了解到所有这一切特殊的精彩场面如何被联系在一起，通过公共空间序列形成更大的整体，如我们所研究的从瓦茨拉夫广场到莱特纳那样。

在所有的研究中，我们也学到了重要的反面教材：我们看到所有这些同样的策略反过来用来降低犹太场所和建筑的重要性，从而贬低犹太社群自身的价值。这一悲剧性的消极经验本身提出了一个积极的课题：在设计过程之始，我们就应当力图描绘一个地方现有人口在想象中所属的尽可能多的社会团体。在布拉格，我们发现这没有任何系统化的方法，因此这是我们在后面的章节中要深入研究的主题。给出我们在布拉格看到的问题，看起来好像我们一开始的描绘越好，我们发展文化景观，使一切共同生活的机会就越好。

我们也发现了有益的教训——虽然其中有很多也是反面的——在设计方面，促进使用者和他们自己特殊的想象社群面对面时形成的一种赋权感。我们看到乌托邦的构成主义者和社会主义现实主义试图培育新的进步的、自主的认同存在的问题。一方面构成主义者忽略了现实的既有社群的文化，想要从现实中永远不可能存在的文化白纸上推动新的认同建构。另一方面，斯大林的社会主义现实主义的确试图投身现实存在的文化，但最终无能为力，因为它缺乏选择，忽略了选择作为文化价值关键的与日俱增的重要性。

我们也发现了既消极又积极的教训，关于用文化景观设计来颠覆与丧失权力的政权的意义联想。在布拉格，我们发现这一议题的许多设计方法。我们提出通过推倒雕像或重新命名街道来清洗历史的努力仅仅扫除了表面之下的跨文化问题，而无助于使它们安然度过。更积极的是，我们看到天鹅绒革命的创造性策略，通过改变使用功能，如碉堡夜总会，或通过事件，艺术与幽默取消了意义，如粉红坦克和充气杰克逊，它们颠覆了景观的负面含义。有趣的是，布拉格的这些积极的颠覆性策略没有像通常所以为的那样牵涉到建筑、都市设计或者城镇规划。这些事件都具有震惊或惊奇的元素，人们被“艺术带走了自我”，让我想起 A · 丹托（Arthur Danto）的话。相对经久的建筑或公共空间似乎很难具备这种冲击力：不但在花费上需要经济和政治权力上的绝对支持，而且它们的经久性本身也导致反应减弱，因此，震惊逐渐消退，幽默逐渐消失。至少在布拉格所使用的策略方面，文化景观中更经久的成分本身没有成为抗议的媒介，甚至也不是稳定和固化抗议影响的媒介。

最后，我们从布拉格的故事中可以学到大量用设计来支持各想象社群成员与其他社群和谐共存的方面。特别是在详细设计的尺度上，我们看到捷克立体主义如何寻求建筑的根源，却没有陷入过去，发展了一种形式语言，把波西米亚独特的哥特式巴洛克扎根于本土的感觉和巴黎立体主义艺术非哈布斯堡的现代性联系起来。我们看到这些语言如何创造性地适应其城市文脉，支撑了城市公共领域的连续性，所有社群都在那儿相遇；我们还了解到两次世界大战之间的现代主义如何仍进一步维持一种开放的未来感，它避免了山菊花运动（Devětsil）后期在艺术中的诗情主义和设计中的构成主义之间的分裂。

这种正在减弱的分裂在两次世界大战

之间的岁月中，在邻近的新国家（前）南斯拉夫[1]大部分被避免了，而其设计理念很大程度上源自文化中心布拉格。所以我们想要在那儿学到硕果累累的新的一课，下一章探索的正是那儿。

注释

1 For discussion of nineteenth-century censorship, see Goldstein, 1989.
2 For early cultural influences from foreign visitors, see Charvat and Prosecky (eds), 1996.
3 Cited in Institute of Contemporary Arts, 1983.
4 For insights into the links between Wagner's teaching and Central European architecture in general, see Pozzetto, 1979.
5 Plečnik, 1908, 115–116, cited in Šlapeta, 1986, 85.
6 Cited in Margolius, 1979, 35.
7 Ibid.
8 Kotera, 1900, 92, cited in Kubová and Ballangé, 1986, 97.
9 For discussion of these links, see Antliff, 1992.
10 Cited in Antliff and Leighten, 2001, 115.
11 Šlapeta, 1992, 37.
12 Burckhardt, 1992, 9B.
13 Šlapeta, 1992.
14 Cited in Margolius, 1979, 35.
15 For discussion of the Maison Cubiste, see Cottington, 1997.
16 Loos, 1966 (1900), 223–225.
17 This is not to say that this was a totally homogenous movement: for an interesting discussion of subcurrents within it, see Šlapeta, 1996.
18 Šmejkal, 1990, 9.
19 Cited in Smejkal, op. cit., 18.
20 For an exploration of the genesis of this particular design culture, see Gartman, 2000.
21 Cited in Lešnikowski, 1996, 15.
22 For discussions of Soviet influences, see Šmejkal, op. cit., 13.
23 Teige, 1932, cited in Templ, 1999, 19.
24 For discussion, see Templ, 19.
25 For an excellent account of Baba, on which this section draws, see Templ, 1999.
26 Templ, op. cit., 36.
27 For discussion, see Bown, 1991, 92.
28 Groys, 1993.
29 Nedushivin, 1938, 22 cited in Bown, 1991, 76.
30 Cited in Bown, 1991, 175.
31 Büchler, 1997, 26.
32 Sidorov, 1991, 17.
33 Büchler, 1997, 26.
34 For discussion of the demise of Socialist Realism in Czechoslovakia, see Åman, 1992.
35 Büchler, op. cit., 27.
36 Discussion between the authors and Jiři Štursa, December 1990.
37 Kundera, 1996 (1978), 216–217.
38 Ibid., 217.
39 Büchler, 1997, 32.
40 For discussion of the potential power of short-lived interventions, see Freshman, 1993, 20–21.
41 For an account of the *Plastic People*, see Yanosik, 1996 and Riedel, 1999.
42 Bakhtin, 1990 (1981), 23.
43 Havel, 1989, cited in Sayer, 1991, viii–ix.
44 Baudrillard, 1990, 147.

[1] 南斯拉夫（Yugoslavia），位于巴尔干半岛，1945 年成立南斯拉夫联邦人民共和国，有塞尔维亚、波黑、克罗地亚、斯洛文尼亚、黑山和马其顿六个加盟共和国，1991 年开始解体，斯洛文尼亚、克罗地亚、波黑和马其顿相继独立，1992 年，塞尔维亚和黑山两个共和国联合成立南斯拉夫联盟共和国，2003 年改名为塞尔维亚和黑山共和国，南斯拉夫作为国名正式退出历史舞台。2006 年黑山宣布独立，至此前南斯拉夫的加盟共和国均告独立。——译者注

第2章

普雷尼克的卢布尔雅那：个人愿景的社会关联

我们在上一章中了解到捷克立体主义在设计的认同方面提供了有价值的想法，在邻国（前）南斯拉夫，在卢布尔雅那，特别是在建筑师J·普雷尼克（Jože Plecnik）从1920年直到1957年去世这段时间，这些想法发展得更为丰满，并具有广泛的适用性。本章中将研究普雷尼克的作品。

普雷尼克也曾卷入布拉格的捷克立体主义的发展初期。如我们所见，一战后的一段时期，捷克立体主义发展为功能主义；其间很大程度上失去了与大众文化根深蒂固的联系。然而在卢布尔雅那却并非如此，普雷尼克不断把立体主义所包含的场所－认同的积极潜力推进到很高层次的复杂状态。要理解这些进展，我们要先来理解普雷尼克的一些早期个人背景。

人们想到普雷尼克，首先想到的是一个艺术家建筑师：P·雅纳克（Pavel Janák，我们在上一章中也碰到他的作品）有一次说他是“一个只盖房子的艺术家”。[1] 虽然普雷尼克的确视建筑为艺术形式，却没有简单地走上“为艺术而艺术”之途。他个人的艺术观与社会价值与宗教有着密切联系。他出生于深厚的天主教家庭，从小就在宗教价值的特殊社会关怀方式中受到熏陶：例如家里订阅了非常开明的报纸《斯洛文尼亚人》(Slovenski Narod)。[2] 后来他对宗教与社会价值关系的理解又把他吸引到波隆圣本笃隐修会（Benedictine Beuron Congregation）的教职，其成员追求在教堂的正式崇拜活动中人们的积极参与。要做到这些，他们必须在大众文化和教堂的官方机构之间建立联系；比如在教堂的中殿里用本地语言来读祷文，而同时神父用拉丁语进行赞颂。波隆隐修会还把艺术视为教堂正式崇拜和人们日常生活经验之间的桥梁，并因此创立了一所宗教艺术学校。普雷尼克受此类思想影响，其成熟作品中许多也充满了类似的动机，但越来越繁复，意图结合大众“俗”语与官方“雅”文，寻求具有广泛社会相关性的文化景观。

普雷尼克被这种跨文化的设计途径深深吸引，至少部分归功于他自己的生活轨迹跨越了大众与精英文化。在语言层面上，作为文化的根基之一，普雷尼克生就为一个在德语为主导性官方语言环境中说斯洛文尼亚语的人。为了开创建筑事业，他不得不受到德语影响：为了他在所选择的手艺（métier）中很好地生存，沟通通俗与精英文化的需求是必要的。

普雷尼克还必须在社会阶级地位之间架桥铺路。他生于一个手艺人家，基础教育阶段也学得不好，1886年，14岁时到父亲的细木工作坊当学徒。虽然学徒生涯给了他在建筑生产中对手艺人的持续感情与尊重，但在1888年其出众的设计能力还是为他赢得了格拉茨技工学校的奖学金。他于1891年毕业，加入了维也纳的穆勒（Müller）家具公司，但很快对受到局限的家具设计领域心灰意冷。1894年他先给奥托·瓦格纳看他的绘画作品集，然后又给维也纳学院的建筑学教授看，后者对此印象深刻，在一年级的课上给他留了个位子，但普雷尼克在正规教育方面的不足使他不久就退学了。1895年他又回到学院，在瓦格纳的事务所工作。他的聪明与勤奋为他赢得了1898年的罗马奖学金，有机会直接接触意大利建筑。1898年普雷尼克毕业后成为维也纳分离派的一员，1905年成为分离派的秘书，在维也纳先锋派中具有突出地位。这样，他似乎成功地被设计精英所接受。

1911年瓦格纳退休时，曾建议普雷尼克接过他在建筑艺术学院的教授职位，但国王的王位继承人A·F·费迪南德（Archduke Franz Ferdinand）坚决反对，他的候选资格被再三否决。普雷尼克自己认为他被否决是因为种族原因，这强化了他自己的斯拉夫根源意识。与此同时，曾有一段时间，与普雷尼克同在瓦格纳学派学习的朋友J·考泰拉（Jan Kotěra）常劝说他离开维也纳，去卓越的斯拉夫文化中心布拉格。1912年，普雷尼克对他在维也纳的处境大失所望，接过了布拉格装饰艺术学院的建筑学教授职位，他在那儿一直呆到一战后奥匈帝国解体，在我们上一章讨论的民族主义建筑发展中起到了关键作用。

随着战后塞尔维亚人、克罗地亚人和斯洛文尼亚人组成了新的国家，即后来的南斯拉夫，一所新的大学在斯洛文尼亚首府卢布尔雅那建立起来，普雷尼克的另一个维也纳的学生I·伏尔尼克（Ivan Vurnik）在其中组建了建筑学院。普雷尼克得到了这所新学校的教授职位，于1920年离开了布拉格来到卢布尔雅那，但他继续在布拉格做了很多年的研究项目。

从那开始直到二战期间南斯拉夫被占领的二十多年间，普雷尼克在卢布尔雅那建筑学领域具有极大的权威性，他是建筑学教授，实际上就是城市建筑师，正如其师瓦格纳早先在维也纳那样。他与城市工程师M·普雷洛夫谢克（Matko Prelovšek），以及艺术史学家和议员F·斯泰莱（France Stelè）是亲密好友，对他的公共委托有所帮助；同时他的民族主义和强烈的宗教信仰给他带来了好处：前者，奥匈帝国时代的劣势，现在似乎在官方的圈子中备受欢迎；而他的宗教姿态也在有势力的天主教知识界找到了知音，他们都以刊物《信仰与家园》(Dom in Svet）为中心。

1920年，普雷尼克回到卢布尔雅时已近50岁，作为一名历练而娴熟的建筑、室内和家具设计师已卓有声望。其作品在任何物质尺度上，都贯穿了在强有力的整体秩序中对拥有多样而丰富环境的追求。普雷尼克在各种尺度上探索激励新的民族认同感，但即使一个建筑师的创造力与经验丰富如他，也无法凭空想象出一种与独立的新精神相适应的新建筑。这不是由某个人或团体“制造”出来的：那将会给它披上奇怪的外衣，疏远其他人，变得难以理解，至少要花好几年来熟悉。在加强民族认同方面，那种疏远的性质本可能是非建设性的：所以新建筑都必须围绕着传统经验中的共同元素来设计——适应尽量多的社会群体。但由于这些群体涉及从未受教育的农民到高度教化的世界主义精英，并不存在广为共享的设计传统。有必要探索几种不同传统在一幢建筑中的共存，它们相互强化，这样单栋建筑就可以承载适应于所有社会群体的联想。这些联想本身应当具有两个方面：必须发扬"斯洛文尼亚感"和民主感，来代替隐含在许多现状环境中外国独裁政府的寓意。

之所以会有这些寓意，是因为 1918 年前主要的商业与公共建筑都是当时的统治机构（主要是奥地利）建设的，大部分都设计成瓦格纳学派的传统风格，因此也就具有了强烈的殖民统治的联想。也很难指望普雷尼克自己能够摆脱瓦格纳学派的影响。作为瓦格纳指定的继任者，这一传统形成了普雷尼克固有的设计基础。

另一方面，瓦格纳学派的风格也清楚表现了奥地利的存在感，这在卢布尔雅那的斯洛文尼亚广场表现得最为清晰。那里每栋建筑的立面都整齐一致，独立建筑元素严格服从于总体的概念（图 2.1）。从广场总体来看同样成立，广场中每一栋建筑都仅仅是一个附属物。同样宽度的开间，一致的层高，用对称放置的塔楼来强调转角，一切都使广场的整体性凌驾于建筑的个体表达之上。不仅仅是建筑风格代表着奥地利：广场的总体概念，即在外加的强有力统治框架中个体自由受到限制的想法，是条顿秩序的类比，作为新的南斯拉夫社会的表达相当不合适。

为了反转瓦格纳学派的这一面向，普雷尼克可以求助于第二种传统：手工艺人的传统，他曾与之相伴度过了最早的创造性年代，但这一传统演进为农舍、谷仓等的建造方式（图 2.2），限制了它作为直接样式用于公共建筑。这种限制不易解决，因为最主要的是城市公共建筑以前携带了殖民的印记，特别需要新的建筑表情。特定的装饰细节，暴露大块石料和木材的设计趣味，是地方手工艺对新的民族建筑语

图 2.1　斯洛文尼亚广场上的瓦格纳学派的建筑

图 2.2　卢布尔雅那附近的一幢地方风格的谷仓

汇的唯一贡献。

最后，还有第三种传统可供普雷尼克使用。经过了几个世纪以来和威尼斯古老的贸易联系，卢布尔雅那存有杰出的意大利巴洛克建筑略显质朴的版本，强烈的地中海特征，而不是日耳曼的条顿式。这组成了一种没有奥地利联想的设计传统，很适合公共建筑。但斯洛文尼亚人不想成为奥地利，也不想成为意大利人，因此意大利巴洛克就不能生搬硬套。对于大多数人，其元素——柱式、山花等等——具有“公共建筑”的恰当联想，但巴洛克必须被转换，使其带上“斯洛文尼亚公共建筑”的联想。普雷尼克事业早期曾对已建立的建筑学体系能被转换饶有兴趣：在他自 1899 年意大利之行寄往家中的照片中，两张米开朗琪罗的洛伦佐图书馆（图 2.3）的尤为重要。米开朗琪罗对古典建筑元素之间关系的手法主义反转很大程度上预示了普雷尼克自己的作品。

普雷尼克把自己的家当作实验台来发展他的设计想法，因此更多地研究他家中的细节是有指导意义的。三种设计传统——地方手工艺、地中海古典和瓦格纳学派——都应用在这个他从布拉格回来后的首个设计中。房子乍一看像是一座乡土

图 2.3　米开朗琪罗的手法主义：洛伦佐图书馆

建筑（图 2.4a），由一幢旧宅改造和加建而成，坐落于一条安静的街边，现在还保留了 20 世纪 20 年代的乡村气息，当时该地区是偏远的郊区。然而乡土的联想又被入口边墙体的设计所否定，房子原来的粉刷墙面被包裹在精确而图案化的表皮中，就像瓦格纳学派的建筑可能会做的那样。

然而表皮上任何维也纳的潜在折射都被作为拾获之物碎片拼贴式的建造所否定（图 2.4b）。砖、木块、石灰石、大理石和花岗石皆有所用，但即使是不规则的碎片也被精密地拼合成非常光洁的表皮。突出于其上的是从旧建筑中抢救出来的各种石雕柱头和线脚，置于高处以强调其珍贵的品质。对他人作品的尊重态度通过这些元素的再组织暗示出来，又被出现于新的表皮上的一扇原来房子上乡土风格的窗户所强化，就像采石场表面上露出的化石。旧窗上的新表皮由一根厚重（但断裂）的窗过梁来承担，提出同时也消除了关于表皮是结构性的还是装饰性的问题。

这一景象携带了至少五种可供分享的联想。首先，它指涉了当地全部的三种传统——乡土手工艺的瓦屋面和卷曲的屋檐；瓦格纳学派的平滑而图案化的表皮，其组成部分带着手艺人般的表情，否定了它的奥地利关联；以及古典传统的石雕碎片。这种多重指涉带来了广泛的吸引力，跨越了狭隘的社会界限。

其次，表皮的复杂拼贴不可能在纸上设计出来，甚至量出所有碎片的尺寸也是巨大的工作量。由于普雷尼克不太可能有时间来负责房子的每一步工作，必定有某个工人参与设计这一美学上必不可少的元素。

第三，住宅再利用了其他建筑的局部——柱头和线脚，抛光石块的碎片以及原来的窗户。对匿名建造者工作的尊重清楚地显现在新的设计中。

第四，墙面是一个谜。其设计不断和通常建筑元素的含义相抵触。有着复杂表皮的农民住宅，脱离了上下文的线脚和柱头，非结构的表面在窗户上却有一根过梁，并用一根断的过梁来表明它根本就不是结构性的：太多的东西让人们有兴趣去解开谜底。这不单是嬉戏，因为这种类型的谜通过推进一种创造性的感知途径，来激励使用者和建筑之间的参与关系。所有感知都具有创造性的元素，但解谜中包含的创造性要大过通常感知所需要的。解开谜语的一声兴奋的“有了！”，是所有创造性行为的共同点：“作为谜语的环境”激发了使用者创造和参与性的共鸣。可能其他许多人并未发现建成环境是一个适宜的创造性媒介，对这种参与性游戏不感兴趣。对他们而言，普雷尼克的墙面具有通常的“美丽”元素，足以用来被动地、愉悦地消费。

最后，墙面有一种不确定性，表明对其扩展与更改是合情合理的。例如，拼贴在一起的碎片中有很多红砖和黏土砌块，其外表即使在今天看来，在一个传统上所有建筑实际都有粉刷的城市中，也暗含了“未完成”之意。与之相邻的走廊用“临时性的”轻钢支撑的波形板屋顶强化了这一不确定性，一直贯彻到房屋加建的体量上（图 2.5），使人想到有可能制造出一种同样宽泛而“交相辉映”的加建。

普雷尼克自宅中形成的小尺度概念被有选择地运用在了大尺度的城市干预中。局部对于整体关系之重要意味着对设计领域的“整体艺术作品”和城镇规划中的“自上而下”设计方式的不信任：普雷尼克以前没有在城镇规划的尺度上工作过，有人说他也觉得自己在这类项目上没有天赋[3]。这并不是说他对单个项目如何促进更大的

图 2.4 （a）普雷尼克住宅：街景；（b）普雷尼克住宅：墙面细部

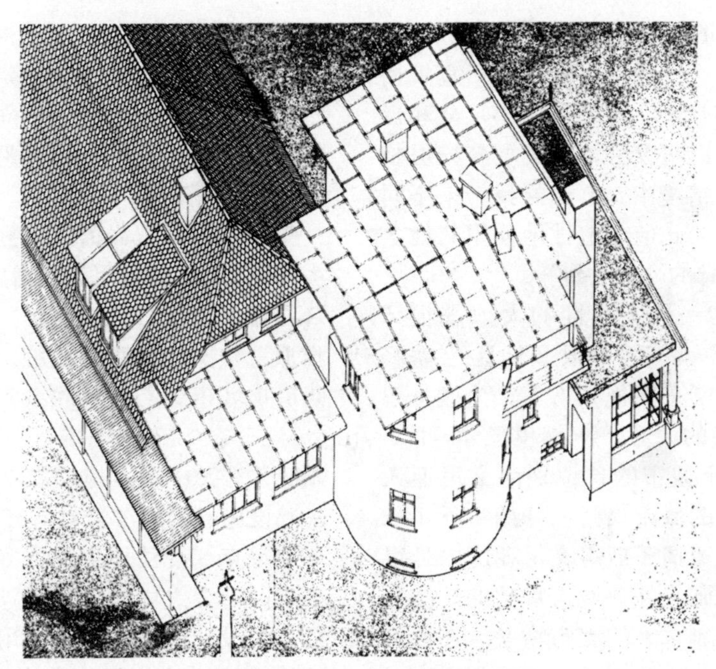

图 2.5　普雷尼克住宅：加建的体量

城市整体不感兴趣。更确切地说，他反对大尺度规划能够决定其组成部分的想法，而赞成这样一种方式。单个项目产生的时候，带来了特殊的问题与机遇，每一个设计都在既存的上下文关联中进行，建成为一个不断演化的整体。总平面是结果而不是发生器。

这种对城市设计“自下而上”的态度与普雷尼克在他父亲的工坊中学到的手工艺设计方式有很多异曲同工之处，因为受材料、工具和工人的能力所限，大部分大型手工艺制品都由各局部构成。虽然手艺人知道得很清楚这些局部成为较大整体的一部分才有意义，但他所从事的恰恰是这个“局部”，大部分时间里是他注意力的中心。对手艺人来说，局部具有一种与生俱来的重要性，他们中没有受过更多学院式训练的设计师，在很多设计传统中手艺人自己就是设计师，由此局部被强烈地表现出来。如果瓦格纳学派的环境说的是强力的控制框架下受限制的个人自由，那么手工艺传统可视为其反面。一个是强加的日耳曼秩序，那另一个就提出一种单个元素之间的相互调和形成的秩序，表达了一种更加民主的精神，与新的民族空间相称，并且将普雷尼克从“整体艺术作品”传统的极权主义控制中解放出来，让他能够自由地产生一种总体的空间结构，其中各部分具有清晰的自明性，同时又作用于一个连贯的较大整体，它大于各个部分的简单累加。

出于这种追求，普雷尼克对卢布尔雅那的首次介入不是为城市做任何整体上的规划一点也不奇怪。然而中央政府要求南斯拉夫所有主要城市都要有总体规划，因而指派普雷尼克给卢布尔雅那也做一个。他在新的尺度下工作，其方法得自我们曾研究过的自宅的想法之中，富于创见。尤其是在他自己的作品中对他人工作的尊重，因而自觉加入“现成品”元素，一直贯彻到更大的城市尺度。他希望给小尺度和当地的“局部”以重要性，在类型各异但整体一致的城市情境中，努力寻找带来不同潜质的途径。为此他创造性地使用其他各类设计者所设计的“现成品”。

1895年的一场灾难性的大地震损坏或摧毁了许多建筑物，很多地区急需修缮，因此形成了一些规划方案，为这类想法提供了丰盛的源泉。I·赫里巴尔（Ivan Hribar）是这个城市的首位斯洛文尼亚人市长，他领导的城市议会一开始举行了一次规划竞赛，邀请了斯洛文尼亚国内外很多有名的建筑师来处理城市震后的一些后续问题，并控制未来的城市增长。在许多参赛作品中，卡米洛·西特（Camillo Sitte）和M·法比亚尼（Max Fabiani）的作品对普雷尼克后来的规划意义最为重大，然后是C·M·科赫（Ciril Metod Koch）的作品，它显示了如何综合各方面的想法。

西特方案的想法与旧城区相联系，普雷尼克尤为喜爱。它沿袭了其名著《城市规划的艺术法则》（Planning According to Artistic Principle）[4]中的美学概念，他提交的竞赛文件包括书的一个副本。方案塑造了多条朝向城堡的狭长街景，同时也尊重与强化了当时历史城区的不同区域特征：地震的那段时间，城市中包含了形态上区分明显的元素，它们来自城市发展的不同阶段。首先，埃摩那（Emona）罗马聚居点外形的遗迹依然存在。其次，有三处中世纪的部分——梅斯托（Mesto）、旧市场（Staring Trg）和新市场（Novi Trg）。再就是散布于主要区域道路边的18世纪和19世纪居民区。

西特把这些既有样式的逻辑作为新方案的基础。例如，卢布尔雅那河左岸的新开发倾向于延续与加强梅斯托地区的模式，它位于对岸的城堡山下，同时他提出的旧市场地区的土地细分模式沿袭了更早期的中世纪平面布局。

在考虑城市如何扩展到从前未开发的乡村地区时，普雷尼克利用提沃利（Tivoli）公园形成绿楔，把“自然”紧系于卢布尔雅那总体文化景观的心脏。种满大树的林荫道把城市中心向外联系到相对未开发的乡村，一条“光轴”连接着“人类”和“自然”领域（图2.6），林荫道的重要性被强调出来。基础设施的功能考量也具有根本的重要性。普雷尼克深受法比亚尼方案的影响：在城市不同部分之间建立功能连接。但在普雷尼克的设计中，街道布局用于更为强烈的“艺术”效果，通过街道的曲直组合达到了丰富多变的空间体验，同时那些种植大尺度树木的主林荫道赋予了城市一个强力的空间结构，关键地点有公共建筑为标志。轴向的林荫道和弯曲的住宅道路的组合使城市在总体印象上呈现为扇形（图2.7）。

放射形街道从城市中心向外延伸，在远处被一条新的环城路串在一起，环城路的特点更为乡村化，处在“田野与树木中，一条弧线形道路在其中延伸，周围有至少500个蔬菜园，形成了现代城市常有的绿化。”[5]在此我们看到了城镇规划理论的第三条影响：E·霍华德的“田园城市”思想，[6]普雷尼克因为关注人类生活中自然的作用而深受其吸引，用以形成功能性的放射大道之间地区的基本肌理，那儿密度相对较低，在公园和花园中有联排或独立的住宅。

普雷尼克综合了功能、艺术和田园城市规划方法，发展出三种重要主题，构成他后来作品的基础。首先是为城市发展的

图 2.6　穿过提沃利公园的光轴

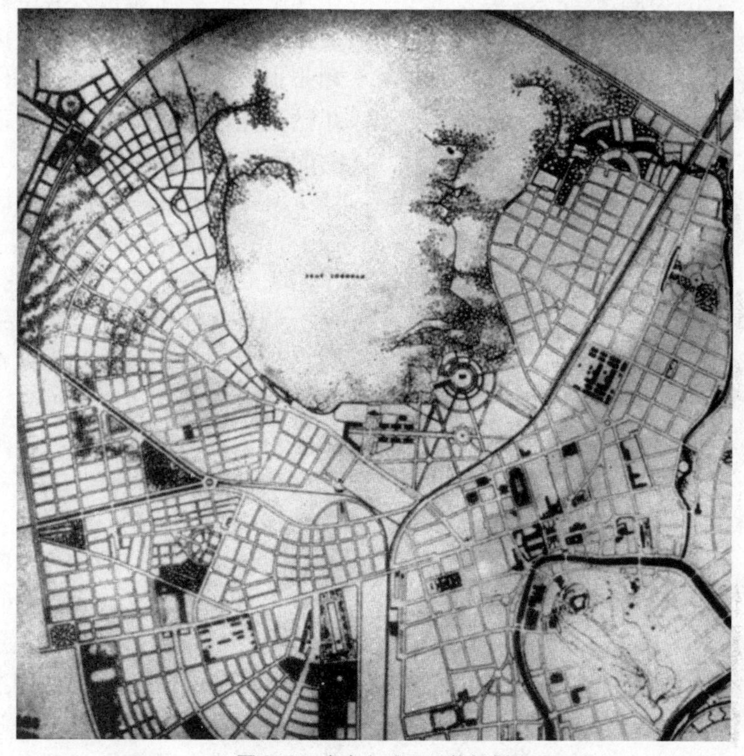

图 2.7　卢布尔雅那总体规划

总体框架寻求一个强有力的空间结构，控制城市小型元素的位置、尺度和类型。其次，与之平行的是对单个空间和建筑的多样性与变化的追求，在这一总体框架中自由地表达出来。第三，总体（公共）秩序和细节（私人）变化的并置产生了一种合乎社会关系的环境，既是公共利益也是个人旨趣的有效表达。

他把匠人般实用的对事物如何制造出来的兴趣，创造性地贯彻到这些想法如何在实践中实现，而不仅仅在纸上画画。例如，规划方案提出了一系列土地产权模式和地方政府体系的变化，这包括诸如建议城市议会应享有土地强制性收购权，同时制订防止土地投机的措施。它从未被当权者接受，这部分解释了为何普雷尼克的方案在面对政治与经济压力时的无能为力，这超出了任何设计者的控制。这一事实强化了他对城镇规划发自内心的不信任，以及他对以小尺度干预较大整体的偏爱。这些干预很多都受到直接经验的启发，来自于普雷尼克自己在城市中行走的过程。[7] 所以我们来研究这些行走中的一段，从他的住宅穿过城市中心再回来。

普雷尼克住宅的隔壁是 19 世纪 J·克斯特尼克（Janez Krstnik）设计的小教堂，靠着小河 Gradaščica，立面与河岸之间几乎没有空间。1932 年，普雷尼克在这儿造了座新桥，它一方面只是一种功能上的联系，但也设计成足够的宽度，这实际上就在教堂前面创造了一个教区广场，形成了一个为了“我们”的集会场所，替代了此前河道在“我们”和“他们”之间的分离状态。

把人类使用的场所直接置于河流自身的自然系统之上，在桥上种植白桦树来围合桥上的广场，这也产生了一种与自然共存的精神，自然元素在人类空间创造中被赋予了中心作用，桥上的树林近乎超现实的陌生性使这种设计方式戏剧化（图 2.8a）。

树列从教堂开始，沿着 Emonska 街延伸到城市中心，在公共空间中与教堂内部神圣空间中的柱列相呼应。桥栏杆上的三角石锥回应着教堂山墙和尖顶的角度（图 2.8b），和树木共同唤起一种对宗教和世俗领域的理解，给公共空间注入伦理学意义，并使教徒想起他们的社会责任。

如果我们沿着 Gradaščica 河向下游去，将会发现自己行走于一条狭窄但令人愉悦的带状公园里，混种着栗子树和垂柳。栗子树预示了普雷尼克的介入方式：高高的树冠在其枝干之下留出了清晰的视野，限定了空间却几乎不提供私密性。因此普雷尼克用随机排列的垂柳散布其间，它们低低的枝条产生了非常强烈的城市绿洲感，在其中人们有了城市公共空间中私密感的选择（图 2.9）。相隔一定距离就会有踏步和步道从上面的河岸引到水边——夏季，在贴面光洁的河床中，一条涓涓细流在窄窄的沟槽中流淌——人们可以沿着它行走，低于周围的房屋，只有水声相伴（图 2.8b）。在一片非常狭小的空间里，再次强烈推进了在城市环境中与自然共存的感受。

沿着这绿色空间走得更远，我们慢慢与更为宽阔的卢布尔雅那河汇合了，这里我们初次看到高崖上的城堡。为了充分利用此历史根源的象征，普雷尼克将其作为一个关键场所来处理。在汇流的南侧，他设计了一系列石制的野餐阶梯平台，人们可以在水边逗留，垂柳的枝叶使那儿的空间变得私密（图 2.10a）。在北侧，他设计了一个小广场，可以看见城堡，两边被河流所限定，剩下的两边由未实施的项目“共同屋顶的建筑”构成。地方政府提供屋顶的基本支撑与服务，放开个人与家庭介入

图 2.8　（a）J・克斯特尼克桥：概观；（b）J・克斯特尼克桥：下方河道视角

图 2.9　Gradaščica 河岸的绿洲

特定住宅设计的潜力，产生了一种总体的图像，强化了个人能够有效地影响到更大集体的感受（图 2.10b）。

沿着卢布尔雅那河西岸转向北，穿过老城墙位置进入历史中心区，河岸的特点从乡村渐渐地变得齐整。现存河岸由工程师凯勒（Keller）于 1913 年建造，普雷尼克改变了其实用主义特性，在岸边的街道和水面层之间增加了一道种植了树木的边坡，不时有踏步下到水面层，突出的小观

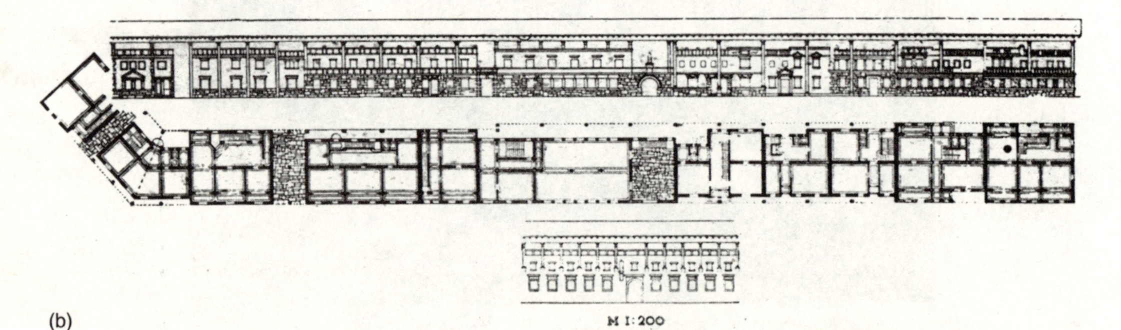

(a)

(b)

图 2.10 （a）冬季的卢布尔雅那河的水边平台；（b）共同屋顶的建筑

景平台使人可以选择亲水的体验。

有长凳的地方同样也使人们感觉到在靠近城市中心，在 Gradaščica 河靠近乡村的一端，长凳简单而实用，用的是无造型的混凝土加上木质座位和原木作为靠背。靠近城市中心时，座椅的形式逐渐变得细致，但仍用同样的通属类型来强化公共领域的整体感，通过细节增强了城市结构作为一个整体的可读性，从而强化了“我们”的总体表现，表达出部分对于整体的重要。

普雷尼克规划了一系列的桥来连接河的两岸，共同形成了更为统一的总体结构，但迄今仅建成两座。我们在行走中遇到的第一座——鞋匠桥——同样采用了一个小公共广场的形式，轴线指向高处的城堡，平坦的桥面联系着两岸的公共空间，与之精心吻合在一起（图 2.11a 和图 2.11b）。广场空间比 Trnovo 桥那儿更具城市感，不再

图 2.11　（a）鞋匠桥：和早期的城市肌理相吻合；（b）鞋匠桥：夏季露天咖啡馆的所在

用树木来限定，而采用了独立的柱子。尽管这儿缺乏绿化，但夏季的露天咖啡座将人类使用的空间直接置于河流的自然体系之上（图 2.11b），使与自然共存的感受变得非常强烈。

柱子限定了桥上的空间，与桥两端现有建筑的壁柱共同产生了一种连续性，把旧的和新的连接在一个构图中。这些历史联系使人感受到根源，在桥 / 广场本身的非传统类型的对比下被衬托出来，还有现代钢筋混凝土的建造方式，预制的细部，而不是传统材料。这就不是简单的“为保护而保护”的使用，而恰恰是“其来有自，却不陷于过去”。

我们穿过鞋匠桥来到城市最古老的梅斯托（Mesto）地区，传统上这儿是许多犹太人做生意的地方，但与布拉格采用的破坏的方式不同，普雷尼克特别喜爱此处：主街柔和地顺应了丘陵的自然线形，假如人们沿着其美丽的曲线行进，肯定会感到对老房子的漂亮山墙的由衷喜爱。[8] 顺着河流的曲线沿东岸走，我们来到了普雷尼克下一座桥的干预形式，用来缓解 F · 卡莫罗（Francisco Camolo）1841 年设计的通往圣玛丽广场的桥的拥堵。普雷尼克的原意是拓宽旧桥来形成一个新的市民广场，横跨在河上，就像他的 Trnovo 桥和鞋匠桥那样。然而，最终他对历史延续性的兴趣——他大体上反对拆掉旧建筑 [9]——使他保留了现有的桥，在两边各增加了新的步行桥。

从河的两岸看，新混凝土桥的设计保留了旧桥石结构的视觉效果（图 2.12a），维持着历史的交会点的熟悉视角，但旧混凝土桥的铁栏杆被新的混凝土栏杆代替，使它们统一成整体，高高的混凝土灯柱也起到同样作用。三座桥的空间作为一个整体，栏杆与灯柱带来了强烈的视觉限定，又与河道潜在的分离影响相对照，强调出公共空间结构的统一性（图 2.12b）。

树木与桥的空间结构的结合同样强化了一种与自然的共存感。它们种植在桥与桥之间空隙下方的河岸上，向上生长，穿过桥面层，因此路人在树冠而不是树干高度行走，这种不寻常的体验突出了树木在他们头脑中的重要性。

这儿的空间结构也强化了其他一些价值。一方面，整体的几何形状汇聚于作为历史象征的城堡；另一方面，集中的步行桥聚焦于前景上的民族诗人 F · 普雷森（France Prešen）及其缪斯的雕像，以更远处的地标——圣芳济教堂的塔楼为背景：我们在布拉格也见到很多次同样的民族与宗教价值的综合（图 2.13）。

过了三座桥，当我们沿着来的方向从河对岸往回走。在码头边的一个灯柱的设计中，普雷尼克从即使是最小的介入来看待大尺度潜质的能力强烈地展现在眼前。这个灯柱形式本身就像一个谜——究竟为何它具有如此怪诞的形式？——然后提出答案：它和远处乌尔苏拉（Ursuline）教堂轮廓的家族相似性，使教堂本身与河道序列的主要结构要素之间具有了很强烈的知觉联系（图 2.13b）。

沿河岸继续前行，我们来到了新市场和国立大学图书馆（NUK）。1931 年普雷尼克开始设计图书馆时，南斯拉夫人才刚刚独立了 13 个年头。随着方案的进展，法西斯主义在近邻意大利随后又在德国发展起来，1938 年接管了邻国奥地利，预示着来之不易的独立自主可能不会持续太久。1941 年建筑建成时，卢布尔雅那已然为意大利军队所占领。

基于这一背景，建筑在强化民族形象方面作用明显，正如传统上文学所承担的。

图 2.12　（a）通过新桥看见旧桥；（b）三座桥作为一个整体单元

图 2.13 （a）普雷森雕像和教堂钟塔的叠加；（b）一盏街灯联系着乌尔苏拉教堂

19 世纪斯洛文尼亚浪漫主义作家在奥地利占领时期保持了斯洛文尼亚语的生命力，并保存了民族统一的精神，被大众赞颂为民族英雄：早期反法西斯游击队战斗小组组建时正值 NUK 完工，他们用作家 F · 普雷森和 I · 坎卡尔（Ivan Cankar）为自己命名。NUK 作为一种如此饱含感情的文学宝库，是具有最高象征意义的建筑。

努力实现这种民族统一的象征潜力很大程度上支配了 NUK 的设计，但它与一种同样热切的愿望相互影响，即用建筑巩固城市文脉的图像。NUK 早期宣传材料选择的表现形式呈现出这种对文脉的强烈关注：平面和剖面中，城市文脉和新建筑本身都显得同等重要（图 2.14a）。

这种文脉关注在设计上有多重含义。最重要的是，从周围街道和广场的不同视点看，建筑的三面在很长的范围内都是可见的。要让建筑在所有向度上都起到一个可识别的地标作用，这些视景必须共享强烈的相似性，因此建筑就需要三个设计类似的立面。这一概念又被一种期望值所强化——很可能其时其地几乎人人都认为——任何重要建筑物都应该是对称的。

建筑的外部设计巩固了其远距离的形象，红砖与白色石材组成了不和谐图案，在周围环境中脱颖而出。走到近处，NUK 用几种方式来加强它当前的环境关联。首

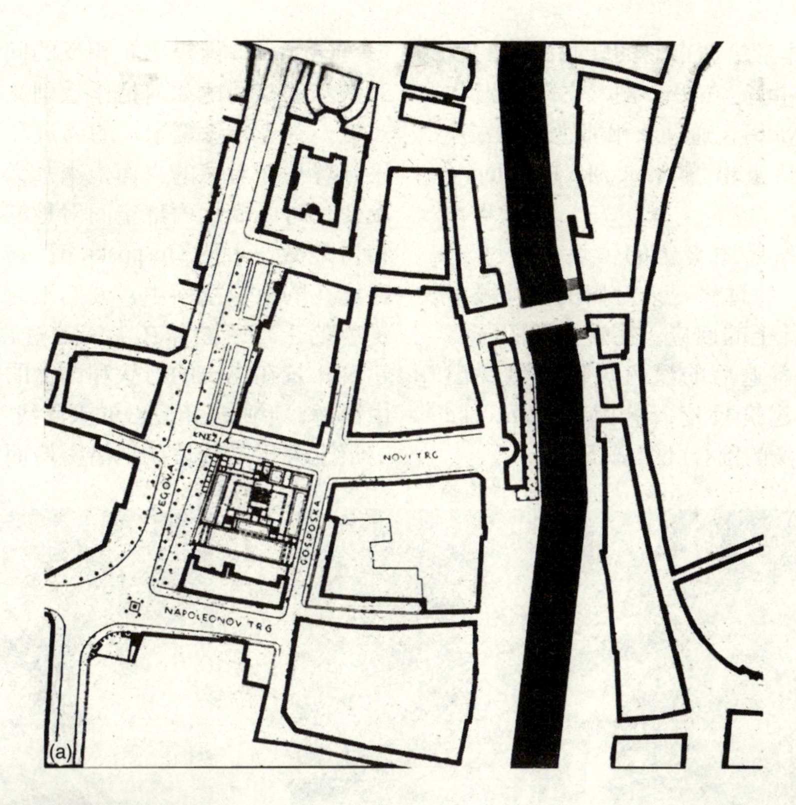

图 2.14　（a）置于城市环境中的 NUK；（b）从新市场看 NUK

先，建筑的体量给新市场的转角强烈的围合感（图 2.14b）。在另一侧，它限定出非常宽的 Vegova 街，通过从相邻建筑上方升起的高大体块来增加 Francoske Revolucije 广场的围合。

厚重而高度图案化的体块符合了这些一般要求，经过修正来对周围多种城市空间做出设计上的回应。在转角处四层高的巨柱背靠着退后的深色玻璃而显现出来，加大了建筑尺度，巩固了 Francoske Revolucije 广场的围合（图 2.15a）。

Gosposka 街提出了相反的问题：在相对狭窄的空间中如何把体量削减到较小的尺度。首先，建筑末端的缩进和玻璃面的设计曾用在对面的立面上来加大尺度，再次使用时既满足内部空间对称的要求，也相对地减小了沿 Gosposka 街的有效尺度。在这儿的狭窄空间中，人们不会意识到建筑物的上部，除非在尖锐的透视角度下。建筑体量在突出的石头和凸窗的微光闪烁中溶解，形成一条复合的天际线。靠近看，二层上方后退的玻璃把沿街墙面约简为一

(a)

(b)

图 2.15　（a）地标式巨柱；（b）Gosposka 街减小的尺度

个楼层（图 2.15b）。另外，在这一侧的建筑底层，突出的侧入口与雕塑带来了小尺度的偶然变化。

这些设计想法很可能要借助很多建筑语汇方能实现。实际上普雷尼克使用了跨越广泛社会群体的习见形式。其中当地石灰石的随机使用和突出展示，入口上方的瓮，随处可见的斯洛文尼亚天竺葵，均指涉了“地方手工艺”。瓮本身以及巨柱、檐口和栏杆的设计可以看出地中海古典意象的变体，棱柱般的建筑形式，墙面图案与规则的窗户是瓦格纳学派的风格，但厚重的石块打破了墙面的平整，移除了所有与日耳曼秩序的联想。NUK 阅览室的预制混凝土框格中高大的玻璃墙面加入了对现代主义形式的明确指涉：普雷尼克自己对此类“无根源”形式与日俱增的反感——构成了他自己在维也纳的早期作品中做的努力尝试——S · 贝尼克（Stane Bernik）说“当从 20 世纪 20 年代进入 30 年代时，功能主义建筑已经主导了斯洛文尼亚”[10]，显然如今现代主义语汇已逐渐深入人心。

NUK 的设计中，对既有形式的所有参照本身开始聚结为一个新的传统：对任何熟悉普雷尼克其他作品的人——应该包括 1941 年 NUK 的大部分“读者”——它本身就是一座普雷尼克的建筑，一座当代斯洛文尼亚建筑，毫无疑问的。完成这一新的传统所必须的是普雷尼克早期作品中的参与式设计思想。例如把砖作为建筑材料暴露在外使人联想到未完成，这里也有工人们参与设计的线索：人们感到很难在纸上设计尺寸随机的墙体，石材的各种加工方式各异，砖有三种颜色。这也是拼贴的建筑学：突出的转角夹杂着看似旧檐板的石头，使人想到其他元素可能也是现成品。Gosposka 街上的 L · 多里纳（Lojze Dolinar）的一个表现主义雕像的确如此：即使在设计过程中很早就选用了这个雕像，它的底座也小于正常尺寸，并不符合其尺度，这强化了它的“现成品”特质（图 2.16）。

这种“现成品”的主题也产生了一系列谜题。前面提到的“旧”檐板石形状怪异，角部整齐地切掉了一块。这真的是一块旧石料吗？或者就是块新的，插在里面来提示，并且从反面提示旧元素的在场？在建筑的别处寻找答案只能增加谜题。以巨柱的柱头为例：它们带有青铜的涡卷，是因为再利用的早期建筑上柱头的尺寸过小吗？柱头和柱身上部夸张的风化效果支持了这一假设，但风化的都在相对不受天气影响的背面。风化有可能是为了使柱子看起来陈旧而人工做出来的吗？或者真的是从其他地方弄来，反转过来隐藏住风化的痕迹？

建筑从内到外充满了其他谜题、冲突和对正常期望值的超现实主义干预。例如宽大的入口与它导入的不够大的幽闭门厅相抵触。门厅开向一个黑色大理石楼梯厅，特点是超级黑暗，极端动态，其大部分为沿着入口轴线的巨大楼梯间所占据。黑暗空间与方向性完全矛盾——除了通向的阅览室的三对难以捉摸的大门外别无所备。阅览室很高，四周高光盈室，强烈的轴线与楼梯厅轴线直角相交，从建筑中通过全玻璃的端墙向外延伸。两个空间极端相异，粗野地放在一起，很难去想象。然而当人们在建筑中穿行，被一个空间提起的期望值又被另一个直接冒犯（图 2.17）。

对惯例的超现实干预甚至贯彻到小小的细节之中。雕塑的底座从基座上伸出，自己就成为一个雕塑，消解了建筑元素之间的一般区分，而二层的展厅大门颠覆了

图 2.16　现成品雕像

建筑材料的惯常使用，大理石门板镶嵌在硬木框中。

所有这些游戏都与一种满足预期的背景相反，是建筑语汇本身宽泛的易接近性，城市文脉强化的可读性，构成谜题的许多要素在传统上“有价值”与“美丽”的特征满足了这些预期。因此，NUK 的谜题加在一起形成了建筑，包容且引人入胜，而不是混乱和疏离。

NUK 的设计中结合了现代主义的形式，尽管普雷尼克自己对之反感，但无疑在与他从前的学生 E · 拉夫尼卡（Edvard Ravnikar）的合作中得到了强化，他画了图书馆的施工图。拉夫尼卡对现代主义先锋派的赞赏大大超过普雷尼克自己，并从 NUK 去了勒 · 柯布西耶巴黎的事务所：由于在普雷尼克工作室培养的出色绘图技能，一个普雷尼克的学生受到柯布西耶的欢迎。

至少很有可能，这些过去的学生摆脱了普雷尼克自己对现代主义的反感，把他的思想与现代主义先锋派相结合，从而带

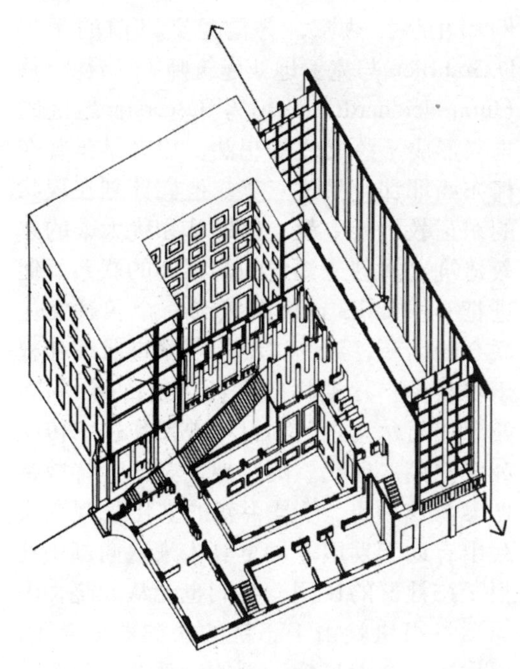

图 2.17　UNK：内部空间关系

着普雷尼克自己跨文化的深厚根源走向开放的新未来。虽然 1939 年二战爆发使设计的机会受到限制，但在拉夫尼卡 1941 年为斯洛文尼亚解放阵线设计的标记中仍可以看到战争时期跨文化设计有力例证，它利用作为民族象征——特利格拉夫山（Mount Triglav）三座山峰的轮廓唤起了共产主义晨星冉冉升起的联想（图 2.18），把共产主义和民族主义联系起来——它们曾潜在地分裂了阵线的成员。

与中欧和东欧其他地方的局势不同，南斯拉夫 1944—1945 年间的解放很大程度上通过共产主义者主导的游击队自己来完成的，红军的帮助非常有限。这导致了与我们上一章研究过的捷克的状况截然不同的权力平衡：南斯拉夫非常独立，而不仅仅是俄罗斯的一个卫星国。虽然俄罗斯的革命威望给民族导向的社会主义现实主义带来了一些最初的影响，[11] 但因为南斯拉夫各不同民族在战争中冲突加剧而分裂，政府统一这些民族的愿望使它在实践中被大大忽略了。这种多民族统一的推动力对南斯拉夫的文化景观具有两方面影响。首先，它导致了对所有可能导致的宗教分裂符号的剥夺，从禁止穆斯林女性的头巾到制止基督教堂的钟声。拉夫尼卡的姐姐在卢布尔雅那回忆道：

图 2.18　解放阵线的标志

> 教堂的钟声从我年轻时候到1945年一直喧闹地鸣响，随着社会主义的到来而静默了……它过去曾是我们孩子们悦耳的背景。[12]

其次，它产生了快速工业化的愿望——与苏联的想法相对立，它希望南斯拉夫一直只是俄罗斯自身发展的廉价原材料基地——这意味着快速减少地区经济不平等，按照马克思主义理论，从而消除从前的民族与宗教对抗的基础。强调工业化从内到外地影响了专业设计文化。

在内部，工业化的驱动之下，设计文化中为普雷尼克所不喜的功能主义脉络受到偏爱，它基于把建筑作为空间中客体的观念，城市地区则作为很多功能区或屈从于总体规划，就像部分屈从于整体。在专业设计文化的外部，形成对比的是，例如在住宅仍常常由家庭为他们自己的使用而生产的语境中，建筑工业化生产的愿望使普雷尼克以前的学生E·拉夫尼卡1945年为建设部制作了一本《混凝土DIY》(Do it Yourself Concreting)指南，“按照建设部高官的说法，大家认为此书对于乡村至关重要。”[13]这相应推动了周边地区的城市快速发展，而不具有任何较大的“整体”空间结构感，只是个体部分的简单集合。专业设计文化的内部与外部都已失去了普雷尼克的部分与整体的平衡，取而代之的是一种两极分化的城市结构：专业的“一切皆整体”而大众的“一切皆局部”。

自1948年以来，南斯拉夫和前苏联之间激烈的政治分裂[14]导致重新寻求内部的稳定，随之而来的是与地方民族与宗教机构的亲善，它们曾被早先的禁令所冒犯。[15]这开启了一种新的文化空间，至少在原则上更加合意于普雷尼克的那些想法，例如在萨拉热窝，普雷尼克以前的学生D.Grabrijan与克罗地亚建筑师J·奈德哈特(Juraj Neidhardt)一起为Baščaršija地区的未来形成了跨文化的想法，后者早年曾在柯布西耶那儿呆过三年。他们计划在现状的东正教、天主教、穆斯林和犹太人的宗教建筑之间创造知觉的与空间的联系，促进把Baščaršija地区解读为一个各种文化联合的场所，新的“现代”城市肌理扎根于奥特曼、穆斯林的设计传统，勒·柯布西耶在阿尔及尔的项目中曾发现这一传统如此充满“现代”的灵感，奈德哈特曾密切参与该项目。[16]是否新的文化景观在实践中有助于发展一种更具未来取向却仍扎根于跨社群的认同，我们也无从知晓，因为项目很快就由于正统的保护被放弃了，它作为一个大尺度计划的一部分，想要推动旅游产业，从而获得急需的外汇。

作为这个新计划的一部分，普雷尼克得到了他最后一项委托，卢布尔雅那条顿骑士修道院(Križanke)的保护，作为国际艺术节的集会地点。部分是现有修道院建筑的改造，部分是新的加建。这件最后的作品——设计于20世纪50年代中期，1957年完成——集合了普雷尼克所有复杂的民族主义语汇成分：“民族古董”、乡土的和古典的变体(图2.19)。其次，主观众席空间上方生动的张拉结构屋面还展示了对现代主义纯粹形式的率直使用。不过即便在此处，文化的延续性也被强调：当时在工程技术方面如此先进的结构用来建造一个露天剧场的悬挂天篷(Velarium)，显然是基于一种古罗马类型的考虑。

从修道院沿着Vegova街只稍走一会儿就来到了其端头，位于Trnovo桥/广场，紧邻普雷尼克自己的住宅，1957年他在那里死去，我们的序列也是从那儿开始的。

图 2.19　条顿骑士修道院的复合语汇

D · 普雷洛夫谢克（Damjan Prelovšek）告诉我们，当他临终之际，“一连串热爱他的人来参观他的房子，而普通人也来表达他们的敬意。”[17]

然而与之形成对照的是，他的思想对许多专业设计人员影响甚微。在很多人头脑中，民族主义与宗教和战争时期骇人听闻的暴行联系在一起。共产政府掌权时，普雷尼克失去了他大部分的工作机会。他的朋友和支持者普雷洛夫谢克从城市工程师职位上退下来，教堂也停止建造，只要涉及其他大尺度的项目委托时，普雷尼克广为人知的宗教背景则被认为对他不利。他在设计上影响显著的时代已然过去。

这也部分因为普雷尼克自己从未条理分明地表达他的理论：他不信任那些把设计理论化的人。“他确信一个建筑师应该通过图纸和建成作品来表达自己”，建筑师 F · 伊万谢克（France Ivanšek）回忆道。[18] 另外，他的教学方法从不强调设计的原则。O · 诺沃特尼（Otakar Novotny）回忆普雷尼克最初在布拉格的教学体验时写到：

> 普雷尼克用直接介入的方式来帮助他的学生，结果是导致他们不愿努力发展自己的想法。因此这种教学方式没有留下持久的轨迹，随着时间流逝，学生们甚至放弃了曾为他们所理解的普雷尼克不可多得的伟大之处。[19]

第三，普雷尼克从未设法（哪怕是尝试）与其他设计者一起建立一场更为广阔的文化运动。E · 拉夫尼卡与他相识多年，告诉我们说“这么多年来，我从未听他提到过一件当代建筑师设计的东西他认为是好的。”[20]

毫不奇怪，这种负面的方式使普雷尼克在很多专家与学术界的同事中不太受欢迎，因而他们也就不愿努力去理解他在后期逐渐显示出来的反现代主义姿态。这种反感也影响了对他从前学生的恰当接受，他们曾经能够清楚表达从普雷尼克的教学中发展出的想法。例如1957年，当Grabrijan和尼德哈特（Niedhardt）利用在萨拉热窝的作品来写《波斯尼亚建筑及其未来》(Bosnian Architecture and the Way Forward）一书时，清晰表达了一种产生“其来有自但不固守传统”的场所的有力途径，但基本上是在对牛弹琴。

然而在20世纪60到70年代之间，普雷尼克自己的作品看起来仍然与大众文化有关，可以在大量发展旅游产业的画册上出现的频率来判断。[21]到70年代后期，当现代主义原则开始受到质疑时，他的作品也开始在斯洛文尼亚以及国际专业圈子里复兴。艺术史学家P·克热西奇（Peter Krečič）认为，“普雷尼克的建筑可能是80年代世界范围内最伟大的建筑发现之一”。[22]

可是，当“世界性”的后现代古典主义的雅趣消退，普雷尼克的作品没有因此再次陷入阴云。南斯拉夫二战以后的共产主义领袖M·铁托（Marshal Tito）1989年去世后，失去了他魅力超凡对统一的影响，各加盟共和国之间的经济和政治竞争迅速加剧，普雷尼克的作品再次与一种越来越民族主义的文化显得密切相关，在一个日益动荡的世界里带来根源感。当新的民族国家政府寻求一种有根的“斯洛文尼亚存在感”（being Slovene）时，我们发现普雷尼克自己的肖像，以及他的建筑，被作为图像用在关乎社会与经济的系统中，例如邮票和钱币。

尽管如此，在后共产主义时代的斯洛文尼亚，普雷尼克的作品显然在建构认同方面仍有其危险之处，事实上与民族主义和宗教意义热潮相联系，它们曾用来使二战期间恐怖事件的合法化，而又被官方的共产文化大大地压制了。中欧最有趣的文化运动之一，自1980年以来人们就忙于从心理上否认这些事件，最早是后朋克的工业音乐团体Laibach[1]，后来是更为宽泛的统称为“新斯洛文尼亚艺术”（NSK，Neue Slowenische Kunst）的艺术家群体[23]。NSK没有去动摇极权主义的特定图像，像我们在布拉格看到的斯大林/迈克尔·杰克逊或粉红坦克那样，而是投入到认同建构过程的更深层面：人们能够建构认同来对恐怖的历史事件免责，这可以轻而易举地使那些事件在未来重现。而我们知道，建筑和城市设计都不适于担当这种努力的媒介：它们需要太多的既有官方权力结构的实际支持，它们的影响在地方上屈从于习惯性适应。然而像音乐演出那样更加短暂的艺术形式则免受这些限制，例如社会学家S·科恩（Stanley Cohen）把摇滚乐视为在这种环境下的“一个绕开惯常结构的象征媒介”。[24]

Laibach的演出试图帮助听众意识到这种状况，即对社群的渴望很可能被利用，把“我们”引向民族认同的极权主义形式。

---

[1] Laibach，1980年成立于前南斯拉夫的斯洛文尼亚的一支工业摇滚团体，音乐充满了对瓦格纳追随者的愤怒，总是身着军装出现，宣称自己是法西斯分子。Laibach也是卢布尔雅那的德语名称，因此，1983年乐团在一次采访中激怒了市民，导致在卢布尔雅那全市清除带Laibach标记的运动。——译者注

演出一开始就让听众进入一种催眠状态：让他们等很长时间，让他们置身于重复的高分贝噪声之下，射灯在他们头顶闪烁，好像他们自己就是演出者。演出本身充满了极权的象征，包括制服、古典意象（就像普雷尼克有时使用的）、纳粹统治的符号（Laibach 本身就是卢布尔雅那的德语名称），并指涉基督教原教旨主义和军国主义的音乐。W·格里芬（Winifred Griffin）回忆道：

> 当观众被演出吸引……仔细观察 Laibach 提出的东西时，他们也会不舒服，感到内疚……当他们被音乐捕获，这种经验令人愉快。音乐停止，一种尴尬的感觉在观众中蔓延。观众们意识到他们的欲望被操控而发现自己上当受骗，这种尴尬即来源于此。这种欺骗导致了一种认同，它带有民族主义"令人不快"的形式，而他们此前曾认为自己对之是免疫的。

换句话说，以 A·门罗（Alexei Monroe）所说的"以毒攻毒的顺势疗法原则"[25]，免责破灭了。这很有趣，他继续说明"注意在斯洛文尼亚缺乏公然的（而不是偷偷摸摸的）民族主义"，建议通过"描绘并占领 Laibach 可能有的极端边界，在某种程度上设定斯洛文尼亚可能的激进主义界限"。[26] 联系到普雷尼克的建筑，Laibach 在海报中有意识地使用他的建筑，使参与他们演出的人警惕地以否定的民族主义方式来阅读。

那么，作为结论，我们能从对普雷尼克作品的分析以及相应的接受与使用中学到什么？显然卢布尔雅那的案例研究在设计与认同方面有很多经验，虽然大部分都在意义层面而不是使用层面。现在我们来抽出这些涉及认同建构过程的关键维度。

首先，我们可以收集到很多新想法，帮助使用者来建构一个有根的想象社群。特别是在普雷尼克的作品中，我们看到了一系列使公共空间更加清晰易读的努力。不仅常常通过创造性地使用低调和廉价的元素，如树木、柱子和街灯，来强化空间的定义，也通过设计来帮助使用者在作为整体的公共空间网络中安置自身，就像在长椅的"族系"中，越靠近城市中心，其成员就越来越齐整。

我们也看到了在所有尺度上将"扎根的"元素与新设计的广泛结合。在景观的最大尺度上，我们看到了 E·拉夫尼克的 Triglav 山的整体形式之于共产主义者升起的明星，创造了一个民族符号，其最初的公共反响如此强烈，无论政治领域里风云变幻，其象征作用一直持续至今。我们也看到了历史上的重要建筑为了全新用途的重新利用，就像条顿骑士修道院变成文化中心。我们看到了历史上重要建筑场地的再生，就像 NUK 图书馆建造于以前公爵府的地点，此处还有甚至更早的罗马时期的渊源。并且在最小的尺度上，我们看到了历史上重要建筑元素的再利用，从整个柱廊到单块石材。

卢布尔雅那的经验也可以帮助我们进行场所的设计，至少在意义的层面强化与更广泛的生态系统积极共存：人类对自然系统的积极使用，使其成为城市结构中对社会有益的一部分。在最大的尺度上，我们看到了城市规划如何尝试打破"城市"与"自然"之间的知觉藩篱，既把蒂沃利公园纳入总体城市形态，也通过普雷尼克的象征性光轴用"城市性"穿透它。同样，我们看到了卢布尔雅那和 Gradaščica 河用设计来鼓励城市水系的多种社会体验。在最小的尺度上，我们看到了“可定居的桥”的形成，在那儿，关键性活动在水上聚集，强调了城市社会生活中水的重要性。

第三，在帮助不同想象社群的成员相互和谐共存方面，卢布尔雅那在设计方法上教会了我们什么？我们同样可以在所有尺度上看到积极与消极的经验。

积极的方面，我们看到了普雷尼克利用自己生命轨迹中的内在才智，在不同社会群体的形式语言和组构策略之间，建造创造性的跨文化桥梁，尤其是在总体的城市规划和NUK那样的主要公共建筑上。对某些群体来说，普雷尼克的作品看起来很“新”，加强了开放未来的感觉，这对于培育跨文化性来说是根本的。对于其他人——特别是建筑专业中影响力更大的现代主义派别——它看起来不过是怀乡病。普雷尼克自己总是不能与现代主义的评论家沟通，我们应当从中学到反面教训，因为这意味着一旦他自己的个人权力基础在二战后逐渐削弱，其跨文化的理念就在很大程度上被设计专业领域抛弃了。这具有更为广泛的回响，正如我们所见。因为它证明了由此产生的文化风气牢不可破，甚至建立这种沟通的时过境迁的努力，诸如尼德哈特和Grabrijan在柯布西耶式的设计理念和波斯尼亚本土性之间建立联系的尝试，也无法产生影响。

至于我们认同建构计划的第四条，对设计的需求让使用者逐渐形成他们自己的赋权感，卢布尔雅那的案例再次提供了不少参照。人们可以强烈地感受到“从小事做起”（small things matter）的寓意，尤其是在普雷尼克做加法的设计方法中，它表明了任何“整体”都是由部分组成，它们自己在起作用，从城市设计的所有层面到最小尺度的建筑和街道家具。当普雷尼克想要显示出场所的制造者与使用者的创造性努力时，这种做加法的设计方式的社会关联性就显得极为强大，在“共同屋顶的建筑”项目表达得最为强烈。此外，普雷尼克频繁地在他根深蒂固的设计语言内部含混地使用建筑元素与关联产生了设计的“谜题”，其求解要求使用者在有意识的层面发挥理解场所的能力：他知道他自己制造了这些场所的意义，因为他懂得此前意义可能并非如此。此时赋权感非常深刻。

然而在布拉格，这种通过建筑和城市设计对赋权感的强化则助长了颠覆性的意义，向政治的现状挑战。我们再次看到重要建筑形式的设计多么需要资源，而资源通常为当前权力集团所控制，因此颠覆很难达成。甚至拉夫尼卡一度颠覆性的解放阵线标志一开始也扎根于“次要的”涂鸦范围。显然其他不太要求资源的艺术——例如Laibach的音乐与表演——能够具有更大的颠覆作用。这再次强调了从赋权的角度，为了在最广阔的跨学科意义上形成文化景观，有形的设计应当被视为一种更为宽泛的策略的一部分。这一切强化了在主流的体制文化之间建立桥梁的重要性，假如我们希望超越简单的花言巧语，做出切实的重大影响。

迄今为止，我们只是在欧洲文化的“旧世界”中考察这一议题。但对场所－认同的关注出现在广泛的文化领域中，如果我们不把自己放在来源更为广阔的思想中，将无法达到跨文化性的目标。在下一章节中，我们将转移到墨西哥的“新世界”背景下。在那儿，类似普雷尼克的方式在一种与现代主义主流观念更为相投的文化环境中发展起来。

注释

1 Cited in Šlapeta, 1986, 91.
2 Stelè, 1967, 241.
3 Cited in Prelovšek, 1997, 267.
4 Sitte, 1889.
5 Plečnik, 1929.
6 Howard, 1898.
7 Grabrijan, 1957, 80–82, cited in Krečič, 1993.
8 Mušić, 1981, 101.
9 Prelovšek, 1997, 229.
10 Bernik, 1990, 49.
11 Djilas, 1985, 197.
12 Ivanšek, 1995, 188.
13 Cited in Ivanšek, 1995, 179.
14 For a first-hand account, see Djilas, 1985.
15 For discussion of Yugoslavia's changing political ideologies during this period, see Burks, 1972.
16 For in-depth discussion of the Baščaršija project, see Alić and Gusheh, 1999.
17 Krečič, 1993, 191.
18 Ivanšek, 1995, 178.
19 Cited in Šlapeta, 1996, 48.
20 Interview in Vuga, 1995, 426.
21 For example, see Krečič, Murko and Zavašnik, 1975.
22 Krečič, 1990, 28.
23 For discussion of Laibach and NSK, see Griffin, 2002 and Monroe, 2000.
24 Cohen, 2001, 291. For further discussion of rock music in this context, see also Westley, 1991.
25 Monroe, 2000, 4.
26 Ibid., 6–7.

第3章

墨西哥：文化与景观的复合

在上一章中，我们讨论了普雷尼克追寻的场所－认同建构的“包容性”设计方法，自20世纪20年代以来，在墨西哥得到了进一步发展。当时墨西哥人开始接受他们多样化的文化渊源、动荡的殖民历史，以及众多的想象社群。在这儿，与北美洲和欧洲的紧密联系是重要的动因，它牵涉现代化程序、经济增长和教育改革。其他在文学、音乐、艺术与建筑方面的发展也在社会、政治和文化上重新定义了一个多元的墨西哥社会，并对“墨西哥性”(Mexicanidad) 的追寻做出了贡献。墨西哥设计师们使用的文化素材为数众多，涵盖了自然景观、城市物质与空间结构、来自民间和乡土的建筑类型、高雅艺术、音乐、舞蹈、神话与传说。

从根本上说，墨西哥人的认同概念与理解的产生环境是受地理因素影响的。国家的北面是美国，南面是拉美国家危地马拉和伯利兹城（洪都拉斯首都），在文化倾向上制造了特有的张力。北面干燥贫瘠的沙漠，东南繁茂的热带雨林，西面的太平洋海岸线界定了墨西哥的广袤领土，中央是多火山活动的区域。这个国家动植物种类繁多，从各种沙漠仙人掌到繁茂的热带森林，还有像三色树（tricolore)、蓝花楹(jacaranda）和九重葛（bougainvillea）这样的彩叶树。

其次，要理解墨西哥的政治、社会和文化环境是如何加强对新的、统一的想象社群的追寻，这很重要。几个世纪以来，不同的种族——如萨巴特克人（Zapotecs)、奥尔麦克人（Olmecs)、玛雅人（Mayas）和阿兹特克人（Aztecs）——对这一地区的文化发展起了重要作用，并促成了帕伦克(Palenque)[1]、奇琴伊察（Chichen Itza）[2]、阿尔班山（Monte Alban）[3]和特奥蒂瓦坎(Teotihuacan）[4]这些宏伟聚落的形成（图

[1] 帕伦克，古典时期玛雅五大城邦之一，位于墨西哥东南部Chiapas州，邻近危地马拉边境。其历史可追溯至公元前100年，辉煌时期是公元七八世纪时的玛雅古典时期，是玛雅西部最重要的经济、政治与文化中心。——译者注

[2] 奇琴伊察是一处庞大的前哥伦布时期的考古遗址，坐落在今墨西哥境内的犹加敦半岛北部，奇琴伊察在公元600年左右即玛雅古典时期中期是当地的重要城市，13世纪后衰落。今日奇琴伊察保存了很多石建筑，包括神庙、宫殿、舞台、市场、浴池和球场，其中最著名的是卡斯提略金字塔、武士神庙和天文台。——译者注

[3] 阿尔班山位于墨西哥东南部Oaxaca市郊，为墨西哥中部的Zapotec文明所建，始建于公元前500年左右，在公元300—700年间最为繁盛，人口多达25000人，之后随Zapotec文明而衰落。——译者注

[4] 特奥蒂瓦坎，Teotihuacan，意思是“众神的居所”。公元前100年至公元150年左右已发展成今日的规模，公元250—600年间发展至它的高峰，人口多达125000—200000人，是当时美洲最大城市和世界第六大城市。公元600—900年间逐渐废弃。主要遗存有太阳金字塔、月亮金字塔和羽蛇神庙等。——译者注

图 3.1　墨西哥特奥蒂瓦坎古城的太阳金字塔

3.1)。这些早期文明的渐次衰退和毁灭归因于诸如部落的入侵、疾病和对自然资源的过渡开采这样的问题，但最引人注目的原因是 1521 年西班牙人的征服，它把一个巨大而强有力的古老帝国变为一个殖民国家，叫做“新西班牙”。殖民统治引入了全新的法律系统、天主教教义和仿照西班牙建筑传统建造的新聚居点。[1]

1876—1911 年间，墨西哥的政局被战争和 P · 迪亚兹（Porfirio Diaz）的独裁统治搞得混乱不堪。10 年之久的墨西哥内战（1910—1920 年），也被称为革命，产生了 P · 比利亚（Pancho Villa）和 E · 萨帕塔（Emiliano Zapata）这样的英雄人物，他们象征了一种完全不同的墨西哥：不同的文化传统，根植于农民及其传统价值，而不是中上层阶级的殖民传承。

在 20 世纪 20 年代到 30 年代之间，后革命时期的第一个十年中，A · 奥布雷贡（Alvaro Obregon）的新政府开始从事改革，着眼于通过现代化来创造更好的生活条件，这属于关系到“建设新世界”精神的更为广泛议程的一部分。[2] 委内瑞拉和巴西也在探讨类似的观念和运动，按照 V · 弗拉泽（Valerie Fraser）的说法，这些国家“努力提升自己的现代化形象”。[3] 在墨西哥尤为重要的是教育改革的政策，是由教育部长 Jose Vasconcelos 在 1921—1924 年间提出的，它符合 1917 年新宪法，“包含了关于国家教育、医疗保健和住房保障的普遍权力的议案”。[4] Vasconcelos 是知名的哲学家和人文主义者，他“把艺术理解为一种唤醒未开化民众的方法”[5]。而已然确立的墨西哥壁画传统源自通俗的民间艺术，

图 3.2　D·里韦拉的壁画，人们称之为"墨西哥人生活的嘉年华"（1936 年）

是造成这种觉醒最清晰的努力方向。因而 Vasconcelos 委托制作壁画来装点新的教育部大楼，既有教化大众，也有提升新的墨西哥认同感的目的。1921 年他把 D·里韦拉（Diego Rivera）及其他墨西哥画家带到尤卡坦半岛（Yucatan），让他们熟悉墨西哥古代和传统艺术遗产，"因为这将为他们未来的作品打下基础"。[6]

20 世纪 20 年代到 50 年代之间，全新一代壁画家出现了。根据 M·扬波尔斯基（Mariana Yampolsky）的说法，他们的作品"反映了对墨西哥认同的探索和对公共艺术事业的支持"。[7] D·里韦拉是这一群体中最著名的成员，他游遍了全国的前西班牙时期遗址，殖民时期的修道院，以及当地的龙舌兰酒馆（pulqueria，当地喝一种用蓝龙舌兰做成的龙舌兰酒的酒馆），研究当地的印第安艺术家的装饰壁画。其他拥有类似信念与绘画实践的主要壁画家还有 Carlos Mérida、Amando de la Cueva、Xavier Guerrero、Fernando LeaI、José Clemente Orozco 和 Juan O'Gorman。[8]

这些壁画从风格到内容都致力于表达墨西哥的复杂历史。新壁画家团体的领军人物 D·里韦拉沉浸于创作宏大的史诗场景，就像为新成立的教育部绘制的"墨西哥人的政治愿景"（1923—1928 年）那样。同样重要的是他在总统府（Palacio National）中的壁画，通过历史场景讲述了墨西哥人民复杂的故事，像"墨西哥人民的史诗"（1929—1935 年）、"前西班牙的墨西哥——早期印第安的世界"（1929 年）、"墨西哥人生活的嘉年华"（1936 年）及许多其他作品（图 3.2）。除了英雄的历史场景，里韦拉、奥罗斯科（Orozco）及其他壁画家们也描绘了普遍的日常活动；用墨西哥女人和孩子，以及当地的印第安族群来表现墨西哥人生活中丰富多样的传统。通过这些作品，壁画家和其他画家们也表达了印第安与西班牙两种不同的艺术世界和两个想象社群的连接，它们通过西班牙士兵和本地的印第安妇女通婚而密切联系，其混合血统的后代称为混血儿。

尽管许多壁画都带有墨西哥的主题，但均以从巴黎及其他欧洲艺术中心的当代画室中学到的现代技术绘制，实现了墨西哥艺术中现代与传统的融合。画家们寻找新的“墨西哥性”（Mexicanidad）的尝试同样受到作家和文学评论家的推动，比如奥克塔维奥·帕斯（Octavio Paz）[1]，他用类似的方式称颂墨西哥人民的多重文化传统，以及他们多样的想象社群。帕斯说，“壁画艺术已经引起了关于民族未来的争论，它已成为一种文化认同的模型”。9

类似的想法也以自然和建成环境来研究。像在布拉格和卢布尔雅那，墨西哥的设计师秉承了前几代城市建设者留下的空间结构和建筑形式的要素。这种空间和建筑形式遗产形成了建构墨西哥新的场所－认同思想的第三个来源。我们应在墨西哥城的文脉中对此进行研究，因为作为国家首都的重要性，那儿是“墨西哥性”的概念最为炽热之所在。

20世纪早期的设计师们所继承的城市空间结构是复合的，涉及与历史、政治和文化事件相联系的激烈转变过程。历史城区的基本形态结构是在特诺奇蒂特兰（Tenochtitlan）古城（图3.3）的形成阶段确立的，该城于1325年作为阿兹特克帝国的首都而建。特诺奇蒂特兰是墨西哥被占领前出现的最后一个城市中心，阿兹特克的城市建设者们吸收了早期文明的知识和传统，例如特奥蒂瓦坎和托尔特克（Toltec）的首都图拉（Tula）。10

特诺奇蒂特兰城靠近沼泽湖特斯科科（Texcoco）西岸，容纳了约20万人（更大的区域有40万人）。总体的城市平面遵循了一套运河和泥土平台构成的格网系统，即浮田（chinampas），布局基于恒星和行星运动的宇宙哲学诠释。整个系统通过三条堤道与大陆相连。浮田是人工从运河的淤泥和湿地野草中建立起来的，能够很容易地恢复到沼泽地的状态[在索奇米尔科运河（Xochimilco）地区仍可看到古代生态系统的遗迹]，是非常可持续的。自然女神象征了伟大的阿兹特克人对自然的尊重，表现为一个妇女的头部，植物长成了她的头发。

城市按照五个区域来组织，称作康庞（campan），各区域由四条主要街道来限定，面向四个基本方位，每条街道尽头都有一个门户（gateway）。一个大广场占据了聚落的中心，通过为公共、行政和宗教目的使用的金字塔来限定；它们也按照太阳、月亮、金星和其他行星的轨道排列。到1502年蒙特祖马二世（Moctezuma II）继位之时，阿兹特克帝国已经成为该地区最强大的势力，农业及其他物产丰富，手工业和政治也占有优势。

特诺奇蒂特兰像许多其他墨西哥被占领前的城市一样，是一个“城邦(city-state)”。

[1] 奥克塔维奥·帕斯（Octavio Paz, 1914—1998年），20世纪墨西哥著名诗人，1990年获得了诺贝尔文学奖。创作融合了拉美本土文化及西班牙语系的文学传统，主要作品有《在你明澈的影子下》、《灾难与奇迹》、《一首圣歌的种籽》、《鹰还是太阳？》、《狂暴的季节》、《法定日》、《火蛇》、《东坡》、《朝向开端》、《布兰科》、《回归》、《影子草图》、《内部的树》等；散文集和论文集主要有《孤独的迷宫》、《变之潮流》、《淤泥的孩子》、《汽笛与贝壳》等。——译者注

图 3.3　特诺奇蒂特兰古城，墨西哥阿兹特克王国的首都

图 3.4 墨西哥特诺奇蒂特兰中心部分的模型

城市规划由一个叫做 Calmimilocatl 的规划师来协调，他分配、布置并且督造新的浮田、运河和步行道。[11] 有许多公共和社会机构，比如学校、其他教育设施和市场；并建造了输水道从附近的山区向城市供应新鲜水源。剩余的城市用地被组织成邻里或村社（Calpulli），按照格网系统布置，小块土地被分配给私人家庭。不同的村社被指定用于特定类型的行业或者粮食生产，但同时也有混合功能的地区。

总体的格网平面中有几种不同的建筑类型，最为突出的是金字塔群，其中特拉洛克与惠齐洛波契特利金字塔（Tlaloc and Huitzilopochtli）最为重要，因为它们是用来供奉阿兹特克神祇的庙宇[1]。金字塔和其他重要建筑坐落于石头建造的主广场上，卵石和灰泥把石头粘合在一起，这种方法在今天人们仍有时使用（图 3.4）。

从房屋类型可以明显看出特诺奇蒂特兰的社会等级结构。靠近城市中心的建筑中住着军人及其他显赫的家庭。其住宅是紧凑的或者庭院型的，两层结构，平屋顶，用石头建于台地之上以防洪水。不那么有钱的家庭住所通常是单层的类型，平屋顶或是茅草屋顶，“漂亮的处理，有的是金字塔形，有的是正方形，有的是圆形，还有的是其他形状”，正如 Fray Juan de Torquemada 在 1521 年记录道。[12] 墙体是由泥浆、树叶和其他地方材料建造的，用石灰水刷白，或者用从当地植物、泥土和矿物颜料中萃取出的染料刷成明亮的颜色。一些房屋用灰泥饰面，并被打磨得泛着银一样的光泽，房屋看起来就像“用宝石做成的”。几个世纪以来，这些房屋类型中有许多仍被当地的印第安建设者继续建造，还可以在一些乡村中找到。如今它们已成为了发展墨西哥建筑认同的重要构思源泉。

当 Hernan Cortés 和他的军队在 1521 年 8 月 13 日来到特诺奇蒂特兰，他们觉得自己到了天堂：他们所见到的是一座建在

[1] 此处指的是墨西哥城的大金字塔（The Great Pyramid），也叫主神庙（Templo Mayor）。在一个巨大基座之上，紧挨着两座阶梯状金字塔型神庙，象征着两座神山。左边的代表了 Tonacatepetl 山——生存之山，守护神为 Tlaloc，雨和生产之神；右边的代表了 Coatepec 山，是阿兹特克族的主神，太阳和战争之神 Huitzilopochtli 的出生地。——译者注

图 3.5　墨西哥城，大广场或 Zocalo，西班牙人在 1521 年占领之后建造

湖上的城市，周围环绕着积雪覆盖的火山，紫色的薄雾缭绕。此情此景，西班牙士兵 Bernal Diaz del Castillo 描述为"就像阿玛迪斯（Amadis）书中的魔法，因为巨大的高塔、庙宇和建筑物从水中升起，它们都是用石头造的"。[13] 但是这种美并不能阻挡西班牙军队为了建造新的欧洲殖民地而摧毁特诺奇蒂特兰城，以表现和强化他们自己的想象社群。

Cortés 把新城规划委托给士兵 Alonso Garcia Bravo，他同样也是个杰出的土地测量员。Garcia Bravo 应该看到了古阿兹特克总体规划的价值，决定保留其总体的空间结构。然而，他用西班牙建筑类型替换了金字塔和其他建筑，并将运河转变为铺砌完备的街道。即使老阿兹特克广场得以保留，但也是在西班牙人视角中的大广场（Plaza Mayor），用从毁坏的阿兹特克建筑收集来的石头铺就。新的大广场被新的市政和宗教建筑包围，围绕着供商人使用的拱廊（图 3.5）。

通过这些形态的层叠和城市变迁，西班牙的层面接受了阿兹特克的形式特征却又使之改变，制造出认同的双重译码含义。甚至今天，比如在阿拉梅达（La Alameda）地区南部，当地居民同时把意义加诸两个城市——特诺奇蒂特兰和西班牙殖民城市。米勒（Miller）[14] 和其他墨西哥城市规划的论者认为城市建设过程中的阿兹特克遗产制造出形态和空间上的分层，反映出一种恒久感，以及一些评论家所称的深深的寄托感。[15]

除了阿兹特克建筑形式来源之外，20 世纪建构新的墨西哥认同的想法同样来自西班牙征服者引入的新建筑类型。早期的殖民住宅类型是庭院结构的，厚厚的墙体用来抵御印第安人的攻击。临近16世纪末叶，种类更为多样的住宅类型产生了，它们基于源自安达鲁西亚（Andalucia）和卡斯蒂利亚（Castilla）的更为开放的类型，因而也受到伊斯兰原型的影响。归因于类似的气候条件，这些从西班牙进口的庭院式及其他住宅类型很好地适应了墨西哥的环境。[16]随着时间过去，这两种住宅建筑的传统——当地的印第安乡土建筑和西班牙庭院建筑——融合成名叫tequitqui的变体[17]，因为大多数房屋建造者是当地的印第安人，一直使用自己的住宅样式和建造技术。西班牙庭院住宅类型的不同变体产生了各式各样变异类型，比如杯碟型房屋（casas de taza y plato），tiendas de tejada或带夹层的房屋（casas de entresuelo），[18]范围从小住宅到底层有商业功能、上层有公寓的大型建筑。

17与18世纪之间，墨西哥城经历了迅速的变化和扩张。新的住宅区与混合功能区的建设沿袭了先前建立的格网结构。建筑有两种主要的类型：第一种是底层混合使用的大型公寓街区的住宅类型，大量装饰着西班牙巴洛克母题；第二种类型是别墅住宅，是一种从庄园（hacienda）发展出来的大型独幢家庭住宅，圣安琪（San Angel）和科约坎（Coyoacan）地区存在着这些类型的样板。

墨西哥政治风云动荡，1821年从西班牙统治下获得的独立，带来了许多政治和社会经济结构上的变化。国家以古阿兹特克的名称Mexica来重新命名为墨西哥（Mexico），首都叫墨西哥城。1850年，墨西哥城发起了一项新的基础设施改善计划，为居住、工业和商业区的扩张打开了诸多的可能。西班牙建筑影响的逐步弱化，这在引入加利福尼亚和法国的新建筑类型中表现出来，例如许多新殖民主义和新艺术运动的建筑。

在20世纪20年代，即1910—1920年墨西哥革命（Revolution）的随后几年，"殖民统治的记忆被民族自豪感和自信心所遮盖"。[19]墨西哥人民即将投入到有关现代化进程以及政治、社会经济和文化革新的新的发展机遇中。这样的环境成为墨西哥建筑师和城市设计者的沃土，来表达他们所理解的新"墨西哥性"：一个想象社群新的统一版本。

在20世纪最初的几年中，墨西哥设计师可用的建筑和城市设计语汇是多元化的。我们已看到墨西哥城的城市格网在城市设计与空间方面是如何具有双重译码的，它对古阿兹特克部落的后代和西班牙殖民者及其后裔都有着根深蒂固的意义。因此墨西哥的城镇规划师和城市研究者在城市扩张中继续把格网作为基本形态模式（图3.6）。然而每一次新的设计都反映了当地地形的潜质；在今日形成了格网的拼贴，长宽方向各延伸至约25英里，容纳了2200多万居民。在准备就绪的城市格网结构中，墨西哥建筑师和城市设计者从繁盛的乡土和高雅艺术源泉中获得灵感，专注于一系列建筑类型的发展。他们也探索着景观的价值，既充满丰富多彩的自然元素，又蕴含着与动荡的墨西哥历史事件相关联的象征意义。

对新墨西哥认同的追寻与建构表现在建筑形式的模式中，在主要的教育、艺术、考古及其他公共机构的建筑上最为明显，它们受到前文所述的教育和文化改革的影响。比如建设一所重点国立大学，对于墨西哥人民来说，其意义如同普雷尼克的国立大学图书馆之于斯洛文尼亚人。

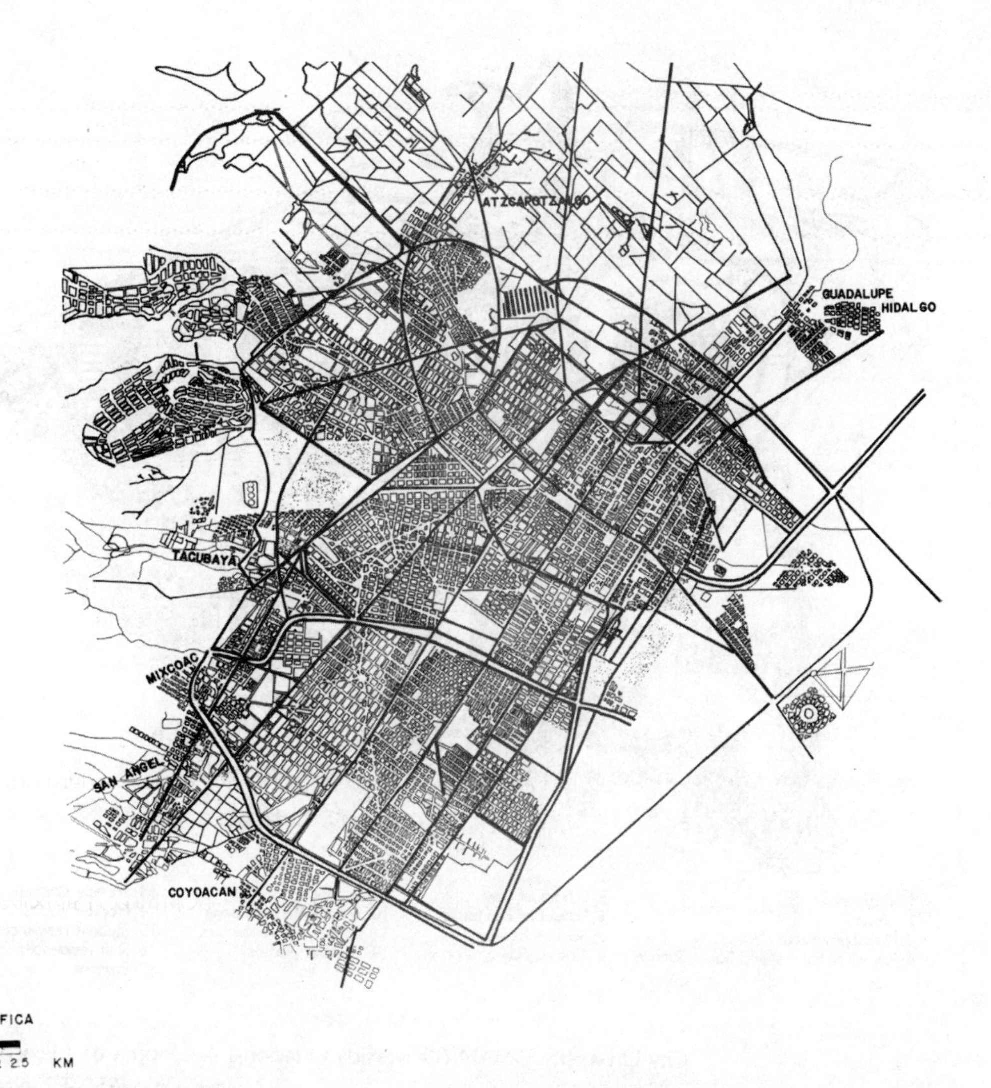

图 3.6　C・孔特雷拉斯（Carlos Contreras）为墨西哥城的扩张所做的规划，1935—1985 年

墨西哥国立自治大学（Universidad Nacional Autonoma de Mexico，UNAM）的大学城（Ciudad Universitaria）作为最大的政府工程之一，按照 V・弗拉泽所言，是“自墨西哥革命以来墨西哥政府国家现代化成就的样板”。[20] 项目背后的驱动力是国家总统 M・阿莱曼（Miguel Aléman），他想要在其在任时创造一个政治功绩的纪念碑。建设国立大学的最初想法萌生于 1928 年，但是直到 20 世纪 40 年代和 50 年代方得实现。1943 年大学负责人在佩德雷加尔（El Pedregal）地区购买了所谓的公共用地（terrenos ejidales），该地区为市郊拥有放牧权的共有土地。约 150 名建筑师和许多建筑系学生研究了很多设计方案。最终的总体规划建立在 T・G・德莱昂（Teodoro Gonzalez de Leon）的想法基础之上 [21]，由 E・D・莫拉尔（Enrique Del Moral）和 M・帕尼

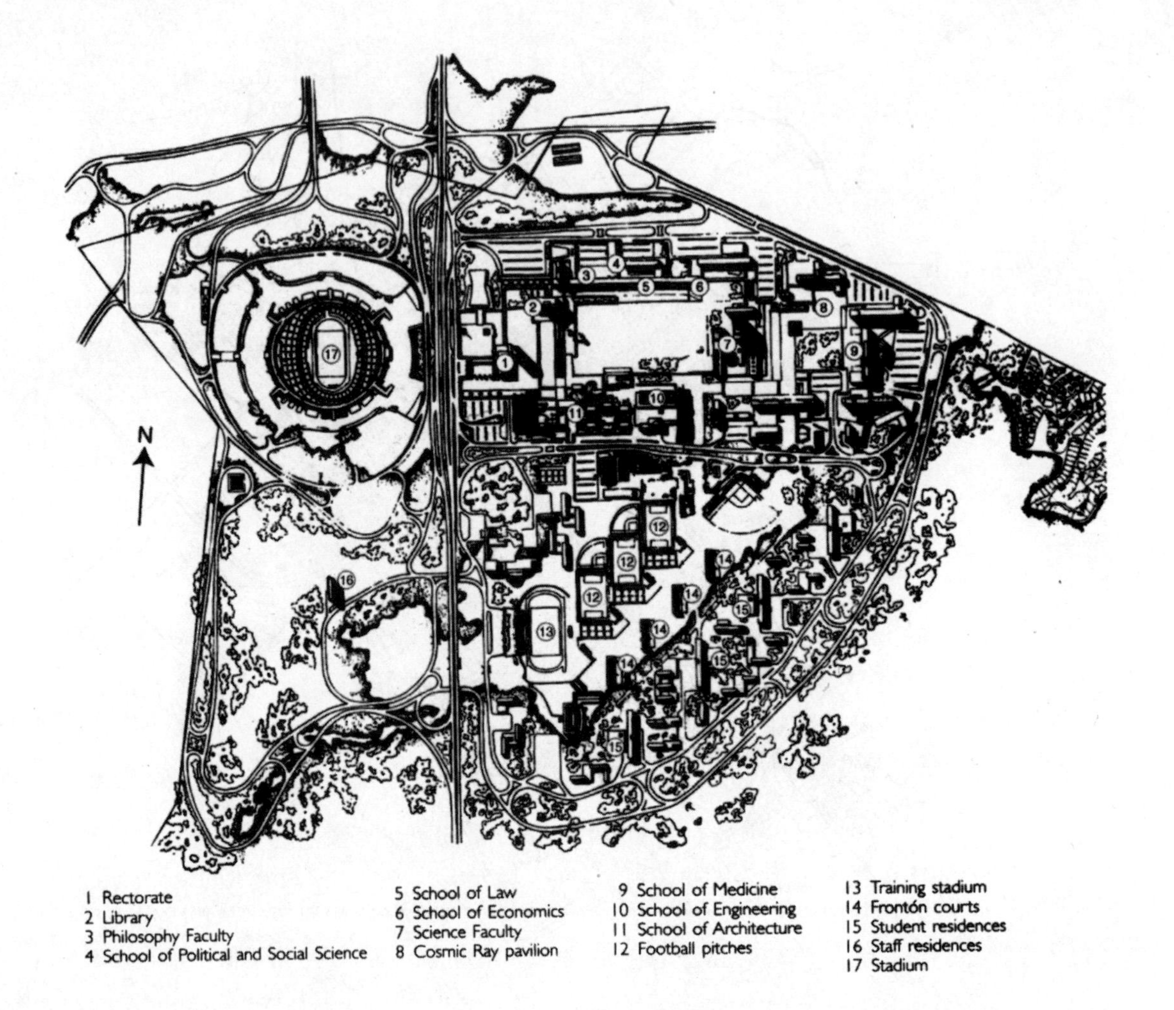

City University, UNAM (Universidad Nacional Autónoma de México), Mexico City, 1950–52, plan.

图 3.7　大学城平面（UNAM，1950—1955 年）

(Mario Pani）来实施。大学的主要部分在1950—1955 年间由 C · 拉索（Carlos Lazo）监造（图 3.7）。

总体的空间布局建立在特奥蒂瓦坎古聚落的基础之上，它位于墨西哥城东北方向 37 英里，以公元前 300 年至公元 100 年间的政治、经济和军事上的至高地位而闻名。中央的大学校园是对古代特奥蒂瓦坎名为死亡之路（The Street of the Dead）的主要空间的重新演绎；单个的院系建筑代表各种古代金字塔。主要的步行广场种植着蓝花楹树和当地的灌木，象征着与自然的重要联系。广场与学校的其他部分通过小径相连，由在场地本身找到的黑色火山岩铺就。

我们自此可以识别出两种主要的设计方向：一方面涉及墨西哥的历史、传统、地貌和景观；另一方面，我们可以看到墨西哥设计师如何利用包豪斯和勒·柯布西耶的现代主义概念去创造一座真实的纪念性综合体[22]。最为突出的是两所关键的建筑：教务处（the Chancellery）和中央图书馆（the main Library）。

教务处由 M·庞尔（Mario Panl）、E·德尔莫拉尔（Enriquedel Moral）和 S·O·弗洛雷斯（Salvador Ortega Flores）设计。15 层的塔楼装饰着名为"人民为大学，大学为人民"（1952—1956 年）的浅浮雕：一件 D·A·西凯罗斯（David Alfaro Siqueiros）设计的绘画、雕刻和玻璃马赛克的综合材料作品(图 3.8)。中央图书馆与教务处毗邻，由 G·萨韦德拉（Gustavo Saavedra）、J·奥戈尔曼（Juan O' Gorman）和 J·M·德贝拉斯科(Juan Martinez de Velasco)设计，因 J·奥戈尔曼的马赛克镶嵌画而名世，它表征了墨西哥过去和未来的图景。这座简洁的立方体建筑整个表面都覆盖着壁画和墨西哥不同地区的岩石组成的马赛克，这种景象再现了墨西哥的历史和宇宙观，从过去到当代。从远处看，马赛克图案好像"突眼的"阿兹特克雨神特拉洛克（Tlatloc）。在此我们又看到了前殖民时期的艺术和现代建筑理念的融合，表现在建筑设计和欧洲立体主义艺术家所推进的拼贴技法中。作为一所国立大学的综合体，它也受益于许多其他建筑师、设计师、艺术家的想法，有的来自流行民俗学派，有助于在项目建设中渗透着强烈的墨西哥认同感（图 3.9）。

H·豪夫（Hans Haufe）说，"艺术与校园的一体化成为 UNAM 的标志"[23]。100 多座建筑，培养着约 30 万的学生，UNAM 成为一座"城中之城"，是许多重要社会政治运动与思想的摇篮。在城市设计、建筑和艺术作品所表达的墨西哥认同的形成过程中，与这一巨大的综合体亦有重要关联。一方面，壁画家的理念同样存在一种延续性，它最初是由里韦拉、奥罗斯科和其他参加了何塞·巴斯孔塞洛斯（José Vasconcelos）教育项目的壁画家们发起的：在某种程度上它也是 20 世纪 20 年代到 30 年代之间德国包豪斯教育与实践所关注的"综合艺术（united arts）"思想的回响。另一方面，同样存在 D·克雷文（David Craven）[24]所称的一系列独特的历史汇合点，传统和现代的理念由此联合起来，投射出一种演进的墨西哥认同的概念。今天，UNAM 仍然是主要政治运动和自由思想的摇篮，同样是 20 世纪 20 年代的壁画作品与新艺术、城市设计和建筑发展方向之间的重要纽带，与国家的城市化进程和知识分子的成熟过程联系在一起。

在通常被理解为墨西哥批判的地域主义[25]的形成与发展中，路易斯·巴拉干（Luis Barragán Morfin）是一位关键人物，其早期建筑作品和思想受到他的贵族化的、农耕的、政治保守主义和宗教背景的强烈影响。后来他开始质疑这些根源。与普雷尼克发现自我身份的个人历程相类似，巴拉干探寻他的根源、他自己的以及墨西哥人民的认同，这对他设计思想的形成同样重要。

巴拉干个人发展中的第一个关键因素是瓜达拉哈拉（Guadalajara）的意识形态和文化环境，他在那儿出生与成长。20 世纪 20 年代早期当他学习工程时，城市的文化环境正"经历着墨西哥民族现代化的进程，满怀热情受到维护墨西哥城作为权力中心在政治上和精神上的认同的愿望所激发。"[26]第二个因素，巴拉干和壁画家，尤其是里韦拉和奥罗斯科的友谊，使他关注墨西哥的往昔和对墨西哥景观的解读，以及对墨西哥普通百姓及其生活方式根深蒂固的依恋。第三，欧洲先锋派团体所推动

图 3.8 M·庞尔、E·德尔莫拉尔和S·O·弗洛雷斯设计的教务处大楼（1952—1956 年），UNAM，墨西哥城

图 3.9　UNAM 图书馆，由 G・萨韦德拉、J・奥戈尔曼和 J・M・德贝拉斯科设计（1952—1956 年），墨西哥城

的艺术与建筑发展丰富了巴拉干对现代化的理解。

当巴拉干刚刚从工程本科毕业时，受到瓜达拉哈拉的文化与知识氛围的感染，于1925年开始了他的首次欧洲之行，意在发掘文明的根源以及一些墨西哥认同的来源。他学习安达卢西亚（Andalucia）的建筑，因而这也引领他走向以摩洛哥城堡（casbah）而闻名的北非城堡。他在那儿学到了空间序列确定的原则和建造庭院住宅的艺术，如其所知，它们创造了人、社会和环境的完美统一。同年巴拉干的巴黎之旅给他带来两位极有影响力的人物：勒·柯布西耶和费迪南德·巴克(Ferdinand Bac)[1]。勒·柯布西耶给了巴拉干现代城市规划和建筑设计原则的学问，在他回到瓜达拉哈拉和日后在墨西哥城得以娴熟运用。巴克是理论家和景观设计师，向巴拉干显示了设计师能够融合传统与新的来源，并且对新旧主题进行强有力的重新演绎。对巴拉干来说，巴克有关地中海花园（Mediterranean Garden）主题的“科伦比耶尔花园”（Les Colombières）展览是丰富的思想之源，他在墨西哥用之以发展自己的花园设计。旅居巴黎期间，巴拉干还观看了一场俄罗斯芭蕾演出；舞者身着鲜艳的色彩演绎俄罗斯的历史场景，使他记起传统墨西哥服饰，以及一些墨西哥乡土建筑传统中同样强烈的色彩。

巴拉干返回瓜达拉哈拉后，欧洲的所见所学给了他灵感。他开始形成一种新的墨西哥建筑风格，现代却受到传统的外形、形式和色彩的激发，反映了墨西哥及其人民丰富历史的深层含义。为达到这一目的，他研究了哈利斯科（Jalisco）的城镇、乡村与房屋，与当地建筑工人和手艺人共同工作，他们为哈利斯科房屋的现代演绎带来了自己的经验。巴拉干这一阶段的工作很好地适应了瓜达拉哈拉的政治、知识和文化精神。那些主要参与者认为，由于不同的传统文化与现代理念和形式的融合，一种墨西哥认同的新的表达形式即将浮现。

当巴拉干最终接受了墨西哥城的挑战并于1935年定居于此之时，大环境已为他的理念准备就绪。他建构现代墨西哥认同的第一个尝试是以一系列现代功能主义建筑来表达的。尤其重要的是他的出租屋（Casas para renta），具有传统阿兹特克住宅类型上的相似性，但采用了现代建造技术和材料。

作为国家现代化进程的结果，墨西哥城在20世纪30年代和40年代期间快速扩张，很多新的地区用来发展住宅和其他需求。至1940年，城市居民已达200万。如此快速的城市化进程中，巴拉干无法抵抗更大设计尺度的挑战。正是他的画家朋友奥罗斯科、里韦拉和被称为阿特尔博士（Dr Atl）的风景画家G·穆利略（Gerardo Murillo）[2]使建筑师关注佩吉格尔大区域的火山景观，它位于城市西南部的老城区的圣安琪地区，他们将其作为自己作品的灵感源泉。同时阿特尔向巴拉干介绍了这一地区的美景和神话，奥罗斯科称颂该地的景观特质为过去、现在和未来都“混合

[1] 费迪南德·巴克（Ferdinand Bac，1859—1952年），法国著名景观建筑师，插画家，作家和社会批评家，热爱地中海文化，一生著述颇丰，主要有《魔园》(Jardins enchantés)、Les Colombières等。巴拉干在普利策奖的谢辞中提到了巴克的影响：“巴克教导我们‘庭院的灵魂应该是最大程度为人类的栖居提供静谧平静的精神掩蔽所。’”——译者注

[2] 阿特尔（Dr. Atl，1875—1964年），本名Gerald Murillo，墨西哥画家，墨西哥民族主义艺术运动和壁画复兴的先驱者之一。他的画作主要表现他个人对墨西哥火山的着迷。——译者注

于时间之流中”。[27] 对于里韦拉来说，佩吉格尔代表了潜在的商业机会与价值。巴拉干被这一场所的戏剧性景观特质所吸引，它满足了他对离群索居在玄学上的深深渴望。马丁内斯（Martinez）说，“就像浮士德（Faust）一样，巴拉干试验了他的一切知识工具，以及从科学到意识形态再到宗教的武器，它们使他可能研究过去的世界并理解当代的混沌”[28]

巴拉干 1945—1953 年间与德裔现代主义建筑师 M · 策托（Max Cetto）合作，一同致力于圣安琪的佩吉格尔花园（Jardines del Pedregal de San Angel）项目。在火山喷发赋予它“多石之地的花园”的名字之前，该地区是科匹尔科（Copilco）和奎奎尔科（Cuicuilco）这两个墨西哥最早城市的所在地，其遗址在 19 世纪晚期被发掘出来。它神秘的废墟、粗粝的风景、独特的景观与植被，以及它的神话传说造就了佩吉格尔的科学、历史和文化意义（图 3.10a）。

K · 埃格纳（Keith Eggener）说，佩吉格尔“是一个戏剧性、荒凉而神圣的地方，是暴烈与宁静的视觉混合，就像湍急的水体瞬间冻结”。[29] 此地是“疯狂之树”（palos bobos）之类本土植物的家园，粗糙而生动的废墟给了它危险而神秘之地的美誉。1913 年的一本历史出版物记载着“根据印第安人的说法，佩吉格尔充满了怪诞的魂灵和恐怖的巫术，几乎没有印第安人愿意在夜间走过这个地方……”[30] 他们称圣安琪的佩吉格尔为“巫术小学”。[31]

1945 年，巴拉干在该地区购买了 865 英亩土地，开始进行他的住宅设计和宣传活动。C · 孔特雷拉斯（Carlos Contreras），受训于哥伦比亚大学的城市规划师，墨西哥联邦地区（Mexico's Federal District）总体规划的编制者，协助巴拉干进行总体的街道布局；同时 M · 策托参与了示范住宅的设计，M · 格里茨（Mathias Goeritz）对雕塑部分助益良多。到 1952 年完成了约 100 幢住宅，其中只有 10 幢确切是巴拉干设计的。到 1958 年已建设了 900 幢住宅；在项目实施过程中巴拉干得到的土地扩大到 1250 英亩。在这个大尺度项目中巴拉干的设计原则是什么呢？第一，按照巴拉干的说法，是“维持建筑发展与景观的和谐”或是“使景观人性化”。[32] 他的“和谐”指的是整合景观和建筑以形成统一的组织，即弗兰姆普顿所说的建构。[33] 第二条原则是以一英亩为最小地块尺度，建筑占 10% 的地块面积。第三，火山岩受到保护，仅有少量散落的岩石用来建造墙体和小径。最后，当地茂盛的植被将被保存下来，所有新的植物、道路和小径沿着地形的自然线形布置。“人们不应该冒犯和破坏自然”，巴拉干说，“但有必要通过新的途径对其进行改进与管理”。[34]

方案的总体布局采取了变形的格网形式，由风景如画的蜿蜒街道构成，顺应了自然景观的轮廓（图 3.10b）。以火山岩作为地标，街道标有自然岩层、水体或树木的名称：水源（Fuentes）、火山口（Crater）、小瀑布（Cascada）、火山岩（Lava）、鲜艳（Colorines） 等等。大部分树干用石灰水刷白，营造了一种极为传统的墨西哥感。除了对场地景观和地形的尊重，总体的设计概念也受到了住区发展的三个主导理论的影响。

首先，巴拉干受到勒 · 柯布西耶关于城市规划和当代城市形态著述的影响，即建筑坐落于景观区域之中。其次，他从英国花园城市运动中获得了一些设计灵感。第三，F · L · 赖特和 R · 诺伊特拉这两位建筑师的建筑，以及他们统合新建筑的形式要

图 3.10 （a）路易斯 · 巴拉干，佩吉格尔花园的多石地形，圣安琪，墨西哥城（1945—1953 年）；（b）花园的总平面，路易斯 · 巴拉干和 C · 孔特雷拉斯绘制

素和自然、水体、地形的方法让巴拉干和策托受益匪浅。为了推进他的项目，巴拉干发起了有力的宣传运动，用图像设计和海报招贴来招徕顾客。他尤其倾向于吸引那些日渐增多的中产阶级家庭，让他们从他们喜爱的装饰繁复的“加利福尼亚州殖民风格”中掉过头来，巴拉干对这种风格深恶痛绝：在佩吉格尔是“明令禁止”[35]的。

大部分住宅和花园位于火山岩的墙后，与街道或人行道齐平。墙体用火山岩和用镶嵌着小卵石的灰白砂浆建造，正如阿兹特克的建筑传统。一些项目后期建设的房屋置于混凝土墙或铁门之后，避免妨碍自然景观。这些有围墙的街道产生了复合的视觉序列，就像在传统墨西哥街坊中时常见到的一样。如今深色的火山岩墙体被当地特有的植被所覆盖，与红色、紫色的九重葛、艳红色的三色草和蓝花楹树的蓝色花朵产生了生动的色彩对比。通过加设栏杆、树木和喷泉，巴拉干意图创造充满“性吸引力”和某种“神秘元素”的“花园街道”（图 3.11a －图 3.11c）。[36]

图 3.11　（a）佩德加尔花园的一处典型的街道，墨西哥城，路易斯 · 巴拉干设计（1945—1953 年）；（b）佩德加尔花园庭院视景；（c）佩德加尔花园的当地植被的景观

现有景观和新建筑形式要素之间的关系在独栋住宅的设计中也很显著。为佩吉格尔花园设计的住宅类型想要表达一种现代的居住模式，但这种类型本身就根植于传统墨西哥建筑，反映出阿兹特克和西班牙的影响。虽然巴拉干自己只是设计了佩吉格尔的少数房屋，但人们确信，他试图为场地发展出一套设计“代码”来控制总体的设计想法。然而“代码”从未曾发现，唯一对此有所涉及的是1951年E·麦考伊（Esther McCoy）发表的在她与巴拉干一次交谈的基础上写成的一篇文章。[37] 麦考伊说，巴拉干认为每座房屋都应被墙包围，“带来一种从泥土中升起来的印象，每一座房屋应该在岩石的位置之下”。[38] 居住建筑类型是一个简单的立方体形式，平屋顶，坚实，通常街道一侧的墙不开窗，视线向内并围绕一个室外庭院或内院（Patio）。按照埃格纳的说法，[39] 巴拉干转向莫雷利亚（Morelia）附近的殖民城镇帕兹库罗（Pátzcuaro）寻求灵感，城镇因为美丽的街道、当地的乡土建筑和田园景观而闻名。在采访中，巴拉干如是说道：“在我的住宅设计中，我想表达一种在现代材料和乡村的民间住宅以及国家形式之间的新的关系。”[40] 因此他设计的示范住宅不是复制品，而是对传统墨西哥住宅及其与景观特有联系的重新解读。

解答佩吉格尔建筑设计原则的最佳案例是巴拉干和塞托设计的两栋住宅，作为他们宣传活动的一部分：它们位于Fuentes大街（Avenida de las ）130号和140号（最早是Fuentes 大街10号和12号）。130号住宅隐藏在高大的石墙之后。进入一个硬铺地的院子之后，一座现代住宅映入眼帘，立方体的形式非常明显。住宅是他早期于20世纪30年代和40年代在墨西哥城建造的“功能”住宅的融合，具有他在Francisco Ramirez街的自宅上发展起来的设计原则。厚钢筋混凝土墙被刷成白色、粉色、浅灰色、浅粉色、巧克力棕色、亮黄色、橙色和绿色。外墙以碎火山岩石为标志。按照K·埃格纳的说法，“起居室和花园间巨大的落地格栅窗的竖挺被刷成鲜艳的红色。除此之外，游泳池的蓝色静水、浅灰色的石头小径和从柔软的绿草地里凸起的墨绛红火山岩结构形成了场地中色彩和肌理的大胆混合”。[41] Fuentes 大街140号的住宅甚至更为有趣，有一个岩石地形上的空间层叠。起居室有两层楼高，上层是卧室。在这两座建筑中巴拉干运用了先前在他的自宅中形成的概念：一扇大型落地窗在功能上区分了内外空间，这种方式使人缅怀西班牙殖民时代的修道院和庄园。

在佩吉格尔花园的设计中，巴拉干一方面在地方性地形和景观要素，另一方面在不同尺度下的建成形式构成之间达到了和谐。这一方案把路易斯·巴拉干牢牢地固定在肯尼斯·弗兰姆普顿[42] 所称的批判的地域性主义的根源上，也开始了R·莱戈雷塔（Ricardo Legorreta）、T·G·德莱昂（Teodoro González de León）和D. 比利亚塞尼奥尔（Diego Villaseñor）等当代墨西哥建筑师所分享的建筑与城市设计的独特思想路线。

佩吉格尔的设计中形成的多种想法被进一步运用到巴拉干以后的项目中，例如圣克里斯特托瓦尔马厩（San Cristobal stables）和希拉尔迪住宅（Gilardi house）。在圣克里斯特托瓦尔马厩（1967—1968年）中，巴拉干在本土景观、水的象征使用、空间序列和建筑形式要素之间达到了完美的和谐。在本例中庄园建筑群的类型参照和该类型通过利用当代建造技术和材料的现代演绎之间，人们能够再次看到一种清晰的关联。在委托人所居住的区域被粉刷成白色时，马厩建筑群中鲜艳色彩的使用就非常墨西哥（图 3.12a）。

我们可以在 1976 年建成的希拉尔迪住宅中，看到如何使一个庭院式的小住宅适应城市既存形态结构的高超技巧。住宅占据了一块非常紧张的地块，10 米 ×35 米大小。从外面看，给人一种简单立方体结构的印象。这个项目吸引巴拉干有两个原因：一棵老蓝花楹树的存在，以及顾客要求把水结合在住宅设计中。设计没有建筑平面，

图 3.12　（a）墨西哥城的圣克里斯特托瓦尔马厩，路易斯 · 巴拉干设计（1967—1968 年）；（b）墨西哥城希拉尔迪住宅，路易斯 · 巴拉干设计（1975—1976 年）

只有一张画在餐巾纸上的草图。巴拉干自宅中的许多想法，以及一些在更早期方案，例如在特拉尔潘（Tlalpan）的Capucines街修道院中运用的元素，都出现在这个项目中。二层的凹进提供了私密性，并在上部营造出一个天井式的庭院。

住宅内部有着迷人的空间序列，划分与连接居住者的不同活动。在入口处，人们沿着门厅进入一个内廊，其尽头是着起居室。这个刷成鲜黄色的走廊用透明的格栅与庭院隔开，打散了从黄色玻璃墙透进来的明媚阳光，起到阿拉伯人的住宅中屏风的效果。

下一个空间序列是就餐区域，开敞的平面，端头有个游泳池。根据A·马丁内斯（Antonio Martinez）的描述，该区域中的水对巴拉干有着重要的象征意义。它提供了“进入自身内部，进入人们自身梦想之可能”。[43] 水池对面是一扇大玻璃幕，将人们注意力引向一棵棵老蓝花楹树（图3.12b）。他运用了各种色彩来构建一个私密、小巧而又丰富的空间。蓝花楹树后面的墙体刷成紫杜鹃花的色彩，与蓝花楹树开花时的蓝色形成对比。其他墙体刷成白色来反射光线。色彩、光线和当地植物发出的芳香融合在一起，形成了极为丰富的感官体验，犹如置身于传统墨西哥庭院中。

巴拉干用记忆和类型学的先例去创造新的形式。但他所使用的记忆“不是对过去的回归，而是个人潜能的实现，是对属于过去的事物在当下的重新阐释。有价值的不是过去真实发生的，而是如今我们如何去理解它”。[44] 在这个意义上，巴拉干将自己视为传统建筑师，即虽然是“为自己的时代而设计的个体”，[45] 但带来了一种连续性的感受。他把传统用作一种“像事物认同感及其关联性的守护者那样的意识的源泉”[46]，或者是弗兰姆普顿所提到的墨西哥大庄园。[47]

通过佩吉格尔项目、希拉尔迪住宅、巴拉干自宅、圣克里斯托瓦尔博马厩及许多其他方案，他找到了一种墨西哥的地域主义，它集合了墨西哥人民的各种建筑、文化与景观传统，统一了许多想象社群。巴拉干的建筑和空间是墨西哥多种文化传统的融合——印第安与西班牙，欧洲与伊斯兰——其中各种思想用过形态学上的指涉，与景观的关联及景观的处理方式而集中在一起。他作品中的墨西哥特质在于他所选用的原始素材范围，以及其他建筑师和使用者也把他们自己和他的作品视同为墨西哥的。

巴拉干发展出的许多理念在R·莱戈雷塔的作品中也可见到。与巴拉干一样，莱戈雷塔对墨西哥的文化传统和丰富的景观高度敏感。他去过墨西哥的许多地方，使他对墨西哥人民、他们的生活方式和他们所关心的东西有不同的看法。莱戈雷塔了解许多社会情境，很多墨西哥人丰富的精神世界弥补了他们贫困的经济条件。[48] 按照莱戈雷塔的想法，为大众喜闻乐见的墨西哥建筑其关键价值在于自然，无拘无束的感性方式，以及“创造形式和解答不需要任何理由，与刻板的学院建筑一切都要论证相反”。[49] 沿着这样的途径，莱戈雷塔说，“我让项目在我的头脑与精神中逐步显现”。[50]

莱戈雷塔的建筑之所以知名有四个关键方面：光的利用、尺度、几何与形式。首先，莱戈雷塔以一种非常原始的方式利用光线。墨西哥不同区域变幻的冷光、日光打在当地材质和建筑上产生的多样的纹理、阴影和色调给了他灵感。他的几件作品，包括自宅和卡米诺·雷亚尔宾馆（Camino

Real Hotel)，他给墙面刷上了一系列颜色，它们反射到上部和下部的空间，这样就创造了一种不同色彩浓淡和光线强度的晕染。他对尺度、几何形状、色彩以及形式的运用同样娴熟，这源自前西班牙时期和殖民时期的墨西哥建筑。于1968年建成的卡米诺·雷亚尔宾馆可能是这一切最好的示范。

卡米诺·雷亚尔也再现了墨西哥建筑和城市规划的另一个重要方面：建筑符合城市格网中的地块划分系统，这样就带来了一种重要的文脉关联以及空间与类型上的连续性。

建筑占据了查普特佩克公园（Chapultepec Park）附近的一个街区，按照一幢墨西哥大宅来设计，有一套院落、天井、公用的室内空间、私人空间和客房的系统。方案外部的中心焦点是一个有大喷泉的宽大天井，同时形成了宾馆的主入口。鲜黄色墙体旁巨大的紫红色格栅隔离了Mariano Escobedo大街的喧闹，为宾馆客人和其他参观者带来了私密性和透明感。宾馆的入口一侧是一片连接内外空间的大玻璃墙。与之形成对照的是，面对内庭院的套间带来了平和与宁静，映射出私密与安详的感觉。在这里我们可以看到使用与希拉尔迪住宅相似的要素，但是在更大的尺度上，有着更为复杂的相互关系（图3.13a和3.13b）。

宾馆的其余外墙投射出不同的视景。靠Mariano Escobedo大街一侧的客房隐藏在当地植被披覆的黄墙之后，使人想起一种非常墨西哥的房屋建造方式。沿着维克多·雨果街（Calle de Victor Hugo）的客房被高大的混凝土柱、树木及植物所遮掩，而沿着莱布尼兹街（Calle de Leibnitz）的一侧底层有商店，成功地与周围地区混合功能的街区结构融为一体。

主入口门厅也设计为一个内部庭院，连接着宾馆公共和私人空间。对它的第一印象是一个丰富的表面纹理勾勒出的宽敞的开放空间，光线戏剧化地投在墙和其他表面上，M·格里茨的金色屏风强化了这一效果。莱戈雷塔意识到瓦哈卡（Oaxaca）的阿尔班山的光的价值；在那儿光线映射出神秘、优雅与灵性。最美的体验是在黄昏，摇曳的烛光朦胧地照亮了宾馆的室内空间，不断变换着墙面纹理的阴影，反射在平静的水面。

莱戈雷塔自己[51]认为他的作品中最重要的元素是墙体与表面，因为这些是限定空间的基本元素，他们投射并反射光线，给出尺度和比例；而光线是根本的，因为它把意图赋予空间。

然而在1996年[52]的一次访谈中，他说他只是把光线、墙体、比例和色彩当做工具来用。他同样感到其作品包含了墨西哥生活方式的情感与文化维度。他喜爱作为墨西哥人一部分的自发性与神秘感，节庆，以及必要的平和与放松的一刻。这已在卡米诺·雷亚尔项目中的明确无误地实现了，这个项目基本上被设计成一个关于节庆和午睡的大房子。莱戈雷塔通过情感、神秘和活力的复合表达了墨西哥文化；通过空间关系、类型要素（例如院落住宅的类型）、体量、质感、光线使用、色彩以及最重要的建筑形式要素和景观的关系，来实现这一目的。这些要素就是莱戈雷塔所说的[53]“根深蒂固的”墨西哥文化与建筑传统要素。

至此我们已回顾了一些墨西哥城城市化进程中重要的建筑与城市设计倾向。在墨西哥城中逐渐形成的想法随后影响了其他地方。本章中最后一例是墨西哥太平洋沿岸南部的一个叫做Punta Zicatella的小项目，由D·比利亚塞尼奥尔设计。

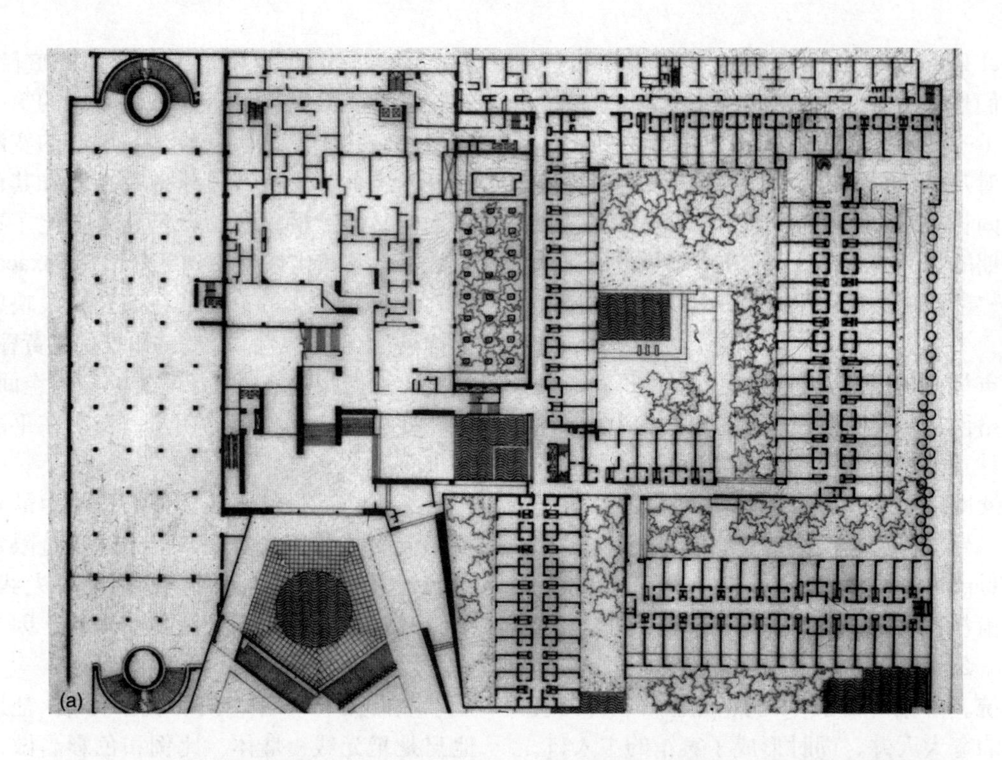

图 3.13 （a）墨西哥城的卡米诺 · 雷亚尔酒店平面，R· 莱戈雷塔设计（1968）；（b）卡米诺 · 雷亚尔酒店入口庭院与喷泉，R· 莱戈雷塔设计

图 3.14　（a）墨西哥城卡米诺 · 雷亚尔酒店，Mariano Escobedo 大街视景；（b）卡米诺 · 雷亚尔酒店沿莱布尼兹街的混合功能开发

随着墨西哥在全球旅游产业中的份额不断增长，沿海岸线的场地已经变成了令大型宾馆运营商垂涎之地，他们想要制造另一个阿卡普尔科（Acapulco）[1]或者坎昆(Cancun)[2]。虽然这些开发项目有经济角度的需要，但通常都对任何特殊的地方生态系统与文化遗产反应迟钝。Punta Zicatella 代表了一种针对大尺度沿海开发项目的不同解决方案。它靠近著名的埃斯孔迪多港（Puerto Escondido，即"隐藏的港口"）一个僻静的小镇，走私犯和冲浪运动员在那儿享受岩石遍布的地形、沙滩与巨浪。如今共有 487 公顷的一段滨海土地，被一个环保组织买来保护该地区著名的独特动植物群；尤其是作为海龟的产卵地。D · 比利亚塞尼奥尔受邀来设计一个度假胜地时，他主要参照的是地形与景观、当地的植物和本地居民的传统文化。他拒绝了阿卡普尔科式的度假胜地图景，提出了另一种解决办法，他说，其目的是"去拯救古人曾在海边定居的方式"。[54]

Punta Zicatella 被设计成一个有 24 座村舍的渔村，村舍高高地座落于岩石之上，从沙滩上看不到。接近该场地时，人们看到的只有茅草屋顶自然地融合在景观中。所有植被都是本土的，包括各种各样的仙人掌、棕榈树和许多野生花卉。在一份由建筑师提出、每个居民签署的契约中，规定了该地区的发展不能引入"外来"的植物。[55]这样一种植物的丰富混合为当地的蝴蝶和其他昆虫带来了极好的栖身之所；同时海生动植物吸引了棕鹈鹕、灰苍鹭、粉色的鹳鸟及其他各类海鸟，它们产生出丰富的音场，与海浪拍岸的声音和谐地融为一体（图 3.15a）。

Punta Zicatella 项目中的所有地块都有近乎相同的尺寸，每栋村舍的主要朝向都面向海景、岩石和植物。这就是比利亚塞尼奥尔所称的"景观组织"，由此，利用每座农舍的独特朝向形成了每幅景象之间的对比。住宅看起来似乎自己从场地里生长出来的一样，而且为了私密性的原因，没有任何一幢房子能够监视到另一幢。除了尊重地形、景观、动植物外，比利亚塞尼奥尔还利用当地传统建筑类型作为设计想法的来源，设计出场地内的四种居住类型。

第一种，是主入口处设计的行政建筑综合体，设计得像一座庄园（图 3.15b）。人们通过一个面朝棕榈树干的巨大木门进入综合体，这一母题也在车库大门和家具中出现。墙用灰泥粉刷成，用当地泥土和白色涂料制成的颜料涂成浅红土色，让综合体显示出非常乡村的特色。屋顶覆盖着罗马波形瓦，小径是用在基地中找到的本地石材铺砌，通向独立的村舍（图 3.15c）。

第二种建筑类型是"公共建筑"，基于一种当地乡村住宅类型。这是一种大型的开放结构，用混凝土柱支撑着被称为帕拉帕（palapa）的巨大屋顶，屋顶由木框架制成，上面覆盖着棕榈叶屋面。这种公共建筑是行政建筑综合体的趣味中心，居民和游客在此用餐，娱乐，参加社会活动（图 3.16a 和图 3.16b）。

第三种和第四种类型是住宅，同样基于当地的传统。前者被设计成围绕中央生活区排列的一组小建筑，面向海景开敞，有大型帕拉帕屋顶结构。建筑为砖砌，用当地泥土和石头制成的颜料粉刷成赤褐色，以融入当地岩石中（图 3.16c）。厨房、卧

[1] 阿卡普尔科，墨西哥南部濒临太平洋的港口城市。——译者注

[2] 坎昆，位于墨西哥南部突出大西洋的犹加敦半岛（Yucatan），属于亚热带地区，四季如春，以海滩著称。——译者注

图 3.15　（a）位于自然场景中的 Punta Zicatella，D·比利亚塞尼奥尔设计（1980—1990 年）；（b）Punta Zicatella 的主入口；（c）Punta Zicatella 的小径铺装

室和浴室围绕中央生活区布置，每间卧室都有一个私人的内院。这些住宅几乎没有尖角，正如比利亚塞尼奥尔所说，“自然界中是没有角的”。[56] 生活区的家具大多是“固定”的平台或沙发，上面放着垫子。地面一般是混凝土的，粉刷成白色以便于发现蝎子及其他昆虫，中央用混凝土镶嵌卵石形成马赛克的“地毯”。所有其他家具以及灯具、餐具之类的物件都是当地工匠制造的。第四种居住类型基于一种传统的观察经验或是水塔，利用那些需要通过高度来获得最佳视景的场地。不同的房间围绕砾石铺就的小型内院来组织（图 3.17a）。

最初为建筑师设计的住宅也是个小建

图 3.16 （a）Punta Zicatella 的公共建筑，沿太平洋视景；（b）Punta Zicatella 的公共建筑，帕拉帕屋面结构细部；（c）Punta Zicatella 基于渔民村舍的住宅建筑类型

筑，但用当地的石材建造，而不是砖（图 3.17b）。入口沿着一条步道，左边是厨房，右边是主体建筑。进入主要生活区域之时，迎面而来的是一座高大的拱门，面向大海与周围的景观形成了令人印象深刻的视景。这种“框”景在夜间尤为壮观，此时不同的月相决定了生活区域的光线强度（图 3.17c）。受到古代先例的启发，顶棚和住宅主要部分的墙体根据月亮轨迹形成弯曲；利用地形的缓坡，使不同部分处于不同的高度。卧室布置于主要生活区的每一边，面向卵石铺砌的小型内院，提供了

图 3.17　（a）Punta Zicatella：基于望楼概念的一组居住建筑；（b）Punta Zicatella：方案建筑师比利亚塞尼奥尔以前的住宅；（c）Punta Zicatella：建筑师住宅的平面

朝向大海和景观的视景。从外部，尤其是从朝向大海的一侧看起来，房屋就像一个洞穴。

夜间，Punta Zicatella 综合体给人一种小渔村的印象。地面的联系小径光影朦胧。灯隐藏在植物之中，为的是不干扰当地野生动物，人们可以看到许多萤火虫在空中忽隐忽现。蜥蜴以及许多夜鸟和昆虫的尖叫声在夜晚更为响亮（图 3.18）。

整个综合体由当地的工匠建造，像合作社那样进行管理。在方案中我们可以看到当地景观、地形、动植物与建筑形式的完美结合，建筑形式延续了最初由路易·巴拉干在其佩吉格尔花园中构想的文化景观传统。这一生态社区为许多其他墨西哥设计师带来了急需的灵感。

最后，让我们勾勒一下所学过的关于用设计来支撑使用者们建构想象社群“根

图 3.18　Punta Zicatella 的景观场景

源”感的经验。首先，我们认识了墨西哥艺术家、作家和设计师如何与复杂的历史文化传统达成一致的。神话、传说和其他图像形式的运用为树立新的墨西哥性和新的墨西哥场所－认同提供了丰富的概念之源。在这些通过设计建立认同的过程中，尤为重要的是艺术家和作家所采用的体裁，他们设法发现如何把新的现代国家表现为许多不同文化社群的集合。同样重要的是这些表现女性和墨西哥传统生活方式的体裁置身于带有火山和墨西哥动植物图像的生动的景观场景中。所以看到墨西哥建筑师和城市设计师在设计中显示出对自然景观元素的极大尊重并不值得奇怪。在此我们看到了持续而强烈的愿望：与各种设计尺度下的自然生态系统和谐相处，回溯到远至古代阿兹特克的城市建造者。例如在 Punta Zicatella 的设计中，我们可以看到在大型区域尺度的人类与非人类生态系统中，我们如何实现一种特殊的想象社群和场所－认同，使人类与非人类系统得以共存。

在使用层面上，正是与当地地理环境的联系，它的地形、水系和自然植被，为人工的空间连缀系统设计提供了基本结构。这一原则也用于设计的细节层面，其中人类和自然要素都作为同一个系统的组成部分来考虑。在使用层面上，人类和非人类物种相互遭遇，毫无威胁，两种生活环境相互关联,和谐共存。在意义的阐释层面上，Punta Zicatella 的居民和游客认识到这种重要的相互关系，在其思想中建立了一种特殊类型的想象社群，提供了不同程度的选择和开放的未来。关键的视景和景观架构不断提醒我们与自然的重要联系，它为丰富的感官经验所强化。

UNAM 的设计者，以及路易·巴拉干和 R·莱戈雷塔研究了类似的想法。在佩吉格尔花园的项目中，路易斯·巴拉干利用地形和其他景观元素塑造了一个新的文化景观，在那儿人类和非人类都能够和谐并存。布拉格的空间序列采用了类似的方法，视线被引向重要的建筑物，而在佩吉格尔则是岩石、树木和其他自然要素，以增强使用者对可读性和场所－认同的体验。

第二条重要经验在利用现状文化景观来建构想象社群的根源感时非常显著，在不同尺度上均可看到。大尺度上可以通过总体的形态结构来感知，就像在墨西哥城看到的那样，不同的形态层次产生了一套阿兹特克人和西班牙人意义的双重译码。这种双重译码的文化景观又被 20 世纪的设计师用来建构新的文化景观；尤其在公共开放空间的网络中，既有的格网模式的扩展为统一不同社团、促成不同使用群体相互交往带来了成功的手段。这样的系统为促进混合功能的开发提供了契机，而这又回过头来产生了更为安全、更加经济可行的邻里。在意义层面，格网系统也提供了对历史的深厚记忆，增强了使用者的辨识感。这些感受也受到各种建筑类型的支撑，正如在 UNAM、卡米诺·雷亚尔或者 Punta Zicatella 的设计中看到的：建筑物可以被不同社群分享，因为他们允许不同的使用群体来建立对不同生活方式自己的理解。我们也在设计中找到了有用的经验，利用设计促使使用者在面对他们自己特定的想象社群时，产生一种赋权感。这一点也在 UNAM 的设计中显示出来，UNAM 为了教育和赋权于墨西哥社会的不同部门而设立，其目的是包容，连接高雅艺术与大众的设计文化。

第三条重要的经验是关于用设计来强化每个想象社群的成员与其他社群和谐共存。这一点也在设计干预的所有尺度上显示出来，包括从双重译码的城市规划到建筑类型和公共空间网络的设计。UNAM 的设计对不同文化传统的集合做了很好的图示。首先，在城市设计和城镇规划这样的大尺度上，它显示新的空间扩张如何融入城市格网中。在设计的细节层面，我们可以了解到当代城市设计师如何运用各种建筑类型来重新适合新需要。这些建筑的解答根植于过去但并不囿于过去。在此意义上，墨西哥设计师可以教会我们如何为了开放的未来而设计。

注释

1 Sabloff, 1989.
2 Fraser, 2000, 3–4.
3 For further discussion of these issues, see Fraser, 2000.
4 Fraser, 22.
5 Ibid., 34.
6 Kettenmann, 23.
7 Yampolsky, 1993, 40.
8 Kettenmann, 1997.
9 Haufe, 1991, 85.
10 Sabloff, 1989.
11 Martinez and Juarez, 1994.
12 Yampolski, 1993, 10.
13 Ibid., 7.
14 Miller, 1996.
15 Butina Watson, 1999.
16 Ayala, 1996.
17 For further discussion of these issues, see Yampolski, 1993.
18 Ayala, 1996.
19 Fraser, 2000, 27.
20 Ibid., 62.
21 Butina Watson, Interview with Teodoro Gonzàlez de León, March 2000.
22 Discussion between Georgia Butina Watson and Sergio Flores, April 2001.
23 Haufe, 1991, 177.
24 Craven, 2001.
25 Frampton, 1985.

26 Martinez, 1996, 8.
27 Ibid., 61.
28 Ibid., 69.
29 Eggener, 1999, 125.
30 Castillo, 1987, cited in Eggener, 1999.
31 Cited in Eggener, 1999, 126.
32 Barragán, cited in Eggener, 1999, 127.
33 Frampton, 1985.
34 Cited in Martinez, 1996, 72.
35 Eggener, 1999, 127.
36 Ibid.
37 Martinez, 1996.
38 Cited in Martinez, 1996, 76.
39 Eggener, 1999.
40 Cited in Eggener, 1999, 138.
41 Eggener, 1999, 129.
42 Frampton, 1985.
43 Cited in Martinez, 1996, 120.
44 Cited in De Anda Alanis, 1989, 175.
45 Discussion between Diego Villaseñor and Georgia Butina Watson, 1994.
46 Ibid.
47 Frampton, 1985.
48 Discussion between Georgia Butina Watson and Ricardo Legorreta, March 2000.
49 Legorreta cited in Mutlow, 1997.
50 Discussion between Georgia Butina Watson and Ricardo Legorreta, March 2000.
51 Ibid.
52 Mutlow, 1997.
53 Discussion between Georgia Butina Watson and Ricardo Legorreta, March 2000.
54 Discussion between Georgia Butina Watson and Diego Villaseñor, September 1994.
55 Ibid., September 1995, March 2000, June 2002.
56 Villaseñor, 1994.

第4章

伦敦地铁：一路为人人

上一章的重点内容之一是鼓励一种对人与自然系统共生的有益思考。本章我们将继续这一话题，进而关注居住更深层面的含义。我们将思考公交系统的场所－认同问题，因为当前对汽车的依赖带来的环境破坏已至极限，若想缓解就要使用公共交通。

如果没有那么多人认同自己属于一个“公交社区”，那么公交系统将无法被全面推行。因此如何设计公交系统的文化景观，使其有助于在实际生活中建立这种认同感呢？作为一个被长期使用的公交系统，伦敦地铁可以提供正反两方面的经验教训，本章节就将对其进行探讨。

19世纪60年代，伦敦是世界上最大的城市，人口大概有300万。在城市中心地区，街道上挤满了慢吞吞的马车。铁路使更为快速的交通成为可能，然而密集发展的中央商务区地价如金。如此一来，在最需要铁道的地方铺设新线路的费用高得惊人。

企业家们于是开始琢磨在这些昂贵地区铺设地下道的好处，这使地上部分仍可以开发获利。1863年第一条地铁通车，到1870年经营的公司达到三家，1907年为10家。然而规模经济是商业逻辑的硬道理，因此经过一系列合并与新的发展，1914年市场上的大赢家是一家美国金融公司与伦敦地铁电气铁路有限公司（Underground Electric Railways of London）。地铁在商业上的成功依赖于鼓励尽可能多的人认同自己“地铁使用者”的身份。那么地铁系统是如何通过设计来加强这种认同的呢？

首先，重要的是系统要能被整体解读为一个清晰易读的景观，有助于形成并界定一个“我们地铁使用者”的想象社群。然而系统的历史传承方面却很难感知到这一点。地铁严重脱离城市公共空间——这个支撑着“我们”观念的传统舞台，甚至不为视线所及。若干子公司的车站建得五花八门，风格自相矛盾，同时不同线路间在共有站点的物质联系常常被复杂化，令人迷惑。更糟糕的是，各种五花八门的商业产品广告侵占了每一处能够用到的表面，加剧了整体上的混乱。若要在这片混沌中拨云见日，对设计来说将是一项艰难的壮举。

其次，当时是这样一个时期：选择显示出对各种新鲜体验的渴望，在很多人生活中这显得愈加重要。若想让人们认同自己“地铁使用者”的身份，就要让他们意识到地铁的文化景观将会带来尽可能多的体验。从积极的角度来看，这个系统显然延续了此前公共汽车带来的对生活选择的扩展。这对妇女尤为重要，因为它增加了“单独行动”（unchaperoned movement）的意图，在19世纪50年代至60年代的伦敦其重要性明显增长。据D·切丽（Deborah Cherry）所言，这是“女权主义政治的一部分，这些年代的文学作品证明了她们步行或乘坐公车穿行于伦敦，会面或赴约。Sophia Beale与她的姐妹们兴冲冲地乘公车在伦敦的大道上日夜游荡，尝试那昙花一现的感官愉悦，和那动荡空间给予的突如其来的快乐”。[1] 然而遗憾的是，地铁能带来的视觉多样性比起地上公交来说要少得多。就在切瑞所说的那个时期，“各种绘画、印刷品、地图、图画杂志与手册指南强化了城市环境及其居民独特的视觉感知。”[2] 而被困在毫无特色的管道里只能让乘客感到相当无聊，这正是地铁设计者们不得不解决的问题。

第三，作为工业化的摇篮和更为绿色的新型郊区或田园城市的潜质，英国早期城市交通的阴郁体验引发了日常生活中与自然紧密结合的普遍愿望。而这一次，地铁的形式似乎从开始便前途渺茫：离开阳光与新鲜空气，钻进地下的行为很容易被看成骨子里是反自然的，甚或是自寻死路的。L·贝恩（Louisa Bain）在她1863年的日记中提到，“坐城市地铁到哈顿花园（Hatton Garden）……以前从未见过的地铁，闻起来像坟墓。”[3] 这种状况逐渐恶化，例如1879年，在一封寄给《泰晤士报》的信中提到“高尔街（Gower Street）的一名药剂师多年来都在配制自己的‘大都市合剂（Metropolitan Mixture）’以缓解附近车站内人群的不适。”[4] 特别是对那些还没有习惯这一状况的人，这种不适来得更难以忍受。1887年R·D·布卢门菲尔德（R. D. Blumenfeld）在自己的日记中写到，“今天我初次体验到地狱的滋味……我在贝克大街（Baker Street）乘地铁……空气里混杂着硫磺、煤灰以及顶上的油灯冒出呛人烟雾的气味；等我们到了摩尔门大街（Moorgate Street），我已经又闷又热快要死掉。我认为这些地铁必须被尽快停掉，他们是健康的威胁。”[5] 这种阴暗的情形也意味着其他的危险，正如R·格雷（Robert Gray）指出的，“大都市政府高调地宣称，地道里空气通常足以使驾驶员清楚地看到信号，但这并不让人放心。”[6]

然而另一方面，这些危险也被这样的事实抵消：19世纪60年代，伦敦的地上公共空间同样常常被视为是危险的，媒体大肆宣扬街道犯罪与抢劫带来的道德恐慌。尽管地铁可能看起来有些阴森，但他至少增加了人们生活中的选择。此时，综合平衡下来并非都是负面的，因此一些使用者努力克服烟尘与气味，似乎将其解释成为抵抗灾祸所付出的共同努力，这些努力本身强化了一种想象社群的感觉。比如F·M·许弗（Ford Madox Hueffer）在1907年写到：

> 我认识一个从伦敦出远门的人，在地铁站台看着涌出的烟雾难过地叹气。烟雾聚成硕大松散的一团，经过肮脏铁栅锈迹斑斑的圆形通气口，升腾在上面昏暗的光线中。[7]

这种略带受虐式的认同在19世纪80年代开始被更为广阔的吸引力所取代。对任何一个愿意忍受烟雾与污秽的人来说，城市地铁西延线能够到达开敞的乡村，带来郊区生活的潜力，这意味着与自然更加亲近。对许多像J·雷德福（Joseph Radford）那样的人来说，即使是1906年蒸汽牵引列车最污秽不堪的日子里，生活在我们的郊区也让一切都值得一试：

他缄口不语，唯有喜悦，
抽着烟斗，感谢上苍。
还有什么，比这更美好？
他祝福那些臭哄哄的车厢，咯吱作响，
它让好事成双，
赢得时间去逃离
那些煎熬、犯罪与喧闹的，
该死的伦敦金钱市场。[8]

城市地铁与随之而来的郊区地铁线的联系错综复杂，形成的文化景观被称为“地铁地带（Metroland）”，它产生于地铁却也为居民所享有。更晚些时候，J·巴恩斯（Juliann Barnes）回忆起20世纪50年代他早年生活的热情：

“君家住何处？”他们年复一年地用法国腔刨根问底。而我总是得意地回答：“我住在地铁地带！”这比伊斯特威克（Eastwick）更好听，比米德塞克斯（Middlesex）更不同寻常，它不是一个购物之所，而更像头脑中的一个念头。[9]

对地铁地带的认同可能部分源于郊区为许多居民的生活展开了新的机会。正如一位“地铁地带先锋”解释到，“我发现住在郊区可以为生活增添激动与趣味，这种体验没有可遵循的传统。”[10]然而其他“可遵循的传统”给了地铁地带充足的文化根基，它鼓舞了开放的未来，促进了认同的建立，仍旧根植于过去，却不囿于过去。

二战之前，地铁一直为许多本不可能负担得起的人们带来这种开放的未来。规划师彼得·霍尔（Peter Hall）回顾自己20世纪30年代的童年，记起地铁为普通人带来的新的契机：“他们像我父亲一样，用积攒下来的5英镑（没错，5英镑的存款）换取一个崭新的半成品”[11]：就是那些加起来代表了“成千上万的私人美梦，……新世界中的一切”[12]的人们。

最终，积极的场所－认同从一系列综合因素中建构出来，其中有的本身是非常负面的。成功绝非偶然，至少很可能部分归功于两项关键的人为要素：高管层与美国的联系，为公司带来了丰富的传统美国企业思考方式，以及活力四射的广告管理——这点正体现在F·皮克（Frank Pick）身上。

皮克最初受的是律师教育，并为东北铁路（North Eastern Railway）工作。他用自己的法律思维来解决操作的问题，发展出一种用统计数据进行理性管理的强烈爱好。1906年他加入地铁公司，1908年全权负责公司的宣传。1909年，一个全新的交通、发展与广告部在他手下成立。由此，改善服务质量的责任与向大众推广自身形象的愿望合二为一：如此安排使地铁有更多的可能带来一个更为积极的场所－认同感。虽然服务便捷性、员工态度以及车辆的舒适度与外观等内容都是建立场所－认同的关键，但地铁的外形设计也同样具有重要作用，包括从车站布局到单个图案设计的所有尺度。让我们按照所有要素形成的顺序来分析一下皮克的设计策略。

按顺序第一步关注的是海报广告。自地铁诞生之初就从站台的海报招贴中赚取固定收入：易受诱惑的通勤者使这些地方对广告商有极大的吸引力。广告的布置很少有设计的想法，总体上呈现出一片混乱。更糟糕的是，一大堆无组织的海报使乘客很难从站台纷杂的信息中找到他们目的地的地名牌。由此而来的沮丧助长了进一步的混乱感受。G·格文奈特（Gunn Gwennett）本人是一名地铁广告插图画家，他抱怨到：

“简直就好像伦敦中央车站的守卫在叫着‘下一站是 Pear’s Soap，Buchan’s Pills，Marblarch，Bovril。’”[13] 在构建一致的文化景观的过程中，应解决广告与清晰的站名之间的矛盾，以塑造和界定地铁使用者们的想象社群。

遵循地上铁路传统的先例，大部分车站只有相对少量的大号站名标识：通常每个站台约四个（图 4.1）。对地铁来说，其车站空间比地面线路要狭小得多，这种标识系统——需要乘客伸着脖子寻找最近的标示牌——远远不够理想。车站狭小意味着乘客不得不频繁做出识别性的判断，这就要求站名能够被轻易找到。皮克的方法是提供大量标识，大约每隔一节车厢长度一个。这样一来，不论列车停在哪里，各个车厢的每个位置上都至少能看到一个标识（图 4.1）。

为了确定放置标识的恰当高度，采用了各种试验手段。因为许多站台在高峰时间都挤满了人，所以首先想到的是将标识放在头顶以上的高度，使其不被人群遮挡。然而这也意味着被安全带绑在车厢中的人完全看不见它们，因此采用了折中的高度。最终的设计通过仔细的实际试验确定，这种开放试验的态度在任何设计领域都极为罕见（现在也是如此）。这可能来源于以实证为基础，对论据的精心构建，正是皮克典型的法律训练。在他的工作中，我们将一次又一次地见识到这种方法。

最初的新标识只是写着站名的简单横板，不过这还不够醒目。部分是与之竞争的海报与其他告示也是长方形的。为了形成对比，设计出了一个圆形的牛眼形式：这同样也是在实际试验后做出的决定，试

图 4.1　早期的站名标识，上边是后来的版本：Belsize Park

验用了半圆形纸样，临时贴在站名横板的上下。

虽然牛眼的设计用了几年，但皮克却从未真正对它满意，仍觉得他不够抢眼。据他的助手回忆，1916年的一天，他问起“YMCA的红三角标志是如何做到吸引眼球的？”[14]并猜想原因可能在于三角形中心的白色空间，而非三角形式的本身。因此他委托了设计了一个带有红环的标志，取代实心的牛眼，这逐渐成为整个系统采用的标准样式：这是又一个设计逐步演化的例子，利用了来自任何可用资源中行之有效的实践经验结果，不带任何成见。

即便有了非常醒目的标志，假如没有其他改变，想要从站台墙壁上贴着的其他图形中——尤其是那些最抢眼的海报——让相对较小的标识显露出来还是有难度。因为在皮克工作的早期，公司的财务状况尚不明朗，对广告收入的需求极为迫切，因而无法将海报全部撤去。然而，皮克的想法是假如每幅海报对公众都足够清晰可读，那么它们将会更有价值。因此如果有序地布置更少量的海报，就能产生至少和以前一样多的回报。在皮克惯用的实践手段下，一套合理一致的布局被设计了出来。海报被排成水平长条，沿站台的墙面把站名牌连接成一个统一的长条。其中的招贴分为两行，宽度以4、8、12或16幅为模数。墙面上贴有深蓝色的底衬，大到足以在每个标准的20英寸×30英寸大小的商业海报边缘留下一圈深色的边。也为用其他广告来宣传地铁公司自己的交通设施留有空间：这些海报更大一些，25英寸×40英寸，只排成一行，因此能够清楚地突出于其余之中。

这种布置实施起来如此简单，彻底改变了地铁站台的外观（图4.2）。首先，它产生了一种清晰的图像，其中事物各有其所亦各在其所，这种印象由于布局本身在系统内所有站点的标准化而被强化。其次，它与“目标”站名有很好的对比，因而增加了站名的识别性。公众对这些变化做出了热情的反馈：在皮克的想法形成之初，《泰晤士报》刊登了一封乘客来信，他注意到了整饰的效果，兴奋地发现自己能够“在需要的站下车，而不必在所有的香皂、药品、威士忌、牛奶等等之中搜寻站名”。[15]

公司自身的海报设计也对建立地铁系统整体的场所－认同起到了自己的作用，强调了系统作为整体的可读性。不仅将地铁表现为交通工具，更是当做丰富生活经历的来源。地图的产生事实证明相当奏效，其设计多年来试图将系统展示为统一的整体。最早的地铁地图以直率的图绘方式显示了不同线路与车站的位置（图4.3a），然而这种地图一眼看上去却是些无序的线条：一系列互不相干的公司的混合，它们打一开始就从未被当做一个整体的系统来看待，人们只能指望这样的结果。地图的标题是“伦敦诸地下铁”：注意这里使用的是复数。这实在是太直率了。

然而其他图绘的使用促进了这样的看法：即地图反映出东西很容易被理解为一个连贯的整体。比如在1908年，J·哈索尔(John Hassall)的“无需问警察”表现了一对滑稽的乡村夫妻，大概初来伦敦，正向一个警察问路，警察只是指向了身后墙上的地铁地图：一个可读性的图像，被对友好的权威信息的印象所强化。

到1931年，地图本身已经被H·贝克（Henry Beck）重新绘制得更为清晰易懂了（图4.3b）。线路不再曲折，而是统统以直线长度标注轨道，竖直、水平或与地图轴向成45°角，这样看起来就形成高度有

图 4.2　与站台空间设计融为一体的海报边框

序的整体，带有特殊的“现代”特征，让人回忆起当时高科技的收音机电路图。距离也做出调整，伦敦中心区车站间的距离被夸大，而郊区车站间的距离则小于实际比例下的距离。这使得人们在伦敦中心区认路显得容易，让临时的访客消除顾虑：重新绘制一些车站的做法加强了这一效果。在早期地图上，不同线路之间的综合换乘站都被原原本本地表现出来，比如King's Cross站与Baker街站。而示意性的后期地图则用同样的图标表示所有车站：一个简洁的小圈，在某些地方也掩盖了乘客需要应对的真实的复杂性。事实上对于任何一个想要去郊区的人，将车站间的距离画小使郊区的可达性看起来比实际情况好。

贝克地图被继续使用到21世纪，只做了些微的调整与添加。彼得·霍尔想起地图制作之初，“大约五岁的时候，我手拾彩色蜡笔痴迷地临摹着”。[16]作为一个设计的圣像，它的魅力对往后三代的成年人同样强烈：它被临时征用为艺术博物馆海报、作为绘画被重新阐释，甚至被耶路撒冷的一家夜店用做T恤的图案：的确魅力无穷啊。

对“广受欢迎”寓意的强化促成了第二类海报的共同主题。在A·弗朗斯(Alfred France）的“一路为人人”(The Way for All，1911年）中，这种信息主要借助文字来传递，就像镶嵌在瓷砖墙面中的一条通告那样简单明了，而指给我们看的年轻美女强化了这一寓意。另一极为类似的寓意“大众服务，众口可调”(The Popular Service Suits All Tastes）则偏重诙谐（1913年）：在这里一个地上车站被表现成一个柳

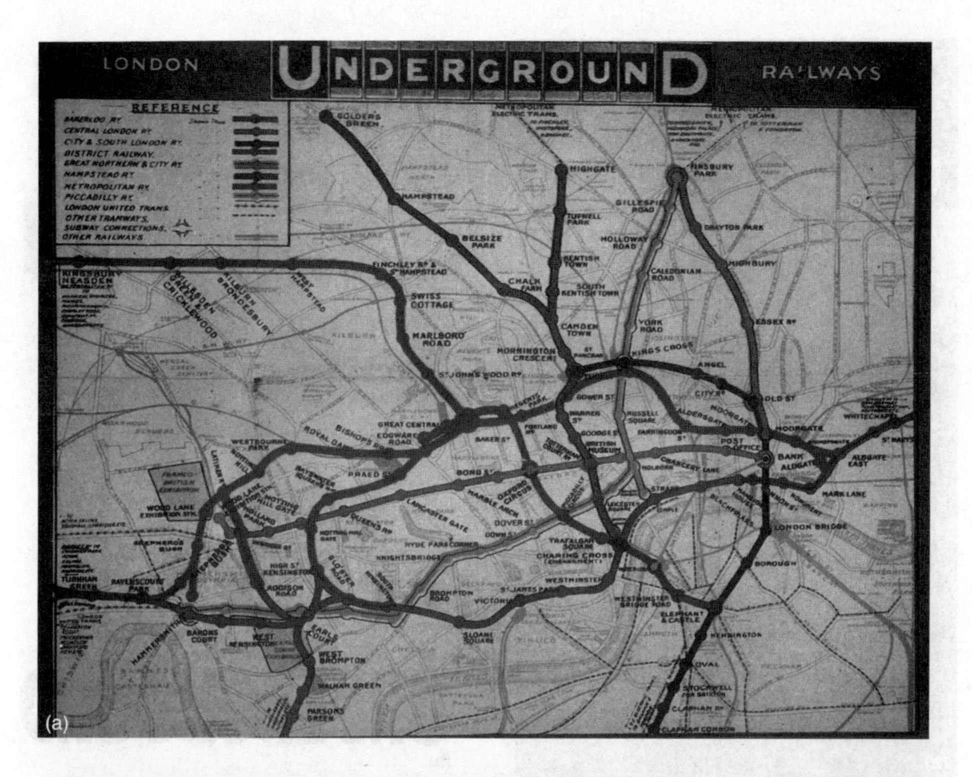

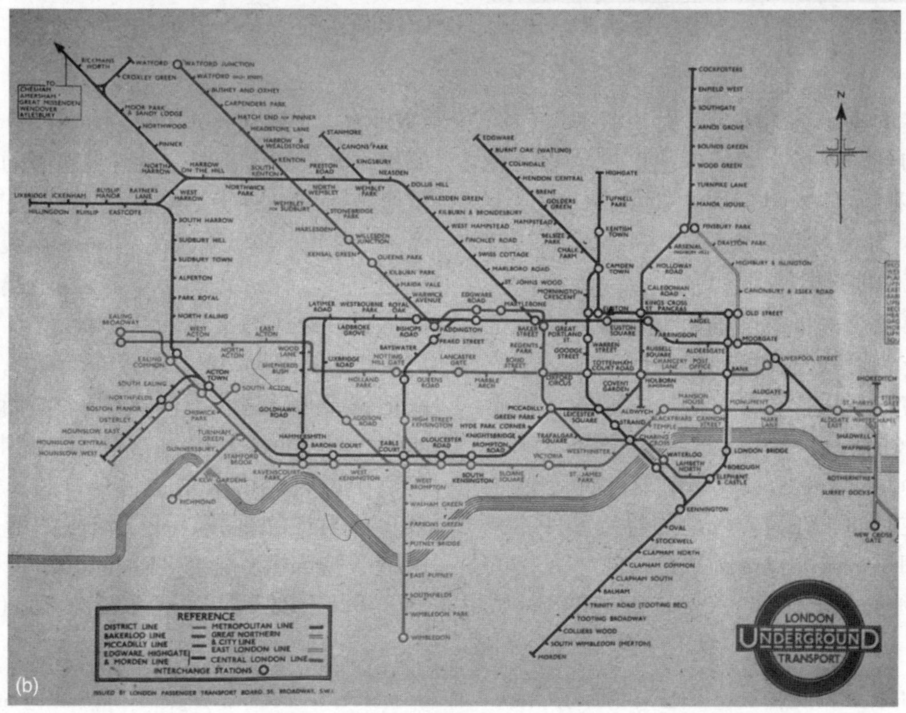

图 4.3　（a）早期的地铁系统地图；（b）贝克修改后的地铁图

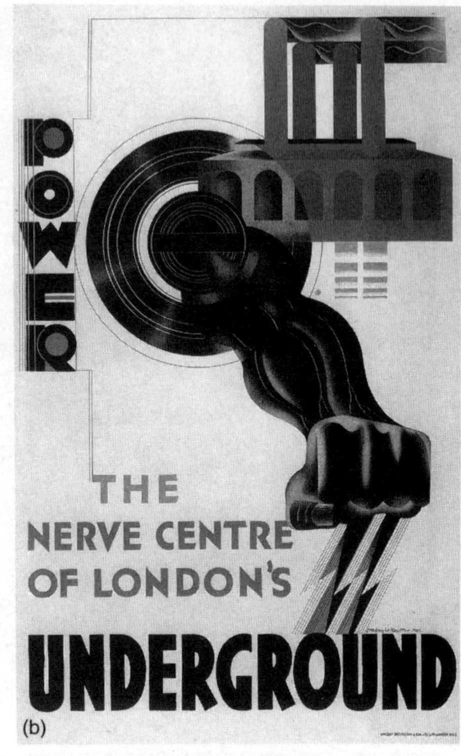

图 4.4 （a）A・弗朗斯："一路为人人"；（b）M・考弗："力量"

树图案的盘子，构成了"大众服务"一语双关的部分所指。同一主题更生动的表现是 A·利斯（Alfred Leeth）把地铁比做巨大的磁体，各色人等都被"地铁的诱惑"（1927 年）无情地吸引过去。

第三类海报总的加起来是最大的，把地铁作为通往伦敦所能提供的一切之门户来宣传：享乐，教育，宁静，刺激，飘渺的和永恒的。有时信息直扣主题，就像 Sharland 的"赛船会"（1913）：特定日子的特定时间里在特定场地的特定事件。有时则相反，其要点更为普适。这种风格的杰出例子是 1909 年名为"冬日的灿烂"（Winter's Discontent made Giorious）[1] 的海报，火车灯火通明，看得见温暖的车厢，里边是剧院、百货店和餐馆，乘客正鱼贯而入。尽管外面大雨滂沱，里面却温暖舒适。标题中莎士比亚式的暗喻额外地触动了特定阶层：舒适与文化的结合再一次产生了广受欢迎的图像。或者还有更普遍的，在"伦敦地铁带你飞翔"（London's Underground lends you Wings）中：当年轻的城市职员在空中飘过，用雨伞钩住丘比特：地铁，至少从男性的视角，成了浪漫的缔造者。这给了诗人 R·彻奇（Richard Church）灵感，1928 年他写下了《抓紧拉环》（Strap-

[1] 该语句取自莎士比亚《理查三世》中的名句，"Now is the winter of our discontent made glorious summer by this son of York"，意思是"如今 York 之子把我们讨厌的冬天变成了灿烂的夏天"。利用了 son 和 sun 的谐音。——译者注

hanging)：

既然我们挤在一起，
亲爱的陌生人，
比夫妻靠得更近，
何不善待这份不尊？
让我们的血液一起躁动，
低语生命中的奇遇，
像奔流着的江河
带来源头的情意。[17]

最后，还有更多的海报用来展示地铁强大、快捷与面向未来的特征。这是一条重要的商业销售定位，因而此时地铁努力推动对系统面向未来的解读，并尽可能拓展自己的用户群。由于地铁自身与现代性的关联，后期该类型海报常使用抽象的现代图形，把文字结合为构图的一部分。M·考弗（McKnight Kauffer）的“力量”（1913 年）便是一个生动的例子（图 4.4b）。

海报计划提出的每个主题——可读性，自然，现代性，以及地铁作为充实生活体验的关键——都因为其自身在不断变化中的呈现或再现而被赋予了跨文化的吸引力。皮克自己很清楚这有多重要：

每个人是不同的，各有不同意见。因此一个可以出版一系列海报的广告商要比一个安于一两套海报的更有可能成功。[18]

皮克 1935 年来的广告经理 C·巴曼（Christian Barman），强调了这一点：

不时改变你的风格，你就可以不断吸引各种追随者，如果你维持一段足够长的时间，所有观众终将站在你一边。有些人可能无法对你在特定时期做的事情作出反应，但观众们将会明白：总的看来，没有人被遗忘，有些东西是为了大家的。[19]

先锋或传统，严肃或滑稽，低调或戏剧性：总有东西适合所有人。单个海报严格服从于站台墙面布局，还带来了组织清晰的整体感。

通过单个墙面的组织，时机成熟时，皮克的想法逐渐覆盖了整个车站的设计。第一个重大机会是北线向 Edgware 的延伸，于 1924 年完成。就我们对其手段的了解，应该料想到他会循序渐进，从一个仔细检验的改进延伸到下一个。顺着这一路线，逻辑上的第一步可能是逐渐改变北线车站完成于 1907 的设计程式（图 4.5）。他们当中大部分已经遵循一致的立面设计概念，建立了北线的场所－认同。每个车站都有一系列独特的高拱，数量各异，适应于每个特定场地的尺度。除了表现一致的形象，这些车站通常相当成功地从环境中脱颖而出，成为醒目的地标。这对它们的公共职能来说恰如其分，并有助于成为地铁可识别性中难忘的元素，永驻于公众心中。

无论如何，这些车站本不能胜任作为海报计划发起的发展场所－认同概念的典范，这有很多原因。比如其外部包裹着猪肝色的深彩陶，阴天的时候看起来几乎是黑的，这对于一个努力摆脱幽暗阴霾形象的公司来说非常不合适。出入口相对局促昏暗，通向拥挤的售票大厅：显然毫无人流从街道顺畅出入的感觉。由于需要等电梯或者走冗长的旋转楼梯，使人行道到站台间的转换甚至更加脱节。这种情况在这样一些地形条件下尤为明显：例如 Hamstead 站，它仍然是伦敦所有车站中入地最深的。为了完成这类不恰当的设计理念，此类车

图 4.5　一个早期的北线车站：Chalk Farm

站内部的细节到了 20 世纪 20 年代看起来已明显过时：在建造之时，过于赶新艺术运动绿瓶子风格时髦的报应。在设计的各个层面，从空间结构的外观到内部细节，老北线的大部分车站对于新的 Edgware 延伸线并非合适的范例。

然而仍有一个例外。原来的终点站 Golders Green，一个新乔治王朝风格的地上车站。这在 1907 年相当新潮：例如佩夫斯纳（Pevsner）提及它时说“在那时非常时髦”。[20] 甚至到了 20 世纪 20 年代当 Edgware 延伸线已经规划之时，它本来都不会显得过时，并且，只要因为古典形式在两千年中反复出现，它就不会像新艺术运动那样被风格快速淘汰。车站无论如何都是要长期使用的，倘若以此来满足推进“现代”的整体形象需求的话，这就是一个相当大的优势。

因此地铁线从 Golder Green 延长至 Edgware 后，新乔治王朝的风格似乎是车站设计的合理出发点(图 4.6a)。但在其他方面，这些新车站还体现了通过建筑设计提高适宜的场所－认同的重要一步。例如清除拥挤的旧售票大厅，以更宽裕空间取而代之，方便乘客更自由地出入的想法就在 Kilburn Park 站大获成功。而 1924 年重新改造的威斯敏斯特车站标志了过去逐步改善的累进式效果一跃成为一个全新概念——地铁站是个大商场，这个概念在后来的车站中广为使用（图 4.6b）。

当然，以往地铁车站与商店间也有联系，1912 年 Baker 街车站主要的重建工作就并入了几家商铺，而新视为郊区车站由于场地宽裕，商店常常放在与车站同一个

图 4.6　（a）“时髦”的新乔治王朝风格；（b）车站即商店：Brent Cross

建筑综合体中，有时候也布置在售票大厅里。可见，这距离车站本身即商店：一个销售“伦敦通行证”的商店的想法仅一步之遥。一旦突破这一步，就有可能借鉴商店设计中的顾客进出、立面设计与照明等内容了。

在威斯敏斯特，维多利亚风格车站的改造带来了宽阔而通畅的临街入口，直接通向宽敞而整洁的售票大厅。然而，局促的城市场地无法在现状建筑的地下实现高强度的照明。因此路人向里看只能看到一个巨大的黑洞。从这时起，一项关键的设计议题是找到实现售票厅高强度照明的方法，以自然采光为宜：照亮地铁中的“销售点”与照亮其他类型商店中的商品同样重要。

威斯敏斯特站值得注意还因为皮克首次雇用了建筑师C·霍尔登（Charles Holden），他与S·希普斯（Stanley Heaps）等人合作，在随后的15年中将设计39个车站。霍尔登并非年轻的煽动者，他48岁，已功成名就，在设计上依靠“竖条古典式”（stripped classical）风格而有相当的声誉，“积极向上”却仍坚定立足于传统根基：“源于而不囿于传统”的方法在场所－认同方面相当契合。皮克与霍尔登相识近10载，两人都是设计与工业协会（Design and Association）的创始成员。他深信霍尔登可以带来他想要的那种前瞻的形象，但皮克还是遇到了问题。地铁站设计是一项复杂且专业化的工作，尽管希普斯是专家，霍尔登却知之甚少：他们必须一起工作。按照惯常的方式，皮克先委托霍尔登在威斯敏斯特站设计一个小门廊，看看他和希普斯如何配合，然后再安排两个改造方案培养他们的合作关系，之后才在1925—1928年间北线向南延伸至Morden工程的7个车站设计中对霍尔登委以重任。正如皮克自己所说的，“我们将代表风靡一时的DIA（设计与工业协会），为了让我也能一起狂热，我找来了霍尔登，我们这么做是对的”。[21]即使在这些新车站中，设计也采用那种仔细检验的方式进行，做了标准出入口立面与大厅足尺寸的实物模型，包含了设备与照明，放在地铁Earls Court车站的仓库里，使皮克可以仔细推敲其细部特征。

对Morden终点站的分析可以说明霍尔登在多大程度上延续希普斯在Brent Cross的工作，在空间结构与视觉形象方面培养了皮克的整体认同感。在平面与剖面上，街道与站台间的空间联系处理成一系列流畅而渐变的转换。从宽阔的人行道开始，旅客首先经过宽大的雨棚，玻璃砖的顶棚下面光线充沛；然后走大概50码，经过一排店铺，它们构成了车站综合体的一部分（图4.7a）。雨棚在中间融入一个庞大的两层高的大厅，虽然这里仍是室外空间，有被高强度使用的公共人行道穿过，然而却三面被墙所围合。第四面是一扇巨大的玻璃窗，是带有牛眼图形的彩色玻璃（图4.7b）。高大的天蓝色顶棚（室外）上悬挂着巨大的枝形吊灯（表示室内），更模糊了室内与室外空间的感知。这个既是室内又是室外的大厅有长长的轴线，与人行道呈直角，将旅客从宽阔的玻璃入口门廊带进宽大的八边形售票大厅（图4.8a）。这里自然是室内空间，却有一个非常巨大的八边形天窗。日光游走在波浪般的石膏表面，使顶棚看起来“消失了”。更多的“室外”感觉来自于通往八边形的一边的书报店，它们建立了一条对角轴线，将旅客引出大厅，通过玻璃门向下进入一条长廊，位于局部有玻璃遮盖的列车棚上部，由此从更多级大台阶处再向下，便是高大的、局部围合的站

图 4.7　（a）Morden 站人行道上的雨棚与商店；（b）Morden 站的室内 / 室外空间

图 4.8　(a) Morden 站售票厅；(b) Morden 的站台出入口

台空间（图 4.8b）。最终，沿着站台走，人们又重回露天。总体来说，这组空间序列使乘客能通过一组渐变且流畅的转换从街道到达站台：每个可能的设计决策都是为了让地铁空间能够被认知为完整地与公共空间结构相联系且置身其中，而这一点，正如我们已然了解到的，在认同建构方面是如此的重要。

建筑的表面与细节设计都为了表达相同的信息。日光倾泻于天窗与大面积的玻璃上，带来了一种“轻巧明亮”的氛围，白色波特兰石（Portland stone）的使用增强了这种效果。同时，整个雨棚的长度内连续地布置了人工照明，即便在黑夜也可以延续这种“轻巧明亮”的主题。对称的建筑体量，以及波特兰石竖条古典的细部，散发出高端的品质，而在 1928 年，简洁平整的表面与大面积玻璃是现代性的有力注记。主厅的正立面有效地成为一幅被照亮的广告，尺度庞大而恒久：这是沿线所有 7 个新车站的标准理念（图 4.9）。大幅彩色玻璃做成的标准的公牛眼的图标形成了它的趣味中心，而在有收分的柱子支撑着站名的地方，同样的图标以三维的形式构成柱头。海报作为一种朝生暮死的广告形式，通过采用海报展示窗而与建筑结合，像敦厚的柱子支撑着主雨棚。这种“各有其所亦各在其所”的主题一直贯彻到站台中，那儿皮克最初蓝色海报纸框的想法在黑色、绿色与灰色的瓷砖中获得永生：一种在沿线地铁站台中的标准化墙面处理。

从空间结构到墙面细部的每一个层面，Morden 以及其他北线车站的设计都传达了地铁试图推广的整体认同：一个轻巧且明亮的图像（图 4.9）、现代的快捷及高度的组织性，使一切各有其所亦各在其所。然而这些建筑所拥有的重要注记并不止于此。在获得文化资本方面，这些注记被文化制度阐释的方式也同样重要。当与政府商讨线路的延伸，以利用 20 世纪 20 年代晚期郊区化浪潮的商业利益时，这将对地铁极为有利。从一开始，皮克的场所－认同计划的管理方式就旨在创造文化资本：他与 DIA 的联系、他时常赞助“严肃的”艺术家为其创作海报，以及他雇用“功成名就”的建设师霍尔登，这一切在此方面均有潜质可挖。然而，他至今并没有集中精力来实现这种潜质，从那时起，他开始从三个方面强调地铁计划在此方面带来的巨大影响。

首先，他为作品“非商业”的一面寻求更多“高端文化”的展现，它作为整体认同感计划中的标准部分来执行。比如 1928 年，一场地铁海报展在伯灵顿之家（Burlington House）举行，那显然是一个广受认可的场馆。在没有附加文字解释其商业目的的情况下，这些海报表现得像艺术作品。

其次，地铁在其品质上努力地寻求与看上去“文化”的而非直接的“商业”活动的联系。例如 1932 年以后，DIA 赞助的工业设计展览都在 Charing Cross 地铁站的主厅内举行。

第三，也是最为突出的，即地铁自身新建筑的“好的设计”方面得到了前所未有地强调。百老汇 55 号的公司新总部建筑带来了第一次机会，由霍尔登设计，于 1929 年建成。对文化精英们来说，这座建筑尤其值得一提，因为它加入了“严肃”雕塑家如亨利 · 摩尔（Henry Moore）和 J · 爱泼斯坦（Jacob Epstein）的作品。当然，正是爱泼斯坦雕塑的“现代”特征成了头条：比如《曼彻斯特卫报》（Manchester Guardian）写道：“批评的

图 4.9　照明的重要性：一张当时的照片

风暴不时上升为纯粹的谩骂，这在英国的艺术论战中极为罕见。”乍看之下，这次民众的倒彩可能对地铁整体形象有负面影响，而如果建筑作为一个整体不受欢迎，对其反馈本也应当是负面的。然而幸运的是，并非如此。在总体价值肯定的语境中，对爱泼斯坦雕塑的争议也同样有价值，就像炖锅中的盐那样不可或缺：它是文化制度的信号，说明地铁不仅仅是一种粗糙的商业运作，也对扶植艺术具有真正的兴趣。毫无疑问，在过程中若能收到成效却又不激起民众不满当然会更好，但只有在他们后期的工作中这才有可能，如果皮克和霍尔登能设法形成一种设计语汇，被文化精英视为“艺术的”，被普通大众认为是“得体的建筑”。在 1930 年，百老汇 55 号建成后的那年，皮克和霍尔登到德国、荷兰与斯堪的纳维亚进行新建筑的教育之旅，去见识国外正当其时的“现代”设计理念。

回来后，他们出版了供内部交流的带插图的报告——这本身也是发展文化资本的一部分——并未涉及他们所见的暗含设计概念的整体形象，而仅仅在摘要中用文字表述了“好的设计”的内容。文字与插图把吸引他们的形式上的革新说得清清楚楚。首先，他们注意到在大部分欧陆的现代设计中，传统“墙洞”式窗户的退位，改用他们所谓的“横向长窗”和“纵向长窗”。其次，他们称颂那些虽然可被认同为“现代”却保持了较多传统关联的建筑，特别对传统材料的使用。报告中特别赞誉了像杜多克（Dudok）那样的荷兰砖砌现代主义设计者：“虽然荷兰的作品已经几乎完全摆脱了传统装饰，却仍然保持了传统设计中的大部分要素”，它延续了“历史的神韵，如果不是其字面意思的话”。[22]

第三，他们对诸如丹麦的“总体设计”（total design）印象深刻。报告评论道：

在哥本哈根，建筑师从事建筑以外的设计显得很平常。我们参观的时候，几辆穿梭于城市街道中的新公交车与两辆新电车就是城市建筑师设计的。的确，建筑设计的原则延伸至公交车和电车，以及像茶包或火柴盒一类相当小的物品，这可能是丹麦对当代设计最有趣的一项贡献。[23]

哥本哈根的经验似乎使皮克有意识地集中精力于他在实践中已从事了二十多年的工作方向。欧洲大陆之旅的这三条经验——用横向与纵向长窗作为建筑视觉组织的想法，把砖作为与当地传统的联系（但愿公众也接受现代设计），以及将细节整合入更大整体的“总体设计”——将被用于下一阶段的地铁线路扩展中，以从 1930 年开始的 Sudbury Town 车站重建为起点。

Sudbury Town 站打算做成新一代车站的练兵场，其建造借助了从 Morden 站学到的所有经验，又根据在荷兰与丹麦的见闻做出重新演绎。正如我们从皮克以往行事所能期待的那样，他对丹麦的“总体设计”方向情有独钟。他告知总经理与首席土木工程师，要为霍尔登提供可能需要的整套车站设备的完整说明，这样“没有经过专门设计而与总体建筑方案不一致的情况就不会存在”。[24]

然而在详细的整合层面，结果并不太让人满意，部分因为缺乏对清水砖墙和室内使用混凝土的经验，无法掩盖服务设备。当皮克看到完工后的建筑后大怒：“你会再次注意到燃气管道，上面还有布线的电缆。我认为整个工作不能令人满意”，他随后又评论道，“如果照明设计得当，合乎时间”，本可以做得更好，而且它“完全缺乏设计和整齐的做工”。[25]

鉴于细节整合在形成地铁整体的“良好组织”印象方面的重要作用，这确实是严重问题。其原因在于组织，而不在于霍尔登对细节的设计兴趣寥寥：问题的根源是霍尔登与地铁工程师之间设计责任的划分。因此皮克提出了一种新的组织体系：

除非做出特别的努力，否则地铁站和建设工作极有可能被搞砸，就像 Sudbury Town 站被搞砸了一样，因为工作展开前没有制订清晰的计划，因此我认为我们早就应该立刻拿方案出来，显示出所有车站的照明方案，以及各种需要的设备，还有显示出车站的所有标识与通告的位置和形式的方案，和一个显示出供水以及任何需要清洁的装置的方案。直到所有这些方案都通过，我们才会批准车站施工。[26]

一旦这些综合的途径得以解决，接踵而来的是一连串的 30 多个车站，他们均建造于 20 世纪 30 年代，共同代表了地铁的整体认同设计方法的巅峰。在这些建筑中，设计主题的语汇已经逐渐演化为地铁整体认同感的巩固——地标的群集，街道与站台之间空间的渐次转变，对轻便与现代效率的注记，以及整合细节——都自由地发展以适应每个特定场地独一无二的特征。

外部形式的语汇是非常有限的，材料只有砖、混凝土与金属挂板，根据“横向与纵向长窗”的规则组织起来。有限材料本身的特点就是整个地铁系统实现统一视觉表达的关键因素，然而以高超的技巧来操控有限的语汇，为每个车站生成一种独特的形式，使其脱颖而出，成为具有特殊重要性且适合特定城市环境的地标。在稍大的车站，售票厅往往被建成一个戏剧性的体量：比如 Sudbury Town 的矩形、Bounds Green 的八边形，或 Arnos Grove 的圆形。在不那么重要的车站，稍小的要素就能胜任，比如 Osterley 和 Boston Manor

图 4.10 作为"伦敦门户"的皇家公园

的光塔，或 East Finchley 程式化的弓箭手雕塑。在位于伦敦西部主要道路上的皇家公园（Park Royal）站，圆形的售票厅鼓座与一个厚重的方形塔楼结合，建立了与"伦敦门户"位置相符的戏剧性形象（图 4.10）。而相反在 Wood Green，略微弯曲的水平形式就足以让车站从常规的周边环境中凸显出来。

与外部形式的有限材料一样，街道至站台依次经过的转换空间同样是所有车站都有的典型关系，但整个系列也充满变化，绝无重样。位于建成区局促的基地上的"深埋隧道线"（deep tunnel）上的车站，通常其车站入口到自动扶梯的转换特别有趣：一组远超过 Morden 延线所达到的空间序列。Wood Green 站的例子非常巧妙，这儿场地边界上随机而不规则的曲线用来形成一个对称的售票厅，在平面上接近于船形，宽敞的出入口向街道展开，但有一条非常有力的长轴线直接连接到自动扶梯的空间。现在，在这些 20 世纪 30 年代的车站里，自动扶梯空间的细节往往由于技术与安全的原因被改变了，但那时的海报显示出电梯的斜坡空间具有的制造动态与现代性氛围的潜力，如今人们也已经意识到（图 4.11）。

至于整体的细部，最优秀的新隧道——站台空间也远超过 Morden 线的成就。在 Trunpile Lane 那样的车站里，如站名、海报边框和通告等事项都仔细地与瓷砖墙面形成整体（图 4.12）：成为对各有其所亦各在其所的终极表达，让人想起钟表的功效，这正是地铁希望传达的。总之，整体的细部及其现代性与速度的清晰含义被融入了强有力的水平性中。

看起来很明显的是，到了 20 世纪 30 年代中期，地铁管理者与设计师们已成功地创造了文化景观，为广大使用者带来

图 4.11　自动扶梯上的戏剧

了根深蒂固的现代性感受。如历史学家 A·桑特（Andrew Saint）指出，“总是深受外地人喜爱的地铁的魅力与诱惑”[27]，他指向 1928 年 S·E·拉斯马森（Steen Eiler Rasmussen）的观点，即在伦敦“唯一一个真正现代建设，总的看来，不是建筑，而是地铁”。[28] 地铁管理者当然看到了强化这种感受的价值，例如他们为 1930 年蒙扎（Monza）的工业与装饰艺术展览会贡献了一个最新车站概念的实物模型（图 4.13）。

彼得·霍尔想起自己童年的感受，地铁与居家靠的更近，“对孩子以及不少大人来说有真正神奇的力量”。[29] 车站打开了新的展望：“他们就像现代的宫殿，巨大的灯火辉煌的入口大厅，自动扶梯上非凡的间接采光，车站站台整齐的线条，川流不息的人潮。所有一切制造了一种简洁与力量的印象，这就是我童年最不可思议的回忆。”[30] 现在，肮脏的蒸汽机车时代早已被遗忘，甚至对其气味的回忆都变得亲切：“我首先想起的是那气味……它已经从世上消失。你一进入车站它就扑面而来，像一堵墙：温暖，包容，浓重而刺激。”[31]

战争年代，地铁的文化景观发生了很多变化。在某种层面上，地铁系统作为公共的防空掩体，与共同对抗灾难的联系为其带来了民族团结的新含义。特别是在儿童因为安全原因被疏散到乡村之前，地铁站在很长时间内是安全的避风港。例如在 Swiss Cottage 地区，

> 昨晚与我们共眠的伙伴是个六岁的小男孩和他九岁的姐姐。当 6:30 警报解除时他们说：“现在我们要回家好好吃顿早餐了。”“不睡觉么？”“哦是啊！我们之后就睡，睡到十二点或者十二点半。”然后大约两点钟我们又回来，直等到四点把我们放进车站。[32]

地铁的掩体景观被很多人直接体验到，并通过电影和艺术家亨利·摩尔有力的“防空洞绘画”[33] 传播到更多的通俗与精英文化人群中。

总而言之，第二次世界大战标志着地铁一个时代的终结。皮克于 1941 年去世，之前一年去职。然而无论他多么专注而富有影响力，比个人的离世更重要的是战后地铁所处的经济与政治条件的变化。在 20 世纪 40 年代后期，使用地铁系统的人多

图 4.12 精致的细部整合

于以往，因而无须再鼓励更多的出行。“今天如果人们能减少出行，特别是在高峰时刻，我们的交通部会更开心”。1947 年宣传官 H · 哈钦森（Harold Hutchinson）写道，“因此我们现在的宣传海报功能不同了。它将成为伦敦交通信息的窗口，通过它我们告诉大家我们干了什么以及我们想干什么。[34]

一个“人们减少出行倒会更开心”的管理团队对系统的未来很难具有充满活力的愿景。尽管如此，交通需求的增加还是使线路有延伸的必要。接下来，在 20 世纪 60 年代与 70 年代之间，维多利亚（Victoria）与朱比利（Jubilee）线的延伸线设计采取了低调的方法，这毫不奇怪。就像维多利亚线设计者的解释：“人们可能会批评车站看起来缺少视觉刺激，但我们认为这比一个没有持久品质的短期流行更为可取”。[35]

由于没有吸引新乘客的需求，对场所－认同的关注很大程度上被经理主义的设计方法所取代。从 1977 年开始为地铁工作的建筑师 G · 奥利弗（Giles Oliver）回忆起“人们如何建议我牢记最基本的设计原则是流体力学——让随波逐流的乘客进出系统，毫无阻塞或紊乱。” [36] 这种方法越来越呆板，将人看做物，作家 B · 瓦因（Barbara Vine）挖苦地回忆道：“地图上维多利亚线变成了浅蓝色。当朱比利线接近完工时曾考虑用什么颜色，剩下的备选方案有粉色、淡黄绿色、橙色与淡紫色。而伦敦地铁捷运公

图 4.13　地铁作为现代性的国际象征：1930 年，蒙扎展览会上当时的照片

司选择了灰色。”[37]

在场所－认同的话题引起所有人关注的范围内，对地域场所－认同世界性消退的日益关注，反映了注意力逐渐从总体的系统认同转向组成部分的局部认同。例如维多利亚线上的车站在站台座位背后都有贴着瓷砖的嵌板，强调了地方认同的主题，而这种主题时常会像布莱斯顿的“目瞪口呆（ton of bricks）”那样表现得相当调皮。这种壁饰具有难以令人信服的特点——我曾几次听到乘客对其冷嘲热讽——并不奇怪。对于设计策略来说，想要在认同建构方面具有强大的潜力，就得设法积极联系人们的真实欲望与兴趣。然而，旅客们似乎总是不被作为积极的自然人来考虑，而潜在地作为恐惧的羔羊。因此设计工作就要努力“将隧道的内壁变为光滑的地面、竖直的墙壁和欺骗性的层叠顶棚，利用统一的荧光灯制造幻像，以约束他们的恐惧”，G·奥利弗回忆道。[38]

在皮克的黄金年代，车站在“总体的艺术作品”的设计方法下，由于欠缺使其保持原初状态所需的维护与管理而逐渐损耗。正如 A·桑特所见，“他们追求的持久的纯粹与秩序因过于艰巨而无法实现，或许他们常常忙于粉饰裂痕。或许伦敦地铁的黄金年代就像大多数的黄金年代一样，并非真的这么辉煌。”[39] 越来越多的混乱与无序感逐渐侵蚀了安全感与秩序，那曾是皮克与他的同事们在两次战争期间的岁月中努力去实现的。

这种无序的感受在 20 世纪 70 年代逐渐增强。没有充满活力的愿景引导设计的创造力，“功能主义者”的现代主义越来越多地威胁到设计文化自身，20 世纪 70 年代的地铁日益屈从于随心所欲的设计风潮。就像 G·奥利弗看到的，“这里都是流行店铺与旗舰企业（Starship Enterprise）的语汇。”[40]

1987 年 King’s Cross 车站的火灾使人

们对无序的担忧开始转变为彻底的恐惧，而东京地铁沙林毒气事件的广泛宣传使人们对潜在恐怖袭击的意识与日俱增。实际上，地铁的场所－认同的潜力已经退回到一百年前的“墓地”时代。然而现在的形势更难补救。地上公共空间一如既往，依旧被媒体归为有危险的一类：但现在许多人呆在自己的车子里才感到安全，现在这似乎已成为提高生活水平的关键选择。对于新的危险，共同的“战胜灾难”的意识根本就行不通：与一个世纪前的前辈不同，地铁不再被视为顺利调和危险趋向的新契机中的决定性因素。

战胜旅客们恐惧的努力首先只是集中在文化含义的层面。1990年，管理者已经发起了一种设计策略，旨在“用中性的颜色与理性的标识创造一个平和的环境”[41]，后来还有其他的补充行动，比如心理学家C·斯彭斯（Charles Spence）试图创造性地使用香味解决地铁长期以来的嗅觉（smellscapes）问题。然而由于缺乏使用层面的积极改变，这些意义层面的变化大部分被认为只是纸上谈兵。

然而在接近世纪末的时候，一种更为统一的设计策略开始在新的朱比利延伸线得到发展，[42]以应对新的要求。制造文化景观以鼓励人们建立公交使用者认同感的需求再次产生了。这次并非出自商业原因，而是对汽车依赖型的城市规划中明显的可持续发展问题的回应。

但是，这些新的文化景观不再可能通过皮克早期曾强有力使用过的“总体艺术作品”的方法创造，因为总体的文化背景很不一样了。一方面，如我们已经看到的，总体艺术作品的方法被证明不能在实践中维持下去。另一方面，全球化带来的文化同质化的负面认知，导致了当前对事关地域差异的文化景观的需求不断增长。因此，Jubilee线的新策略至少是含蓄地建立在强调特定地点车站的场所－认同的方法上，它们首先在细节上传达出来，例如维多利亚线车站的瓷砖等。

因此在朱比利线上，过去对单个车站认同感做尝试性试验的方法前进了一大步，改成为每个车站指派不同设计师。这些不同设计师间的联系仅仅在于他们都以伦敦为根基，而他们此前的作品表明他们将能够重新启动疲惫不堪的旧系统，创造出新的景观类型。

如果在这种新策略下地铁系统作为整体不再是总体艺术作品的话，形形色色的单个车站却还是可以的。正是这点赋予了每个车站以秩序感（因而也含蓄地赋予其安全感），而以前这已经变得非常微弱。车站设计者们还通过不同方式带来了可以被许多使用者理解为前瞻性的意象，帮助他们将系统视为日常生活新契机的开拓者（图4.14）。由于所有设计都创造性地回应了很久以前皮克时代建立起来的自由流动的空间结构，因而设计的“历史延续”维度如今都基本转变为使用层面。由此产生的根深蒂固的感受在意义层面被进一步强化：新车站不着痕迹地融入贝克地图，如今地图已经被神化为国旗在地铁上的等价物。

这种设计注意力的权衡从作为整体的系统文化景观向其单个局部的新转变并非都是积极的。以“局外人”的视角，例如意大利作家S·班多里尼（Sebastiano Bandolini）指出“在这场局部的游戏中，一些重要的东西丢失了”。[43]从更为地方化的角度，“局部的游戏”能否结出累累硕果，利用日益增长的使用公共交通的趋向，为建构个人的认同提供文化的原材料，还有

图 4.14　Stratford 站前瞻性的意象

待观察。但它肯定被视为对地铁追求认同的设计这一独特传统的重要贡献。

回顾过去，总的说来我们能从这一传统学到什么呢？在有关认同—建构方面的关键问题上，我们可以总结出许多重要的教训。

首先，让我们在更广泛的与生态系统共生的层面思考这些问题。在皮克时代，公交系统和与自然的其他方面的共生感之间的联系是通过若干个层面的设计形成的。比如在使用层面，地铁地带通过以公交为导向的郊区日常生活，以及通过特殊的游览“乡村”的方式，打开了与发展与“自然”接触的新契机。而郊区后来的发展并非以公交为导向，因而只能发展出依赖小汽车的生活方式，这种持续性的负面含义最终破坏了共生的计划，并产生了新问题，这转而又要求建立复兴公交导向的认同。最近朱比利线的工程似乎在推动恢复由公交带来的刺激与机遇感方面大有希望。

在建构想象社群的层面，前几章已经表明公共空间作为“我们”的关键活动场所的重要性。尽管事实上地铁本身从未成为真正的公共系统，但我们已经见识过了设计者是如何发展出各种技术，以处理空间轴线，促进系统本身的不同空间之间艰难整合。在目前的环境中，以利益为导向的市场压力越来越多地将公共空间网络转变为一连串毫无关联的飞地，[44] 因此广泛使用这种轴向的规划方法大有可为。

在不同社会群体之间的跨文化交流方面，地铁的故事也有话可说。比如在过程层面，我们已经开始见到了超越单个设计者意图，以发掘从使用者出发有效影响设计决策的努力。比如皮克初期作品中使用车站标牌的实物模型，可视为使用者参与设计的早期表现形式。而海报计划也通过广泛使用各类风格，适应于各种不同文化，促进了跨文化的交流，如C·巴曼的"适合所有人"的方式。更进一步，对海报不同风格的大甩卖进行控制的努力，使形象层面设计的公众反馈能够经历时间而继续下去。

作为一个世界主要城市的关键性公交系统之一，地铁所坚持的跨文化性不仅涉及伦敦的不同社会群体，还涉及外国人。皮克时代从事的就是实现跨越这种全球/地方划分的文化关联问题：例如，他与霍尔登在欧洲的游学确定了一种详细的设计语汇，将国际现代主义与更为本土的伦敦砖砌传统相结合在一起，因而跨越了国界，以恰当的方式与世界城市，也与直接的"家乡"魅力联系在一起。

地铁的故事还提供了建构文化景观的经验，利用它来建立对增强的赋权层面的认同感。正如我们所看到的，我们总是关注有根基感信心的建立和与未来开放而乐观的关系之间的平衡。地铁的故事清楚地证明了适宜的平衡必须依赖于设计情境中更为广阔的背景。比如在实践中，皮克对整个系统使用的"总体艺术作品"方法，其中潜在的极权主义味道被伦敦自身所具有的相对微弱的总体场所－认同抵消了。很多人感到伦敦是"很多村庄构成的城市"，这种方法只是有助于把它们联合在一起，而不是使人们感到自己在一个总体的机器中无足轻重。

相反，系统潜在的空间结构和以贝克的图标式地图——国旗在地铁中的等价物——建立了强大的总体认同感，抵消了后来总体艺术作品从关注作为整体的系统到关注单个车站的转变。关注点从整体到局部的转移并没有将系统瓦解成无人做主的一盘散沙，根本就没有"我们"的感觉，而只是深化了赋权的信息："小处着手（small things matter）"，这种想法被长期贯彻下去，比如通过提供建筑上的画框，使绘图与建筑融为一体，而不仅仅是"贴在上面"——这在地铁的文化景观方面起到重要作用。

在设计的各个层面——从过程到产品、从使用到意义、从空间结构到表面细节——在文化景观是如何为我们所有关键的认同建构议题提供原始素材方面，地铁的故事有经验可循。或许与我们此前的案例研究不同，这些思考的最初的出发点是在过程层面：尤其是尝试详细调查使用者对试验性设计理念的反馈。很明显，这些思考应当进一步探究，以了解这种使用者参与的方法如何能发展得更为彻底，而这正是我们下一章将要研究的问题。

注释

1 Cherry, 2000, 27.
2 Ibid., 28.
3 Cited in Bain, 1940.
4 *Times*, June 14, 1879.
5 Blumenfeld, 1930.
6 Gray, 1978.
7 Hueffer, 1907.
8 Radford, 1906, cited in Dyos and Wolff, 1973; Vol. 1, 300.
9 Barnes, 1981, 33.
10 Cited in Edwards and Pigram, 1986.
11 Hall, 1994, 13.
12 Ibid.: for further discussion of London Suburban dreams, see Bentley, 1981a,b.
13 Cited in Douglas, 1963.
14 Cited in Barman, 1979, 45.
15 Barman, op.cit., 29.

16 Hall, 1994, 12.
17 Church, 1928.
18 Cited in Barman, 1979, 32.
19 Ibid.
20 Pevsner, 1942, 32.
21 Cited in Barman, 1979, 118.
22 Ibid., 135.
23 Ibid., 137.
24 Ibid.
25 Ibid., 138.
26 Ibid., 138–139.
27 Saint, 1996, 24.
28 Rasmussen, 1990 (1928), 15–21.
29 Hall, 1994, 12.
30 Ibid., 13.
31 Ibid.
32 *De Profundis*, September 1940.
33 For discussion of Moore's drawings, see Sylvester (ed.), 1969 (1944).
34 Cited in Saint, 1996, 32.
35 Cited in Oliver, 1996, 35.
36 Oliver, 1996, 35.
37 Vine, 1991.
38 Oliver, 1996, 35.
39 Saint, 1996, 32.
40 Oliver, op.cit., 37.
41 Ibid., 39.
42 For more on Jubilee Line, see MacCormac and Stevens, 2002.
43 Bandolini, 1996, 5.
44 For a "cool" account of these pressures, see Bentley, 1999, Part 2. For a "hot" one, see Davis, 1990.

第5章

红色的博洛尼亚

在上一章中，我们研究了市场运作与设计的技术范畴，F·皮克和C·霍尔登用来整合碎片化的地下铁路系统，并且在此过程中增进了场所认同，将伦敦形态各异的部分维系在了一起。除了“艺术国度”的市场与设计工具，皮克和霍尔登也把地铁乘客和工作人员作为“在地专家”来咨询，为建构新的意象，制造更为可读而宜人的旅行经验提供信息。

在自由共产城市博洛尼亚，自20世纪50年代以来，为了保存和修复城市历史中心，这种在场所－认同建构过程中对“在地专家”的利用更为深入，它通过地方官员、专业设计者和本地居民之间的创造性合作关系而实现。本章中，我们将探讨如何通过这种合作关系，想象社群和文化景观相互交织，导致博洛尼亚的场所再造计划中保护实践的革新（图5.1）。

首先让我们解释一下这些场所－认同观念产生的历史与政治背景。在根本上，博洛尼亚城市形态的形成受到地形的支撑。博洛尼亚是艾米利亚－罗马涅（Emilia Romagna）省的首府，位于意大利的南北交会点，横跨伊米利亚大道（Via Aemilia）[1][1]。由于商业活动的优越位置，它成长为罗马的一个重要中心，史称Bononia，历史中心被三段城墙环绕，在源远流长的形态学结构中，格网的布局依旧可见。两条罗马主街——纬途（decumanus，东西走向）和经途（cardo，南北走向）——仍然是今日博洛尼亚的首要的街道：Ugo Bassi-Rizolli大街（即伊米利亚大道）和Azeglio Galliera-val d' Aposa大街。

城市经济和人口的快速增长始于11世纪，大小扩展为最初的6倍。[2]在现存的法律学校的基础上，博洛尼亚成立了欧洲第一所大学，强项是法律研究。

1164年，博洛尼亚的市民加入了伦巴第同盟，一个意大利自治城市的联盟，城市历史学家方蒂（Fanti）和苏希尼（Sussini）[3]把这种政治联合上的转变归因于许多法律教师与学生的存在，他们渴望一个更为民主的城市行政体系。1256年城市容纳了5万居民，财富的增长为大型建筑计划奠定了基础。城市本身被三段连续的城墙围在里面，最晚近一个的是7.5公里长的多边形，约180个塔楼与要塞不仅提供了有力保护，也成为博洛尼亚的视觉标志，一个关键的场所－认同要素（图5.2）。

---

[1] Via Aemilia，北意大利平原上的一条古罗马大道，从亚得里亚海边的里米尼一直延伸到波河上的皮亚琴察，于公元前187年修筑，在里米尼通过Via Flaminia大道通往罗马。——译者注

图 5.1 博洛尼亚的形态分层

在三段中世纪城墙里面，城市的空间结构继续被街道和街廊组成的一套格网系统所界定，运河与之交叉，其水流产生动力，运输、供水和排水支撑着城市中地方制造业的运转，主要是面向图书与手稿的造纸业。直至今日，这一中世纪的形态学结构仍旧在场所－认同方面起到重要作用（图 5.3）。

1200—1203 年间，博洛尼亚公社开展了一项重要的城市设计干预，即马焦雷广场（Piazza Maggiore）的形成（图 5.4a）。13 世纪的时候广场扩大为城市主要的露天剧场，狂欢节、赛马会和重大政治事件都在此发生。[4] 自中世纪以来，广场代表了城市的集体想象社群。

今天，定义了城市空间西半部分的关键建筑是圣彼得罗里奥（San Petronio）巴西利卡，于 1390 年开始建设，从来也没有完成过。按照当地历史学家的说法，[5] 巴西利卡一直都作为地方权力的象征，通过建筑不寻常的尺度来表达：132 米长，57 米宽，44 米高的中殿。[6] 九级长踏步把入口抬高到广场平面之上，建筑抬起的位置也强调了巴西利卡的重要性。巴西利卡对面是行政首长宫（Palazzo dei Podesta），坐落在一块自治城市在 1200 年购买的场地上，当时为了建造自己的办公场所（图 5.4b）。中央塔楼阿伦戈塔（Torre dell' Arengo）建于 1212 年，连接到后面的安佐国王宫（King Enzo' s Palace），在广场的东侧，作为地标象征着城市的权力。广场北面是市政厅和公证人大厦（Hall of Notaries）。最后，南侧被一座优雅的拱廊建筑所界定，它建于 1412 年，其名称银行大厅（Palazzo dei Banchi）说明了底层的活动：

图 5.2　博洛尼亚的中世纪塔楼

银行家和放债者在拱廊下有自己的摊位。建筑在 1563—1568 年间由维尼奥拉（Vignola）修复，一个优雅的新立面把几所早期的建筑统一在一起，但留下了两个拱形通道来联系广场与罗马及中世纪时期街道的复合体。

还有许多其他历史建筑类型也丰富了城市的鲜明特征，11 世纪类型学上最重要的新奇事物是柱廊（图 5.5a 和图 5.5b）。据估计，它们连在一起有 75 公里长。柱廊是作为私人构筑物来建造的，支撑着公共走廊上部的房间，为住户提供了额外空间，并满足了大约 2000 名学生的住房需求。根据历史学家 C · 德安吉利斯（Carlo de Angelis）的说法，“中世纪住宅的底层往往是工作室和小商店，尽管在柱廊中建造永久性构筑物的人会受到严厉惩罚。白天，如果空间留给步行者，就会允许小手艺的存在”。[7] 存留下来的最古老的柱廊之一是马焦雷大街（Strada Maggiore）上桑吉内蒂宫（Palazzo Sanguinetti）的柱廊，至今仍构成重要的地标。

材料在这儿同样重要。早期的中世纪建筑是木结构的，但防火的问题导致了木头逐渐被当地红土制成的红砖取代，而从罗马废墟中再利用的石头则用于更重要的公共建筑。建筑的红土砖色彩，高塔和柱廊对红色博洛尼亚的认同起到了强有力的作用。

城市建筑的第二次重要潮流产生于 14、15 和 16 世纪，特别是受到本蒂沃利奥（Bentivoglio）家族的影响，他推动了大型城市建设计划。自 16 世纪以来，市议会颁布了所有新建的柱廊必须用砖或石头建造的法令。这导致了新建筑的建设与居民的

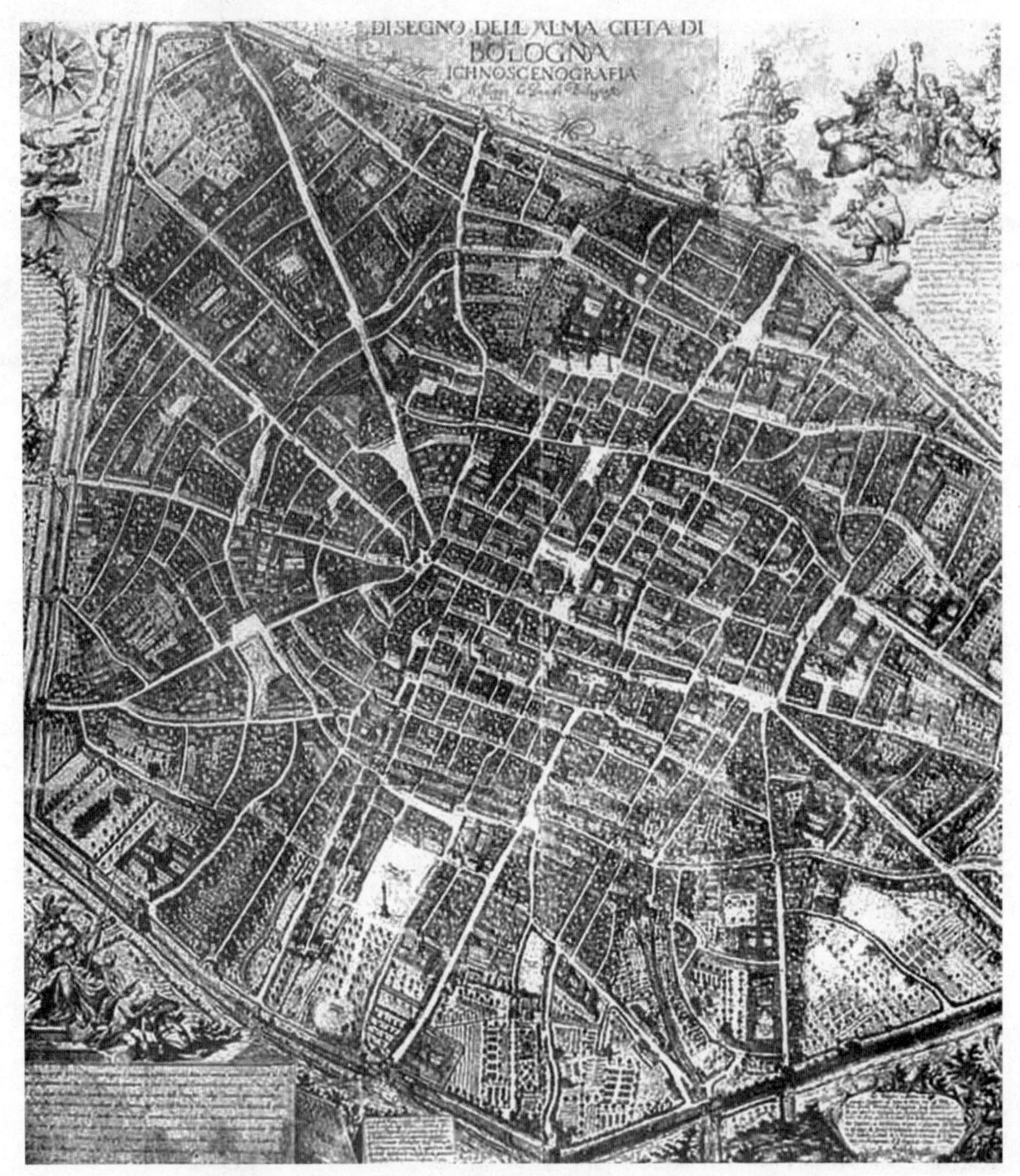

图 5.3　博洛尼亚中世纪的平面

图 5.4　（a）博洛尼亚马焦雷广场，包括圣彼得罗尼奥巴西利卡和银行大厅；（b）行政首长宫和阿伦戈塔，建于 1212 年

图 5.5　（a）博洛尼亚的老柱廊；（b）马焦雷大街上的桑吉内蒂宫

社会－经济地位与职业有了紧密联系，进一步地改变了城市的形象（图 5.6a）。

1553 年[8]，罗马天主教的宗教裁判所来到了博洛尼亚，把犹太家庭驱逐到犹太人聚居区，在那儿他们经济上和社会上都苦难重重。[9] 虽然相隔数世纪，但我们从此仍可以看到与我们在 19 世纪的布拉格遭遇到的想象社群同样的消极方面。往后，我们将看到博洛尼亚更为晚近的修复计划中如何处理这些负面的历史压力。

19 世纪有很多阶级冲突，但从 1889 年开始，内部的抵触已经平静下来，复兴的努力转变为城市肌理的改善。按照 R · 斯坎拉维尼（Roberto Scannavini）的说法，1889 年规划的批准和 1902 年第三段城墙的拆除，开始了后统一城市（1861）的第四次而且是最后一次形式的添加。环城大道，公共花园（Minghetti 和 Cavour），观景楼（Bosco 的圣米歇尔山上），法国风格的城市扩张（1870 年的 Farini 大街，1875 年的独立大街，1909 年的 Ugo Bassi 大街）以及公共花园的小公馆，这一切都证明了博洛尼亚的现代化转变（图 5.6b）[10] 而基础设施的规划受到奥斯曼理念的影响，以适应工业的快速增长，保护也聚焦于历史纪念物的修复。

博洛尼亚二战之后的一段时期，就像许多其他意大利城市一样——尤其是北方城市——在两次战争之间法西斯统治了一段时间，进入了一个经济与政治的转型期。涉及城市政府的政治重建的重要问题，包

图 5.6　(a) 博洛尼亚的柱廊; (b) Ugo Bassi 大街，背景是 Garisenda 塔和 Asinelli 塔

括战后初期阶段能够感受到的腐败与土地投机，以及城市历史中心的巨大转变，很多历史建筑被推倒，无须任何许可。[11] 意大利人不得不向他们动荡的历史，以及墨索里尼法西斯政府的负面影响妥协。通过国家的、区域的与地方的行政结构，艺术、文学和电影中开始出现对意大利民族认同的重新定义。

意大利战后初期的城镇规划实践没有很好地发展，直至 1942 年大部分规划决策都依靠中央，地方行政部门几乎没有任何权力。法西斯统治期间禁止了任何欧洲其他地方发展起来的城镇规划思想。因此包括博洛尼亚在内的很多意大利城市在应对战后重建时都困难重重。[12] 自由左翼的共产党一战前首次执政，但成为法西斯主义的牺牲品，因而在 20 世纪 40 年代和 50 年代必须努力拓展其势力和影响范围，目标是分解城市的某些政治与行政功能，引入基于地方管治（local governance）的公众参与的民主决策体系。这些思想对博洛尼亚并非完全新颖，因为它早在 11 世纪就建立了最早的自治城市。

战后的第一个规划是 1948 年的重建规划，称为 Piano di Recostruzione。[13] 包含了被轰炸所破坏地区的重建建议，但未能应对未来的城市增长和基础设施需求。城市的快速增长发生于 20 世纪 50 年代，很大程度上牵涉意大利南部较贫困地区移民的流入，他们寻找更好的工作与居住机会。

1958年新的规划批准了，基于1889年和1937年的总体规划，当开始实行时已然时过境迁。另外，虚弱的财政与实施机制意味着博洛尼亚将以无规划的碎片方式继续蔓生，没有恰当的基础设施供给。同时由于制造业的倒闭，工人阶级家庭从其历史上的邻里关系中被赶出，博洛尼亚的历史中心也处于社会与经济的衰退之中：一种城市人口在空间上的重新分配，人们称之为意大利城市的“洗劫”[14]，很大程度上归因于城市中心区的土地投机和对历史建筑的非法破坏。

为了与这些问题作斗争，人们提出了许多新提案。首先，失业的蓝领工人开始组织小型工商企业，给城市经济带来非常积极的影响。S·帕克（Simon Parker）说，这些新的工人－企业家“后来为社会－共产主义的亚文化和多产的中产阶级之间带来了至关重要的联系”[15]：那就是一个新的想象社群。其次，许多农民成为共产党成员，“在工人和小生产者之间形成了联合。”[16]

博洛尼亚共产党在市长朱塞佩·多扎（Giuseppe Dozza）的领导下欣欣向荣，他掌控着一种自由形式的共产主义和高效、正直、富于创新精神的地方政府：很多社会建筑计划得以实施，博洛尼亚拥有了新的医院、学校、游戏场所和享有政府津贴的公交系统。城市组织成18个地方邻里自治会，称为“议事区”（Consigli Quartiere），每一个代表了约3万居民，其成员都是民主选举出来的。城市历史中心区有4个自治会，总共代表了约8万居民。[17]新的城市行政部门管理城市规划的所有功能，任命了两位首席专家：L·贝内沃洛（Leonardo Benevolo）作为城市规划师，P·L·切维拉蒂（Pier Luigi Cervellati）作为城市建筑师。[18]

20世纪50年代后期发展起来的所有城镇规划与管理政策都在1960年的总体规划中定形并得到巩固。规划的关键目标是反对土地与住宅市场的投机获利，加强公共住房手段的作用，改善低收入者与工人阶级的居住条件，在大都市区通过控制工厂的选址、维持农业用地、保护城市中心的历史遗产来重新平衡发展方向。[19]

为了达到这些目标，城市管理部门采用了三条途径：一个公共住房计划，一个服务布点计划和一个新的土地控制系统。城市范围内的低收入者的住宅供应受到关注，而不是象意大利其他城市在郊区的惯例。新的住房政策叫做“经济与大众住房规划”（PEEP, Piano di Edilizia Economicae Popolare），20世纪60年代初就已着手准备，在城市为住房及公共设施如学校、医院以及社会文化中心等获得土地时投入使用。虽然城市不能解决所有的住房问题，因为住房基金为中央政府控制，但F·邦达林（Francesco Bandarin）声称，在20世纪60年代博洛尼亚是“意大利唯一的在靠近城市中心存有大量新建公共住宅的城市”。[20]1968年博洛尼亚按照大都市区规划，实施了一项更为均衡的城市增长策略，减缓了乡村向城市的移民。大都市区规划也包含了重塑交通系统、土地控制和历史核心区功能转换的策略。

除了控制新的城市扩张外，历史核心区的保护与再生在城市管理机构和地方邻里自治会的议程上都非常重要。保护与再生的动机是“旧城不仅仅是一种集体表达，还是其居民的财产”的信念。[21]再生计划成为自觉的行动，保护意味着城市重新为社会所享有。

这一社会共享的概念不仅仅受到政治上的驱使。当时意大利有很多意识形态的东西与意大利新现实主义的文化作品相联系。社会边缘化与剥削的主题生动地表现在新现实主义电影中，描写都市生活的名作如R·罗西里尼（Roberto Rossellini）的《罗马，不设防的城市》（Roma Città Aperta，1945）和德·西卡（Vittorio de Sica）的《偷自行车的人》（Ladri di Biciclerre，1948）。[22]A·摩拉维亚（Alberto Moravia）和G·巴萨尼（Giorgio Bassani）的写作主题集中于工人阶级以及他们为生存的挣扎，从中也可以发现类似的素材。意大利北部城市肮脏的住房和荒凉的郊外也被A·拉当达（Alberto Lattanda）捕获在其摄影作品中。

城市规划师与建筑师也开始研究类似的概念。据彼得·罗（Peter Rowe）所说，"在建筑中，新现实主义也被认为是一种恰当的方法，与战后横扫意大利的民运视为一体，并以熟悉的、平常的方式创造居住环境"。[23] 这在总体发展布局中完成，既尊重了地形，也反映了古老乡村城镇的建筑实践，类型学指涉了传统的建筑结构：坡屋顶、粉刷的墙面、百叶窗等。[24] 这种住宅设计既用来吸引未来的居住者——来自乡村的年轻家庭，也打造了一种从通俗文化的传统渊源到高雅艺术的跨文化性，正如我们在布拉格和普雷尼克在卢布尔雅那的建筑中所看到的。

值得一提的是新理性主义建筑运动坦丹萨（La Tendenza）的影响，他们反对投机发展的趋势。按照K·弗兰姆普敦（Kenneth Frampton）所说，坦丹萨的领导者们希望"把建筑与城市从巨型城市无孔不入的消费主义力量的蹂躏中拯救出来"。[25] 一些建筑理论家，如M·塔夫里（Manfredo Tafuri），把抢救历史城市视为一种革命行动，由此建筑和城市规划可以改变国家的社会－政治秩序。同时像A·罗西（Aldo Rossi）和G·格拉西（Giorgio Grassi）那样的建筑师着眼于建筑与城市规划理论的发展，推动了新的分析、分类和设计的方法，根植于过去却也回应变迁与日常需求。另外，建筑师与规划师开始推进新一代的城市规划，尊重现存的形态学结构，同时适应新的需求。他们支持采用为使用者熟知的建筑与城市规划策略，因而就像彼得·罗所见："能够激起感情，广受欢迎"。[26]

新现实主义同样扎根于传统和参与性的城市建设实践，加强了文化、居所与个人之间的亲密关系，从而强化了特定类型想象社群的建构。M·里多菲（Mario Ridolfi）等人开始评述传统建造技术，来帮助修复工程中的建筑工人和手艺人。这些研究导致了城市形态学中意大利学派的发展，其领军人物是S·穆拉托里（Severio Muratori），G·卡尼吉亚（Gianfranco Cannigia），L. 贝内沃洛，P·L·切维拉蒂和A·罗西。[27] 这种途径建立在城市能够通过其物质形态要素来阅读的看法之上。这些要素能够在不同分辨率的层面上分析：建筑，地块单元，开放空间，街道/街廊系统，总体聚落形态以及区域。

除了这些物质层面，形态学者主张理解城市形态的社会－经济和文化方面，以及它们在时间中的变迁方式同样重要。意大利这一方法的主要倡导者S·穆拉托里也提出了"操作的历史"（operational histories）的概念，它建立在理解城市形态与建筑的时间之间的关系之上。同样重要的还有城市肌理（tessuto）的概念：典型的总体样式，显示了土地细分、地块和街道之间关系，以及建筑与开放空间的组织及其相应的使用模式。典型肌理由形态学要素构成，或建成于同样的时间段，或从属于同样一套形态学规则，意大利形态学者使用它们既为了分析，也用于设计。[28]

G·卡尼吉亚进一步发展了意大利形态学派的思想。他提出了“过程类型学”（procedural typology），聚焦于建筑类型的分类，其起源和转变随时间而变化。当一种新的建筑类型形成时称为“引导类型”（leading type），引导类型可以随着时间被改变，成为“变化类型”（mutation type）（图5.7）。建筑类型及其和城市肌理的关系对于理解时间中的场所－认同是至关重要的，卡尼吉亚认为建筑类型是“城市形态的基本根源”。[29]这一概念允许建筑师利用传统肌理和类型学的参照作为建构新类型或变化类型的思想源泉。新现实主义者和形态学者采用这些设计方法，努力去营造一种对抗疏离感的手段，他们把这种疏离感和国际现代主义风格的设计联系在一起。

这种对于博洛尼亚历史中心区，它的市民，以及它所继承的建筑形式的态度一旦树立，下一步就要进行城市演变的系统分析，产生城市建筑要素的一份详细清单。[30]采用上述的形态学与类型学分类方法，1962—1965年间进行了历史建筑形式的系统研究。这一庞大的任务得到了博洛尼亚的城市规划师、“意大利最卓越的规划师和建筑历史学家之一”[31]的L·贝内沃洛的合作，由知名建筑师与规划师，如城市建筑师P·L·切维拉蒂，G·卡尼吉亚和R·斯坎纳维尼组成的工作小组协助他。首先，他们分析了总体的城市平面，用很多形态学地图来呈现，它们包含着关于博洛尼亚的总体空间结构在几个世纪的城市建设过程中如何形成的重要信息（图5.8）。这些形态的分层显示出古代的格网布局几乎没有随着时间发生改变。这样总体的城市平面就是一个重要的根深蒂固的结构，一个把很多建筑类型结合在一起的骨架，因此急需在任何新的对城市历史核心区的干预中保持其形态。形态学地图也包含了城市服务与基础设施的信息，肌理形成的时期及其随时间演变，典型土地利用，以及特定邻里单元的社会－经济轮廓的信息（图5.9）。

除了这些总体的形态分析，他们也分析了单体建筑与开放空间，采用G·卡尼吉亚的类型形态学分类方法，识别了四种主要的类型学种类和亚类：

—A类包括大型建筑类型，称为“容器”（contenitori），包括女子修道院，宫殿，以及具有很大潜力来容纳公共设施，如学校、剧院、图书馆及其他功能的工业单元。

—B类包括庭院综合体，建筑为10—20米深，底层为混合使用的开发。

—C类包括临街面狭窄，进深很深的私人建筑（4米，8米或10米宽），专家们把它视为公共住房计划的潜在资源。

—D类包括较大型居住建筑，适合较大的家庭或为私人产权（图5.10a和图5.10b）。

各种建筑都从其物质条件、社会－经济潜力、所需要维修的等级与类别，以及潜在的功用等角度来分析，得益于L·贝内沃洛教授，所有这些方面都结合在一起，构成了城市更新的方法论。根据F·邦达林所说，“贝内沃洛提议的基本概念是建筑类型，和立面或建筑风格一样，是需要作为历史遗产的一部分加以保护的一种特性。”[32]他们也同样关心硬质的和绿色的开放空间，认为它们对博洛尼亚市民的日常生活非常重要。然后每一组类型及其类型学上的次级组成部分都被转译成建筑编码，用于形成特殊的修复建议。

一旦形态学要素被专业团队描述与分析，就有必要识别哪些在场所－认同方面

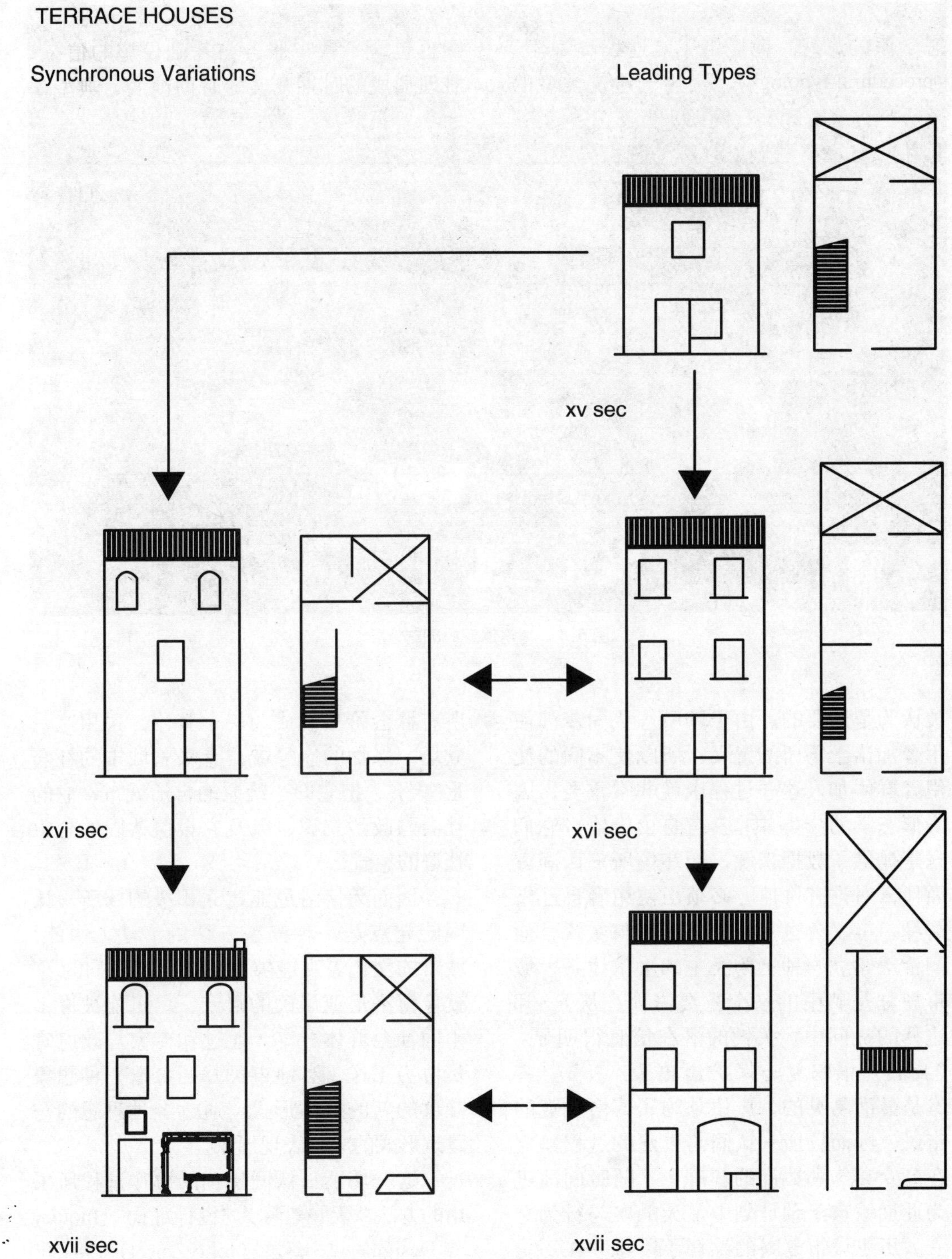

TERRACE HOUSES

Synchronous Variations

Leading Types

xv sec

xvi sec

xvi sec

xvii sec

xvii sec

图 5.7　博洛尼亚引导与变化类型的一种类型学分类方式

图5.8　博洛尼亚的历史分层

被认为是重要的。由于场所－认同牵涉使用者加诸于场所的意义，所以使不同的使用者群体加入这一过程中就非常重要，因为形态学的分类并非具有自由价值。它们只是提供了数据来源，而在场所－认同方面什么对谁有价值，必须由使用者自己来解释。市议会也支持使用者参与实践，他们希望建立一种更为民主的决策体系，城市规划是其中的一个重要方面。从F·邦达林的提问中，关键的潜在信息很明显："我们为谁修复与保护历史遗产？"[33]答案是显而易见的，应该是为了博洛尼亚的市民。因而场所－认同与重建的过程建立在公众参与和协商的基础上，随时间演进为近期城市干预计划中最大的参与行为之一。历史城市复兴的综合手段建立在历史城市是其居民的集体财产这一假设之上，所有社会阶层都成为一个整体。采用这一立场，保护的途径就"意味着城市的社会重享"，[34]把它归还给它的自治城市，它的社会与政治意识，以及它根深蒂固的想象社群的感觉。

因而为博洛尼亚建立积极的场所－认同的起点是一种涵盖一切的方法，由此，城市的文化景观能够被认为是"我们的"：就像博洛尼亚居民的财产，尽可能被许多不同社会群体分享。通过和专家与政府官员协力工作，当地市民开始打造一种想象社群的新的整体形式，通过各种思想的与建筑形式的素材表现出来。

这一场所－认同建构的协作过程所采用的方法今天一般称为"设计征询"(Inquiry by Design)，J·蔡瑟（John Zeisel）1981年如此定义。[35]这种方法中，设计方案由不同

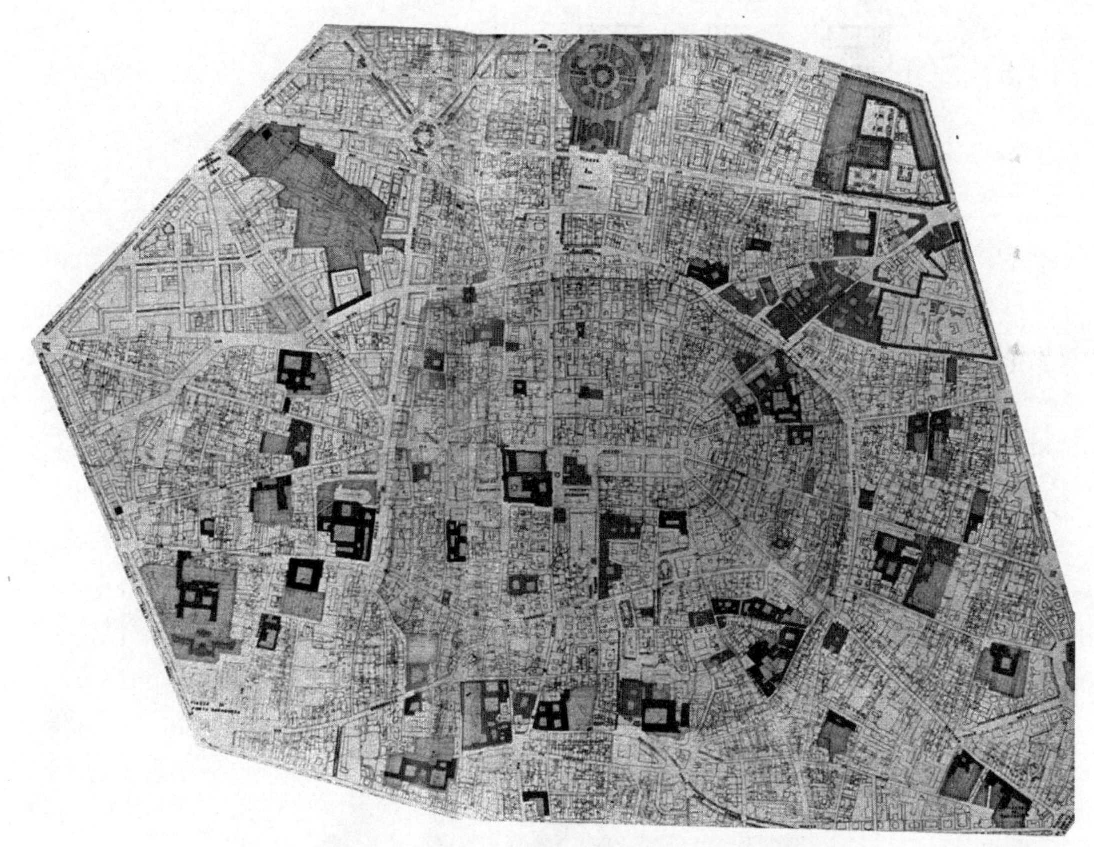

图 5.9　博洛尼亚的一份分析记录的清单，显示出重要纪念物的位置

的使用者群体来验证，通过各个阶段的淘汰，共享的与互相支撑的方案作为共同的愿景得到发展。然后这些共有的愿景构成了推动实施策略的起点。

这一场所－认同的协同过程最重要的方面涉及与自然的关系，在干预的两种不同尺度上着手。在微尺度上，对自然的积极态度通过很多"微型绿洲"[36]来表达，它们散落在屋顶、庭院和城市，以及邻里公园之中。大尺度涉及带有紧密组织的街道序列与建筑的紧凑城市形态，及其与地形和自然景观要素之间的关系。尤其重要的是围绕着城市丘陵，因此保护它们就有很多重要意义。首先，丘陵为城市发展的扩张提供了一定程度的保护。其次，丘陵象征着城市与乡村社群之间的重要关联：它们长满树林或者种着各种庄稼，为博洛尼亚市民提供了丰富的产品供给。丘陵也构成了亚平宁山脉的山脚：一个特别保护的风景区，由草地、树篱、农庄和葡萄园组成，满是当地植物与鸟类，并有丰富的地下水系，汇入雷诺河（river Reno）。假如没有这一丰饶的自然供给，城市生活将会变得贫苦（图 5.11a 和图 5.11b）。为了保护这种"自然－城市的合作关系"，1968 年批准的新的大都市区规划叫做"博洛尼亚大区规划"（Piano Intercomunale Bolognese），促进了对艾米利亚－罗马涅地区城市扩张的

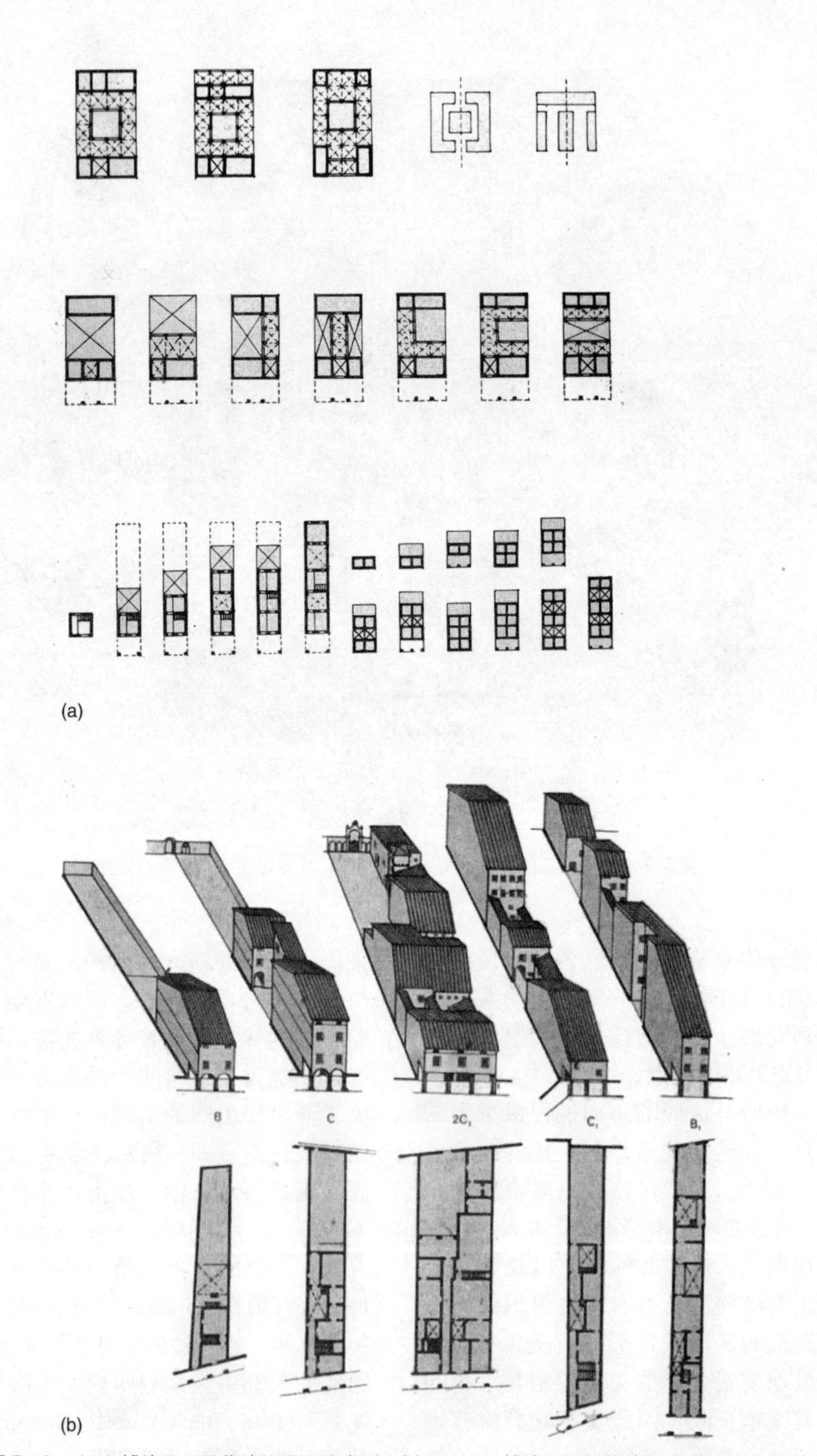

图 5.10　（a）博洛尼亚居住建筑平面的类型学划分；（b）博洛尼亚居住建筑类型的三维分类

防止与保护。规划覆盖了17个行政区，总共70万居民，390平方英里的面积。

场所－认同的第二个重要方面是城市本身的文化景观，体现在其总体形态和空间序列之中。我们已经了解到博洛尼亚的历史核心区如何在时间中成形，如何与自治城市的社会－文化和政治生活联系在一起。这些深入的联系在重新定义博洛尼亚居民、商人、学生、教师及其他游客的想象社群时变得非常重要。通过与社区代表的定期磋商与磨合，城市的总体空间结构被重新定义。虽然大部分讨论都在地方邻里自治会进行，但城市范围的场所－认同方面则在城市主广场——马焦雷广场进行。1966年讨论主要的策略时，约15万博洛尼亚市民参与并展示了想法，[37]后来又在市政厅和地方议会中进一步地讨论。

为了克服专家与使用者之间的隔阂，专家们准备了邻里街廓的大尺度模型和轴测图，以利于和居民、商人等“在地专家”讨论关于单个街道和建筑所需的干预类型时，能更充分地传达信息。专家和使用者一起增进了一种共同愿景，一个开放而乐观的想象社群，根植于过去但并不僵化，为尽可能多的博洛尼亚人的日常生活提供了宽泛的选择。这种使邻里再生的包罗广泛的参与途径也使以前犹太人聚居区的居民参与其中，纠正了1553年被边缘化和被禁闭的人的残酷宿命，如此不至于扰乱城市的其他部分（图5.12a和图5.12b）。

诸多的讨论之后，对城市的关键性提议于1966年被官方采纳。进一步的研究导致了明确13个复原项目的指定与干预的方法。这些想法统一在一个历史中心区的总体规划中，名叫“历史中心区经济与大众建设规划”(Piano per L’Edilizia Economica e Popolare/Centro Storico)，[38]于1973年批准。随着新的住房改革、投资与法律机制的出现，城市议会、专家和居民开始通过三种干预方式实施这一规划：修复具有重大历史价值的纪念物与建筑，更新与保护城市肌理和建筑类型，重建无法保护的建筑。一些毁坏的建筑没有就地恢复，为的是在城市中创造更多的开放空间，很多都是城市中的庭院。13个最初选定的规划区叫做城市专区（comparti urbanistica)，实施过程的第一阶段选择了其中的五个，因其类型上与社会上的同质性，或者因为它们在历史方面总体上的重要性。

为了实施修复规划，博洛尼亚设立了一种合作形式的管理结构。它基于几项重要的原则。首先，所有项目变为集体所有，带有明晰的管理结构，以及公共与私人的责任。其次，确保这一集体的每个成员都有一套单元住宅可供居住。第三，保证每个家庭平等的租金。另外，一些维修工作从收来的租金中支付，其余的——大约80%的修复费用——由城市议会支付。修复建筑的合作体系与集体所有权的建立给了成员们房屋租赁一定程度的弹性。为了满足单个家庭需求的变化，居民可以从一处租赁的地产搬到合作体系内部的另一处。地方邻里自治会同样负责批准修复的预算，负责商业活动的管理以及社会、文化、教育与卫生设施的管理。

但这一切如何实际运行呢？为了理解文化景观和社群意识形态如何生产一种特殊类型的想象社群，并强化博洛尼亚的场所－认同，现在让我们系统研究一下局部修复的历史核心区。通过这一协作的磨合过程，我们将讨论D·诺维茨（David Novitz）[39]所说的参与性艺术和欣赏性实践的建构。这种艺术的最佳理解需要通过动觉的空间体验——穿过城市的旅程——因

图 5.11 （a）博洛尼亚全景；（b）博洛尼亚屋顶上的微型绿洲

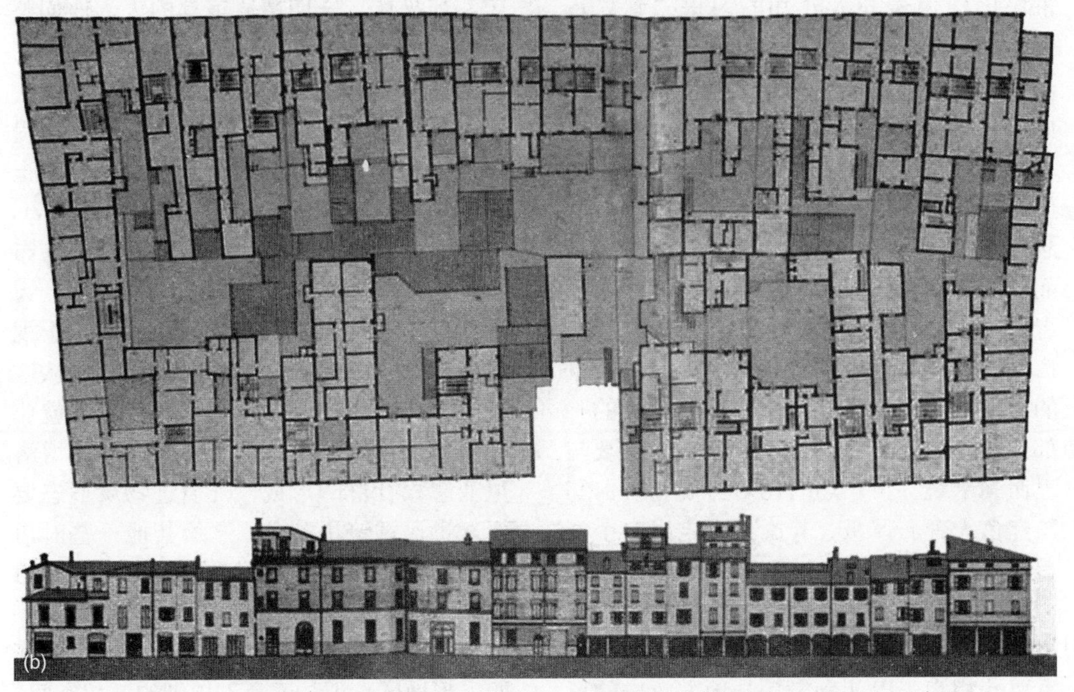

图 5.12　（a）邻里修复方案的展板与模型；（b）马焦雷大街修复方案的一段平面与立面

为那时观看者身体上卷入了艺术作品，心智上参与到对街道、空间和建筑要素所呈现意义的探讨之中。

我们旅程的起点是核心空间马焦雷广场。我们已经说明了这一空间是如何形成的，自从其1200年建成以来如何在博洛尼亚市民的日常生活中扮演了关键角色（图5.13a）。广场位于历史核心区的中心，今天它的形状是一系列连续变迁的结果。空间携带了诸多历史含义，从古代到当代。尤其是更为晚近的过去，并非所有联想都是令人愉快的。因而该场所浸透了强烈的感情色彩，很多遗迹建成拱廊联系的步道，令人想起城市动荡的往昔。

今日的广场已经步行化，用于各种日常或特殊功能，用于周日和晚间上上下下地闲荡，用于音乐会和政治辩论，或者用于儿童跑来跑去地玩耍。博洛尼亚市民仍然说着众人熟知的习语“到广场去”（andare i piazza），每天来到广场闲荡（passeggiata）。[40] 当路人闯入广场，他们“仰望”巴西利卡，仰望圣彼得令人难忘的巨大马赛克形象，它们带着类似于我们在第一章中讨论的布拉格国家博物馆联想到的信息。另一方面，踏步提供了有趣而舒适的平台，很多人当作交谈的角落或者瞭望台，看着世界在面前经过（图5.13b）。广场的中央区域微微抬起，给人舞台布景的印象，最近整个空间作为修复计划的一部分已经重新铺砌。[41] 铺地的设计首先要与巴西利卡统一，广场的色彩方案是灰白与粉红色大理石厚板，其次要界定出一个涵盖各种范围的活动区。

广场的墙面由近期修复的重要公共建筑构成（图5.14a和图5.14b）。市政厅的重要性相当于巴西利卡，是地方政府的所在地。[42] 在入口大厅中人们可以看到城市的巨幅轴测图，像是在提醒人们为改善城市肌理和市民生活质量所做的努力。市政厅和行政首长宫界定出一个小空间，海神广场（piazza del Nettuno），由教皇朱里奥二世（Julius Ⅱ）建造于1564—1566年间，用来展示佛兰德雕塑家J·布洛涅（Jean Boulogne，或者Giambologna）的大型海神雕像，放在帕勒莫的T·劳雷蒂（Tommaso Laureti）设计的喷泉顶端。围绕着喷泉的踏步被用作休息场所，整个雕塑综合体在功能和视觉上带来一种被围合在广场中的感觉，把热闹的Ugo Bassi大街从较为安静的广场空间本身分离出去。

继续我们的空间序列，我们进入了“四方形地区”（Quadrilatero），由于店铺的数量及其销售的商品种类，人们称之为“博洛尼亚的胃”。这一小街巷组成的迷津中“满是食品店、肉铺、奶酪店和鱼铺，面包店和糖果店，一切精通美食的人，他们整洁的橱窗装满了令人垂涎的食品。人们在这儿也可以找到熟练的手艺人，比如铁匠、卖明信片的以及布料商”。[43] 街道的名字提示人们所销售的商品类型：Clavature街上是锁匠，鱼贩以前常常在老渔场街（Via Pescherie Vecchie）上，而布料商过去在布店街（Via Drapperie）卖他们的物品。今天大部分街巷都卖多种多样的商品，富于视觉、听觉、触觉和嗅觉的感官体验。从这种丰富体验我们可以了解到，联系到就业和服务供给的创造性修复方案推动了博洛尼亚想象社群的形成，既通过物质形态要素，也通过使用模式。这给其他一些对历史核心区卫生化或贵族化的城市上了有力的一课（图5.15a）。

从商业广场（Piazza Mercanzia）离开四方形地区，那是一个不规则的开放空间，三条街道从此发散出去：维塔莱大街（Via

图 5.13　（a）修复后的马焦雷广场，用了米色和粉色的花岗石板；（b）圣彼得罗里奥巴西利卡细部

图 5.14 （a）市政厅与公证人大厦位于马焦雷广场的北侧；（b）从行政首长宫看马焦雷广场

图 5.15　（a）四方形地区丰富的地方特产；（b）马焦雷广场、维塔莱大街、马焦雷大道和圣斯蒂法诺大街视景

Vitale），马焦雷大道（Strada Maggiore）和圣斯蒂法诺大街（Via San Stefano）。卡斯蒂里奥内街（Via Castiglione）界定了四方形地区的边界，引入商业广场（图 5.15b）。它的名称与 1384—1391 年间修建的商业敞廊（Loggia della Mercanzia）有关：按照 R · 伦齐（Renzo Renzi）和 O · 桑焦吉（Otello Sangiorgi）的说法，“建筑是国际哥特式的瑰宝”。[44] 这座建筑同样也和博洛尼亚平民（comuni）事务有关，是他们的海关。建筑采用了博洛尼亚典型的红色石材，有力强化了城市独特的“红色”图像。商业敞廊以前叫做 Trebbo dei Banchi，意思是活跃的集会之所，因为有外国学生们在此交换各种国际货币。目前该建筑为商业、工业、手工艺和农业联合会所用，象征着城市商业及其乡村领域的紧密联系。

无论如何，这儿最显眼的建筑是两座斜塔：Asinelli 塔和 Garisenda 塔（图 5.16a）。97 米高的 Asinelli 塔是城市中最高的构筑物，由 G.Asinelli 建造，于 1109 年建成，就像留存下来的数百个中世纪高塔一样，是为了防御的目的建设的。12 世纪自治城市把它买下作为瞭望塔。Garisenda 塔只有它的一半高，“歪向南方”，[45] 因但丁的《地狱篇》而名世。如果人们登上 Asinelli 塔的五百级台阶，城市的风景真的是值回票价。我们从此可以看见整个城市，其形态要素的各个层次，代表了博洛尼亚文化景观建构集体的历史成就，它的想象社群与场所－

图 5.16 （a）Asinelli 塔和 Garisenda 塔；（b）大学区的拱廊步道

认同的今与昔。恢复的屋顶风景，建筑和公共空间意味着专家、政府官员和居民等为重获历史遗产费尽艰辛。

Asinelli 塔上动人的视景揭示出城市与其周围丘陵之间的重要关联。当我们理解这些风景，根深蒂固的场所－认同要素清晰展现在眼前。城市核心地区有着规则的格网模式，而相邻地区通过一系列放射的街道与中心相联系，形成了三角形肌理的序列。虽然在各个“切片”中的总体建筑纹理具有相当一致的高度，但邻里之间通过当地的小教堂和塔楼很容易区分，它们大部分现在都得以修复，为阐明城市的可读性与场所－认同提供了重要线索。

从 Asinelli 塔顶，城墙内的东片是一片真正的红土砖与绿化，笔直的马焦雷大街好像“峡谷”那样深切于其中。[46]

最近在场所－认同建构中使用形态学与类型学方法的痕迹在单个邻里与建筑修复方案中也同样明显。有几个干预性的项目已经完成，使用了G·卡尼吉亚的肌理研究和类型过程，我们前面曾探讨过。在城市肌理有根本改变的地方，单个地块的细分从历史地图上循迹并且复位，为的是恢复最初的土地细分模式。随后再次纳入相应的建筑类型来修复邻里的场所－认同，遵循了前面所说的“编码”的方法。社会－经济与人口概览也有所考虑以避免贵族化，“保存城市原初的文化特征”。[47] 即使像旧煤气厂那样的工业建筑也作为更具当代功能的办公和住宅再利用。P·L·切维拉蒂正在从事这项工作，按照他的说法，提出工业建筑非常重要，因为它们在场所－认同方面具有潜在作用。

F·邦达林说，邻里修复规划的总体意图是：

> 作为运作一个好的（方法上正确的）修复规划并保护住在历史中心区的工人阶级利益的意图的能力，并且由此成为一个城市社会、文化、经济和艺术特征整体保护的计划。[48]

假如没有一个协力的管理结构来控制所有权、租金、维护以及个人租户的地产分配，这种大尺度修复计划就不会成功，这一管理结构通过15—25年的合约来实现，确保了最初的想法的保留。

这里要研究的第一个邻里修复项目位于圣列奥纳多大街沿线，圣维塔莱大街和Trombetti大街之间，属于Dallo Studium al Fiera区，在大学区的边上。修复后的工人阶级住宅底层有拱廊步道，建筑刷成浓烈的红土色。木百叶窗把狭窄的三层建筑统一起来，形成了我们先前提到的“平常景观”的美好范例。此处我们亦可了解到当地对自然的态度，本地树种及石榴、杜鹃等其他植物为密布的建成形态肌理提供了丰富多彩、郁郁葱葱的质地。从附近的圣阿波罗大街（Via Sant’Appolonia）与Vianzzetti大街也可看到类似的修复作品。整个地区都充满了生活与日常的活力，表明了地方邻里行动计划的成功（图5.16b和图5.17）。

抄近路走到Zamboni大街，我们进入了大学区，城市的“拉丁区”，约10万学生之家，“他们一起在这儿用餐，往墙上贴传单，徜徉于专业化的书店和众多拥有古代与现代文化的博物馆中”。[49] 各种历史场所都得到了修复，容纳了大学、文化与娱乐设施。大学区的边上是古老的犹太人聚居区，建于中世纪时期，许多犹太家庭被从城市中心驱逐出来定居于此。如今，该地区和其他地区一样引人注目，从中我们可以看到博洛尼亚人如何以一种积极的建设性方式对待他们黑暗的往昔。如今，这一部分城区到处都是手工小店、作坊和餐馆。

还有两个邻里值得一提。第一个是马焦雷广场，Farini大街和圣多米尼克广场（Piazza San Domenico）南面，包括几条街道上修复的住宅。最有趣的是Mirasole和Miramonte大街上工人阶级和中产阶级住宅的混合，位于连续柱廊步行道的上方，柱廊容纳了当地的食品店、各种类型的手艺人以及服务性的建筑。修复的住宅上红土色的方案与木百叶窗通过物质形式再次强化了当地的场所－认同感（图5.18a和图5.18b）。我们可以从中看到“扎根于过去而不囿于过去”的原则如何巧妙地使用，那些条件相对较好的建筑也被修复，使用了与建造之初同种类别的建筑形式要素与细部。这类案例中改变了的是公寓与住宅的内部组织，为适应现代的需求而有所改善。另一方面，那些无法维修的建筑被新的建设所取代，它们建立在为单个街廓设立的符码之上。因而新建的房屋构成了变迁的类型，基于早期建筑却面向现代的需求重新诠释。这种对进步的“修复”态度在邻里的社会－经济与文化构成中也非常明显，允许旧的肌理因年轻家庭、专家与学生的使用而生机勃发。

同样有益的是穿过Marconi区的步行

图 5.17　圣列奥纳多大街上修复的房屋，靠近大学区

道，尤其是 Porta 大街及其周围的街道。各类拱廊步道携带着各式各样的建筑类型，支撑着居民丰富的社会－文化多样性。一系列的教堂、塔楼和小型邻里公园为邻里带来了一种社区兴旺的灵韵。所有这些邻里再生计划显示出的设计方法示范了通过城市主导空间序列所表达的总体上的集体场所－认同与通过地方街道、建筑类型与开放空间网络所表达的本地的场所－认同的关系（图 5.18c）。

最后，博洛尼亚城市中心复兴所采用的方法为场所－认同视角的文化景观设计，在各层次的文化含义上，提供了许多重要经验。首先，我们可以看到一种持续的与自然共存的愿望。在使用的层面上，城市街道马焦雷大街作为古代区域性道路伊米利亚大道的延续，我们了解到城市开放空间网络及其区域交通路线之间的一种紧密关系。城市与景观之间的联系也在大都市区规划中得到保护，规划是控制城市蔓延强有力的手段。丘陵地带及其动植物群和水道的保护对每个博洛尼亚市民的生存至关重要，同时在意义层面上，博洛尼亚山地的视景提醒了市民们乡村与城市的想象社群之间、人类与非人类物种之间的强有力联系。对自然的类似态度也呈现在微尺度的设计中，城市公园、邻里庭院和小型屋顶绿岛在紧密的城市形态中提供了呼吸

图 5.18　（a）Mirasole 大街上修复的房屋；（b）修复后的 Mirasole 大街视景；（c）Porta 大街上的住宅与店铺

的空间，居民可以在那儿小憩，儿童可以戏耍，同时这类空间还维持了许多非人类物种的存活。

第二个重要教训呈现在博洛尼亚现状文化景观的再利用上，它强化了一种有寄托的想象社群的感觉。在使用的层面上，城市格网与城市中无数的拱廊步道为不同社群提供了众多的相互遭遇的机会，位居核心的是马焦雷广场，重要的事件和无数日常活动发生于此。大大小小的街道微妙地区分了较为公共的和私人的邻里活动。各类店铺及其他城市功能对于保证很多城市街道的活力与安全也是重要因素。在意义层面上，各种形态学的分层，从城墙到无数的纪念物，为许多想象社群和场所－认同的演绎提供了意识形态素材的丰富来源，可读性的线索也带来了方向感。红色及其他泥土特征颜色的使用也强化了一种对独特的场所－认同的强烈感知，它根植于博洛尼亚的自然土壤，也带上历史与政治事件的色彩。

第三个重要教训涉及用设计去强化各想象社群的成员与其他社群和谐共存，既在总体城市形态也在城市管治的民主过程中突出反映出来。在使用层面，物质形式促进了居民与参观者相互遭遇，这通过开放空间网络和肌理致密的各种住宅与公寓类型系统来实现，巩固了不同想象社群的社会－经济与文化的结合。

这带给了我们关于社群赋权的第四条设计经验，在实践中由“设计征询”手段和设计的民主参与过程共同推动。而在意义层面，城市从而变为它的众多想象社群的集体财产，场所－认同和人类的认同在其中相互交织在一起。

博洛尼亚复兴采用的总的方法论表明了一种综合的途径，其中城市的形态学与类型学成分与经济文化方面结合在一起。总的过程由F·邦达林所说的“博洛尼亚规划的三副面孔”[50]来控制。第一副面孔包含在大都市区规划中，规划师把它作为一种控制城市增长的策略，协调整个大都市区。其二是通过地方邻里自治会实现的分散与民主的决策系统。第三副通过从建筑类型与保存的文化视角发展出的修复方案形成。

尽管如此，有一条主要的批评是，虽然这是一种精心制定出的方法，但复兴计划没有制造出所需要的社会住宅数量，这也有导致博洛尼亚社会主义政府1997年倒台的政治问题。虽然如此，但新的自由派右翼政府怀着类似的渴望继续了复兴计划。最后邦达林断言，博洛尼亚的经验：

> ……明显与所有意识形态的原则和统治阶级的投机目的相对立，因为当规划了保存了历史的城市结构，就确立了修复过程公共控制的必要，作为保存如今居住于其中的社会阶级的条件。[51]

放在一起看，规划的三副面孔无疑是前瞻性的，在反对投机经济力量的意识形态与趣味中，保护了所有博洛尼亚人的利益，尤其是工人阶级。

注释

1 Fanti and Susini, 1995.
2 Ibid.
3 Ibid.
4 Renzi, 1995.
5 Bellettini et al., 1995.
6 Renzi, 1995.
7 De Angelis, 1995, 66.
8 Fanti and Susini, 1995.
9 Lanzarini, Piombini and Renzo, 1995, 135.
10 Scannavini, 1995, 61.

11 Breveglieri, 2000.
12 Bandarin, 1978.
13 Ibid.
14 Hinrichs, 1995.
15 Parker, 2001, 288.
16 Ibid.
17 Bandarin, 1978.
18 Discussion between Georgia Butina Watson and Pier Luigi Cervellati in Bologna, October 2001.
19 Bandarin, 1978.
20 Ibid., 190.
21 Ibid.: from Accame, *Conoscenza e conscienza della città*, pp. 190–191.
22 Rowe, 1997.
23 Ibid., 101.
24 Rowe, 1997.
25 Frampton, 1985, 294.
26 Rowe, 1997, 100.
27 Moudon, 1997.
28 Ibid.
29 Discussion between Georgia Butina Watson and Gianfranco Caniggia, Oxford, 1983.
30 Interview with Cervellati, Bologna, October 2001.
31 Bandarin, 1978, 192.
32 Ibid.
33 Ibid.
34 Cited in Bandarin (from Accame, Conoscenza e Coscienza della città, pp. 100–101).
35 Zeisel, 1981.
36 Rubbi et al., 1996, cited in Bandarin, Acame, Conoscenza e Conscienza della città, pp. 100–101.
37 Bandarin, 1979.
38 Ibid.
39 Novitz, 2001, 153–166.
40 Renzi, 1995.
41 Belodi, 1999.
42 Renzi, 1995.
43 Ibid., 122.
44 Ibid., 159.
45 Facaros and Pauls, 2000, 174.
46 Renzi, 1995, 42.
47 Bandarin, 1978, 193.
48 Ibid.
49 Lanzarini, 133.
50 Bandarin, Ibid.
51 Bandarin, Ibid., 193.

第6章

罗西在佩鲁贾：历史分层的设计方法

我们在上一章中遇到的形态学方法和坦丹萨运动已经具有普遍影响，这些影响中有一些直接来自博洛尼亚小组，它的成员们参与到其他项目中，并在不同的大学任教。G·卡尼吉亚和L·贝内沃洛尤其重要，他们在许多大学担任客座教授，因而影响了许多年轻设计者，特别是在西班牙语国家中，例如贝内沃洛经常到秘鲁的库斯科（Cuzco）建筑学院讲学，所以库斯科历史城区的复兴源自类似于博洛尼亚早期的保护策略就不足为奇。[1] 在意大利，这种传统已由P·L·切维拉蒂[2]、R·斯坎拉维尼、G·卡塔尔迪（Giancarlo Cataldi），G·L·马菲（Gian Luigi Maffei），M·G·科尔希尼（Maria Grazia Corsini），P·马莱托（Paolo Marretto），G·斯特拉帕（Giuseppe Strappa）等人的设计作品发扬光大，他们在博洛尼亚、佛罗伦萨、罗马、热那亚、锡耶纳任教和执业。阿尔多·罗西是坦丹萨运动中最著名的设计师之一，他离开了穆拉托里的城市形态学派，去发展他自己的理论和设计作品，这是本章的关注点。我们应当先来讨论一下罗西在城市规划方面的议题，然后解释他是如何在佩鲁贾社区中心（Centro Direzionale）设计中运用这些想法，以试图强化城市的场所－认同。

在我们介绍罗西的城市规划思想之前，很有必要把罗西本人置于意大利的社会政治框架和设计文化中来探讨他的个人发展。罗西1931年出生于米兰，在那儿度过了他的童年，随后进入米兰工学院（Milan Politecnico）学习建筑学，1959年获得学位。当他还是学生时就开始为建筑杂志Casabella-Continuita工作。1961—1964年他担任该杂志的编辑，杂志引领了意大利的设计文化。[3] 罗西与Casabella的关系使他接触到建筑学和城市规划的前沿思想，并给他许多拓展其写作技能、表达其观点的机会。

1963年，罗西开始了他的教学生涯，先是在阿雷佐（Arezzo）担任L·瓜罗尼（Ludovico Guaroni）城市规划课程的助教，接着在1963—1965年间在威尼斯建筑学院担任C·阿莫尼诺（Carlo Aymonino）“建筑组织特征”课的助教。1965年，他加入了米兰建筑学院，也在那儿成立了自己的设计工作室。当他在米兰任教时，卷入了意大利社会主义学生运动，这影响到他政治上的成熟和他的城市规划思想。自1972年开始，他已在包括苏黎世联邦理工学院（ETH）在内的多所机构任教，并于1975年成为威尼斯建筑学院的设计教授。从那时起，罗西通过写作与设计实践来继续发展他的想法。意大利有公认的作家建筑师传统，维特鲁威、阿尔伯蒂、塞里奥(Serlio)、帕拉第奥、阿莫尼诺和塔夫里(Tafuri)就是明证。按照彼得·埃森曼(Peter Eisenman)的说法，[4] 如果我们想要理解罗西的设计作品，就要理解他的建筑与城市设计写作。因此，我们将把他置于更广阔的意大利和国际文化场景中来简述他的主要城市规划思想。

首先，罗西依靠什么样的新事物来构建自己的立场？我们已探讨了他与城市形态学者以及与坦丹萨运动的联系。罗西卷入坦丹萨运动的同时也把他带到了20世纪30年代的理性主义建筑师面前，他们一开始形成了意大利理性主义建筑运动（Movimento Italiano per l' Architettura Razionale，MIAR）的官方成员，并与墨索里尼政府有着短暂的联系。罗西自己设计思想的形成可以追溯到理性主义者们，特别是7人小组（Gruppo7）所发展的概念中，尤其是对类型划分的运用，以及结合机器时代的现代语法对传统城市形态要素的重新阐释。通过这些作品，罗西也开始意识到更早期的德意志制造联盟和俄罗斯构成主义者的思想。而我们稍后也将看到，罗西还受到其他学派思想的影响，最主要的是法国城市地理学与城市规划学者，以及诸如L·芒福德（Louis Mumford）、H·霍伊特（Homer Hoyt）和凯文·林奇等理论家。20世纪60年代意大利的政治环境也有重要影响：一个“学者们激烈辩论与批判城市现代主义立场的感伤年代。”[5] 正是在这一政治上和心智上的不满时期，罗西的城市规划思想成形了，通过他在米兰工学院的讲课和讨论会开始传播，1966年出版了意大利语的《城市建筑学》。1970年出了第二版，并翻译成西班牙语、德语和葡萄牙语。第四版的意大利语图解版于1973年面世，1982年英文版首版，随后在1984年和1986年再版。按照M·麦克劳德（Mary McLeod）[6] 在《城市建筑学》1986年版封底上的评论，她认为罗西此书：

> 部分是反对功能主义和现代主义运动的申明，部分是把建筑的工匠传统恢复到建筑学研究唯一有效客体地位的努力，部分是对城市建造的规则与形式的分析。

自中我们可以看到，罗西反对那些现代主义倡导者提出的城市理念，尽管他并不反对作为一种建筑风格的现代主义。罗西提出了另一条途径：“类比城市”，这是他在对地理学、经济、历史和城市形态要素研究的基础上得出的复合的理性主义方法。按彼得·埃森曼的说法[7]，罗西的城市研究方法是从科学家或考古学家的立场来着手的，以客观的、科学的方式系统地检视城市。这类研究的结果使设计者可以用最合适的方式介入新的城市肌理和人为事实（artifact）的修复与设计。在这种设计途径中利用城市形态要素作为“可资证明”的数据来源，并成为设计过程的起点。

在《城市建筑学》的前言中，罗西写道：

> 城市，作为这本书的主题，在此被理解为建筑。我所说的建筑，不仅指城市的视觉图像及不同建筑的总和，还把建筑当作建造，城市的历时建造。客观地说，我认为这种观点构成了分析城市最全面的方法；它涉及集体生活中根本的和决定性的事实，即生活环境的创造。[8]

在这一章节中，罗西介绍了他在书中探讨的核心思想。他在说明中也谈到对他思想产生其他方面影响的来源，分成四部分来讨论。第一部分介绍了类型和分类的概念；第二部分说明了城市结构的不同要素；第三部分罗西解释了城市建筑及其留下印痕的场所（locus），由此形成了城市的历史；最后一部分介绍了城市动力学（urban dynamics）的思想，以及政治作为公共选择的问题。我们现在就更为详细地讨论这些概念，以理解佩鲁贾社区中心设计所包含的寓意。

按照罗西的说法，"建筑与城市的最初轨迹共同出现，它深深扎根于文明的形成过程，是一个经久、普世而必然的人为事实。"[9]在城市的形成中，建成形式要素兼具实用与审美的意图。同时，这些要素也与自然有着密切的联系，而城市在时间中获得了意识和记忆。罗西告诉我们：

> 特殊与普遍、个人与集体之间的对比，从城市中，从它的建造，它的建筑中浮现。[10]以不同方式呈现自身：公共与私人领域之间、公共与私人建筑之间、城市建筑的理性设计与场所或地点价值之间的关系。[11]

罗西主张，我们应当对城市进行定性和定量的研究，其途径表现为城市人为事实的理论，它"来自于将城市本身视为一个人为事实，以及它的单体建筑和居住区的划分。"[12]城市既是集体的也是私人的，"由许多追寻与他们自己的特定环境相容的普遍秩序的人们组成"[13]我们在城市中观察到的任何规律性的变化都带有了居民日常生活的痕迹，而我们可以用系统的、分析的方法来描绘与理解这些不同的分层。城市不是静态的，它们时刻在改变，是罗西所说的城市动力学的一部分。因而不仅要适应当前的需求，还要历经时间的变迁，这非常重要。罗西的立场是城市是一个可资佐证的数据之源，一个考古学的人为事实；而建筑师是亦步亦趋的、自明的研究者。他方法的核心关注点是过程的概念——即城市历经时间而转变，这使他感知过去、现在和未来。为了使这一方法便于操作，罗西引入了四个更深层次的概念：

—城市骨架或者城市平面的概念
—类型学的概念
—场所与历史的概念
—城市动力学的概念

首先，我们要解释一下罗西对城市历史的理解。历史，用罗西的话来说，类似于"骨架"，其条件既作为时间的量度，也被时间所度量。这一骨架上留下了集体活动的印记，也把城市与历史相联系。城市骨架就像人类的身体，历经时间而成长。如果某个部分损坏或者扭曲变形，我们要试图修复。然而在修复过程中，我们应当记住新元素的恰切性，这样它们能够适合现存的骨架。城市骨架在基本形态上意味着城市平面，它就是城市潜在的形态结构。这种城市骨架对我们理解一个城市，对我们自我定位的能力都十分重要。

除了城市平面或骨架外，我们还需要理解单个人为事实，或罗西称之为"类型"（types）的本质与特点。一个类型就是一种分析工具，或者"器官"（apparatus）。它就是单个的细胞，一个基本组织要素，一种基因或者DNA，已经不能再简化。一个类型拥有能够历时改变的基本特征。当类型发生变化，它们就变为博洛尼亚那一章所说的"变异类型"。类型在理解场所－认同方面具有重要的意义：它们不仅表征物质实体，而且承载了与“生活方式”的联系，从而再现了一种特定的想象社群。当相似的类型以一系列相似的规则联合起来时，它们形成有特征的肌理结构，成为类型学（typology）。罗西提到中世纪的居住区作为这一概念的范例，他承认林奇在区域方面的研究是他自己观念的重要来源。

类型可以进一步分为首要与次要元素。首要元素是那些经久的事物，其物质形式与使用模式历时久远。首要元素被罗西进一步细分为纪念物与区域。在纪念物中，我们可以放入诸如市政厅、教堂与市场等公共建筑。罗西认为纪念物生来就有象征功能，因而与时间相关。作为城市中的经久和首要元素，纪念物与城市成长有辩证的关系。纪念物提供了城市生活的连续感，并强化了根源感。

区域同样构成了城市中的经久与首要的元素。尽管单体建筑可能随时间而改变，但潜在的基本组织结构保留了下来。在这种文脉中，经久要素具有根深蒂固的意义，对理解场所－认同非常重要。

经久性元素具有更深入的特征，它们可以是推动性或阻滞性的。如果它们是推动性的，就可以成为城市特定地区修复与再生的催化剂。罗西提到阿尔勒（Arles）的圆形剧场和帕多瓦的拉焦内宫（Palazzo della Ragione）作为推动性纪念物范例，因为它们都能适应历时变化的要求。另一方面，当某些纪念物丧失了活力，当它们转变为博物馆——就像格拉纳达（Granada）的阿尔罕布拉宫的例子，就变得病态，死气沉沉，看起来“就像一具木乃伊”。[14] 那种状态下，它们变成了城市记忆。而病态的纪念物可以赋予新的功能，能够复活并焕发青春。按照罗西的说法，阻滞性的纪念物可以变成推动性的，将过去带入现在和未来。

无论首要还是次要类型都具有特殊和普通的价值。当从属于它们的文脉时具有特殊价值，因为它们成为原始组织结构的一部分。某些类型同时也具有一般价值，能够用于其他位置与场所：这种情况下就要根据新的文脉做出调整，定义新的场所－认同。罗西说道，[15] 如果我们不作调整，就会以空洞的形式主义告终，我们不仅可以在现代主义运动的解决方案中见到，还在图底关系的方法，以及其他仅考虑物质形式要素的设计概念中见到，它们漠视对建构想象共同体最为基本的社会－经济和文化环境。

罗西的第三个理论思想是场所（locus）：“城市人为事实的显现之处，亦即它们被看到的区域，它们所占据的物质领域”。[16] 在场所概念的形成过程中，罗西运用了法国地理学家M·索尔（Maximilien Sorre）和H·P·埃杜（Henry Paul Eydoux）[17] 等人发展出的场所理论，或场所精神（genius loci），以及建筑与艺术史学家如H·福西永（Henry Focillon）和P·拉夫当（Pier Lavedan）的想法。福西永提到了心理地点，投射出一种场所的精神，他将其描述为艺术化的景观，带来了“作为场所的艺术”的概念。[18] 罗西认为，任何场所的潜在特征都是源于它的位置、它的地形以及其他自然要素。城市的物质形态与社会－文化过程形成了在地区性的特征印记：城市非常复杂，它们是许多部分的总和，不能被化约为单一的基本概念。

罗西对场所的定义引用了古典世界城市建设的实践，在那里，环境、场地都受到场所精神、地方神祇的支配：一个掌控其中所有事物的仲裁者。[19] 我们在罗马工程师维特鲁威的作品，以及文艺复兴城市规划师的理论中可以找到类似的看法。

一个场地（site）或场所包含了事件的演替，从古至今。任何特定场所都是事件的舞台，记忆的积淀。当特定地点是事件本身时，它就变成了一个单一的地点，或者罗西所称的"locus solus（单独场所）"。这样的地点"汲取事件与情感，每一个新的事件都包含对过去的记忆和对未来的潜在记忆。"[20]时光流逝留下了许多不同历史事件的痕迹。当地点延续了最初的用途时，它就是活生生的历史的一部分。当地点不再处于原始用途，它就转变成记忆的王国。罗西在此引述了克罗地亚城市的斯普利特（Split）的例子，在罗马的戴克里先宫的城墙之内，新的活动给了固定形式以新的用途和新的意义。[21]城市历时形成的过程成为城市历史的一部分，而一连串的事件构成了这个城市的记忆。正如对于类型和纪念物，我们可以利用城市记忆来建构新的地点。城市记忆形成了一种"集体无意识的生活"，并通过类型与记忆的装置，我们能够建构未来的地点：记忆可以想象并重建对一段未来时间的想象力。

罗西在他的操作式设计方法中最后使用的概念是城市动力学，它涉及城市变迁和转型的过程。这一切是许多因素的结果：政治、社会、技术、美学和经济，这些因素影响了特定地区的成长与复兴，并允许城市骨架适应新功能和需要。罗西认为，城市平均每 50 年一变。然而还有导致变迁得更快更彻底的力量，拿破仑三世统治下的巴黎就是这种政治和其他原因导致变迁的范例，更为有规律和渐进的变迁常常是经济因素的结果。我们需要理解它们制造变迁的特殊途径。[22]

由地方行政部门及其他类似机构执行的规划法规与条例对我们理解城市变迁也同等重要。土地权属也是非常关键的，因为它给了个人在发展过程中改变城市的权力。

城市分析也使我们理解这些力量是如何运用的，例如我们根据地契登记册研究历史地权，能够揭示土地占有的时序，并描绘出特定的经济发展趋势。[23]

通过城市动力学的概念，我们可以看到罗西是如何与现代建筑达成一致，而不是现代主义城市规划。作为一个城市规划者，他牢牢扎根于过去；作为一个建筑师，他又富于远见。

我们解释了罗西城市理论的基本原则之后，现在应当研究一下他如何在佩鲁贾的设计作品中运用这些想法的。直到 1981 年他的腓特烈城（Friedrichstadt）住宅项目获得由柏林国际建筑展（IBA）的头奖时，其几乎所有建筑作品都位于意大利北部，主要是小尺度的方案。尽管在他的书出版后得到的关注多多，但大项目并没有如期而来：他需要一个项目来实施其城市规划论述。1981 年他赢得普利茨克建筑奖之后机会来了，当时城市议会邀请他为翁布里亚（Umbria）首府佩鲁贾设计一个新的市民中心，位于 Fontivegge 地区，坐落在小山顶上的城市历史核心区和战后现代主义商务区之间。

罗西需要实现的设计纲要非常明确。新的建设项目将有 85 万平方英尺的新空间，[24]容纳一个新的市民与行政中心，包括市民中心（Palazzo Regionale）、一个剧院、办公楼、住宅，带地下停车的商业零售和一个喷泉。其他的要求是新的方案应当强化佩鲁贾的认同感，同时反映现代的进步形象。据在 1989 年采访了城市议会议员的 L·瓦萨克（Lucia Vasak）[25]说，

图 6.1　佩鲁贾全景

之所以选择罗西来做这个项目得益于他在《城市建筑学》中表达的思想。

项目基地以前是佩鲁贾巧克力工厂的所在，位于中央车站对面，是城市议会和意大利面制造商 Buitoni 联合开发的项目。主干路把场地一分为二，新的方案要把这两部分连成整体，起到 Fontivegge 地区中心的作用。城市议会还希望新的开发尊重城市的山地地形，以及该地区日常生活的社会学模式。新的建筑元素必须反映城市的既有类型。[26]

在我们研究罗西在社区中心设计中使用的方法前，有必要简述一下城市的历史及其形态结构，以理解罗西在设计新的方案时用作类型学参考的要素。佩鲁贾自创立之初，其发展就依托位于绿色而潮湿的谷地之上的多山地形（图 6.1）。佩鲁贾的早期聚落位于一座海拔 493 米的山上，与叫做翁布里（Umbrii）的古代部落有关。他们用山顶的位置起到防御作用，耕作下面山谷中的肥沃土地。早期的翁布里部落讲一种类似于拉丁语的古意大利语（Italic），而且自他们到达这一区域之后，就极力维护其认同感和政治独立。公元前 7 世纪，伊特鲁里亚人（Etruscan）在此定居，两个团体开始融合为一种统一的文化。伊特鲁里亚人来自小亚细亚的利底亚（Lydia），对于建造要塞很有经验，他们将这一技术有效地用在 Pieresa[1] 的建设中，这是一座山顶要塞，俯瞰台伯河（Tiber），其城墙和城堡的遗存今天在佩鲁贾仍能看到。

早期的伊特鲁里亚聚落约有 4 万居民，公园前 309 年被罗马军队接管，但原住民一直不满罗马的统治，在罗马共和时期发动了数次起义，破坏了城镇原初的组织。后来，奥古斯都皇帝重建了这个城市，并重新命名为 Augusta Perusia。[27] 罗马人又建造了弗拉米尼亚大道（Via Flaminia），这是连接罗马和里米尼间的主要区域道路。罗马帝国衰亡后，佩鲁贾成为连接罗马和又

[1] Pieresa，公元前 5 世纪或更早伊特鲁里亚人的聚居地，是 Dodecapolis 联盟最东端的城市，公元前 309 年被罗马占领。——译者注

图 6.2　（a）伊特鲁里亚的战神马尔斯之门，Antonio 和 Aristotile da Sangallo 将其与防御系统整合在一起（1530—1543 年）；（b）伊特鲁里亚拱门，也叫奥古斯都拱门，是通往佩鲁贾古城的 7 个城门之一

称拜占庭省的拉文纳（Ravenna）之间狭长土地的一部分。其十字路口的位置使它易于受到侵占和冲突，大约公元 1000 年的时候，许多城镇为了政治权力而互相斗争，使冲突升级。佩鲁贾市民（Perugini）的斗争精神很有名，他们经常攻击一些邻近的小型城镇，而与佛罗伦萨、锡耶纳这样的大城市有效结盟。然而，他们从来没有成功得到城邦的身份。在政治上，佩鲁贾维持了相当程度的独立，在 11—14 世纪间达到了其黄金时代。在这段时期里，城镇的经济与文化非常繁荣，很多当时建造的建筑物和纪念碑就能证明。最为盛行的是教堂和修道院的建设，因为该地区以圣人和殉教者的出生地名世——最著名的是邻近城镇阿西西（Assisi）的圣方济（St. Francis），他曾常常在附近的特拉西梅诺湖（Lago Trasimeno）上“与鸟类交谈”（图 6.2a 和图 6.2b）。

在罗马中央政权缺席的条件下，当地教会的要人组织了由贵族家庭成员组成的议会来管理城镇的内部事务。这些非正式的团体导致了长期政治组织的形成，称作自治城市（commune），基于古希腊的城邦模式，将城镇中心的城市空间用作集市广场（Agora-Forum）。在中世纪，专业的仲裁人叫做行政首长（podestàs），由议会指定，通常是来自其他城镇的声誉良好之人，来保持对相互争斗部落的控制。行政首长有法官和公证人作法律顾问，住在城市大厦（Pallazzo del Comune）中，也叫做执政官大厦（Pallazzo dei Priori）。

1300 年佩鲁贾达到了财富和声望的顶峰，有大约 2.8 万居民和 41 个手工业行会，

图 6.3 佩鲁贾城市中心的圣洛伦佐大教堂、大喷泉和十一月四日广场

铺设了街道和广场，建造了输水道和喷泉，用石头重建了木结构的房屋，设立了市场，强大的防御系统让城市引以为傲。城市本身被分成 5 个片区或邻里（rioni），聚集在 5 个城门周围：Sole、San Pietro、Eburnea、Santa Susana 和 San Angelo。1307 年成立的大学在法律研究方面有专攻，并建造了许多教堂和宫殿。到 1347 年，城市在经济和文化上开始衰退，其社会生活因争夺政权的内战而耗尽。

尽管城市经历三个世纪的政治动荡，但到 18 世纪的后 1/4 纪已开始有游客前来参观：当时人们对圣方济的兴趣复兴，同时很多作家与艺术家呆在城市中为他们的作品获取灵感。1861 年翁布里亚并入了意大利，佩鲁贾经历了另一次经济衰退。随着钢铁、制麻、化学与食品工业的引入，经济开始逐渐恢复，促进了城市的增长。今天，佩鲁贾是一个重要的行政、大学和文化中心，有大约 15.5 万人。尽管佩鲁贾与其他翁布里亚山地城市如阿西西（Assissi），古比奥（Gubbio），奥维耶托（Orvieto），托迪（Todi）和斯波莱托（Spoleto）具有地域上的相似性，但它作为该地区的首府，因其规模和行政管理功能脱颖而出。

因其复杂的历史背景，佩鲁贾由几种独特的文化景观组成，像一个由不同元素组成的拼缀之物，多山的地形将它们联系在一起，台伯河蜿蜒其中。今天我们对佩鲁贾的第一印象是一个有一半防御工事的山城，许多高塔和钟楼都投射出一种宗教特质：这两个特点在佩鲁贾的场所－认同和想象社群的建构中非常重要。山顶是圣洛伦佐大教堂（San Lorenzo Duomo），突出于其他城市景观要素之上（图 6.3）。粉红色和奶白色的房屋用翁布里亚当地的石材

图 6.4　十一月四日广场、大喷泉、执政官大厦以及瓦努奇大道

建造，其形象令人难忘，尤其是在夜光中。在山脚下，大量的植被将老的市中心与现代区域分开。

为了理解罗西社区中心设计理念的来源，我们应首先说明佩鲁贾的空间结构和关键的建筑类型，它们赋予了空间独特的性格和场所认同感。我们从古代的山顶地区开始我们的旅程，然后下到更为新近的居住区。佩鲁贾旧城中心的主要空间叫做城市广场（Platea Comunis）或大广场（Platea Magna），而如今称为十一月四日广场（Piazza Ⅳ Novembre）（图 6.4）。这一空间留有许多争取独立的暴动与战争的记忆，也包括了“石头之战”，即一年一度的群殴节，每年都导致许多人死亡。广场被几座重要的建筑物所限定。其南侧边界是执政官大厦，是中世纪的市政厅，建于约 1270 年，用当地的洞石（Travertine）以及白色与红色的贝托纳石（Bettona）建造。人们认为这座建筑是当地的建造大师 Giacommo di Servadio 和 Giovanello di Benvenuto 的作品。目前的结构是 13—16 世纪间多次加建与改造的结果，在这一时期，几幢单体建筑被一个沿着城市主要步行街道 Corso 凸曲线的立面连为一体。建筑的总体构图是非对称的，偏离中心的钟塔突出了这一效果。

首层的罗马拱门通往不同店铺，进入建筑的主入口饰有 58 种类似动植物的装饰主题，非常丰富，其费用从屠户的贸易收益中支付。立面的其余部分开着长方形带拱的窗户，而屋檐由堞形的结构组成，在政治动乱时期用作防御平台。1902 年，面对喷泉和大教堂的立面上建了一个半圆形的楼梯，与 14 世纪的门廊和拱廊街相连。在炎热的夏天，楼梯和拱廊给游客和佩鲁

图 6.5 （a）十一月四日广场以及圣洛伦佐大教堂的拱廊步道；（b）圣洛伦佐大教堂台阶，同时也可供人闲坐

贾市民提供了一个遮阳和休息的地方。靠十一月四日广场部分的整个第二层是公证人大厅（Sala dei Notary），一个非凡的空间被巨大的圆形拱门分成小间，装饰着 13 世纪早期的旧约全书、当地传说以及佩鲁贾人圣经故事的壁画。

广场的北部是圣洛伦佐大教堂，是旧城最高的建筑，在佩鲁贾独特的轮廓上至关重要。它奠基于 1354 年，[28] 但历经多年才建成，因为佩鲁贾人把它用作防御的目的。甚至到今天，只有下部才像预想那样，有着格状的粉色饰面，而上部仍然毫无修饰。当地居民和游客通常坐在大教堂的台阶上，作为一个观景平台，看着主广场上红尘熙攘（图6.5a和图6.5b）。

庞大的矩形广场中心是白色与粉色相间的大喷泉（Fontana Maggiore），1270年由Fra Bevignate设计，用于为城市供水。下方围绕喷泉的水池壁上有48幅双面浮雕的石板，由Nicolo Pisano及其子Giovanni完成，讲述了佩鲁贾历史上的世俗与宗教主题。与广场南侧边界连在一起的是主街瓦努齐大街（Corso Vannucci）（图6.6a），因彼得·瓦努齐（Pietro Vanucci）得名，即佩鲁贾最著名的后裔佩鲁吉诺（Perugino）。大街是步行专用，向十一月四日广场微微抬起，用当地石材铺就，两边是中世纪和文艺复兴时期的楼房，容纳了商铺、拱廊、旅店和住宅。每个夜晚，大街都会变成意大利最讨人喜欢的步行街之一。大街的南部边界是意大利广场（Piazza Italia），有一个观景平台，能够看到令人震撼的山谷和现代城市的美景。

在大教堂周围的古代街巷中密布着阴暗的老建筑，上面有架空的拱门，“有的融入了一些哥特时期的房屋和伊特鲁里亚时期的墙体，没有一个电影导演能做出比它更好的布景（图6.6b）。”[29] 根据旅行作家Dana Facaros和Michael Pauls记载，“中世纪的佩鲁贾一定像一座连续的建筑物，一切都被拱门和步道连在一起（图6.6c）。”[30] 它的古代分层通过伊特鲁里亚的废墟，罗马的镶嵌图案、城门即其他元素显露出来。从山顶看下去，长长的绿色视景暗示了城市及其周围乡村之间的重要联系。

图6.6　（a）沿着瓦努齐大道的一条著名的步行街，也是佩鲁贾最重要的公共生活街道；（b）佩鲁贾老城的古代的分层，包括阿皮亚大街的一段和古输水道；（c）佩鲁贾的众多拱廊步道之一

中世纪空间结构的其他部分由曲折的街巷构成，沿山坡而下，在教堂、修院和其他公共机构的建筑前形成了小广场（图6.7a）。旧城西北部最重要的世俗建筑是大学的建筑群。大学形成中世纪街道与房屋的有趣复合体，包含中世纪的输水道，过去将水从邻近的Pacciano山引到大喷泉(图6.7b和图6.7c)。穿过罗马－伊特鲁里亚的城墙拾阶而下，就来到了圣天使村（Borgo Sant' Angelo)，过去这儿是工人阶级的区域，也是佩鲁贾人抵抗罗马教皇统治的中心地带。

城市东南部的街道也很古老，其下有更古老的拱形隧道。在瓦努齐大街之下与之并行的是Matteotti广场，它早先是市场和“焚烧巫婆的场所”。[31] 从中世纪的城市中心往下，人们会看到许多拱门、城门、镶嵌装饰及其他人为事实，使我们想起城市复杂而丰富的历史，这儿的每一个分层都代表了一种特定的想象社群。继续往下，在山顶城市结构之下，是现代的佩鲁贾城区，有许多19和20世纪的建筑（图6.8a和图6.8b)。19世纪形成的部分位于中世纪城郊的顶部，在“盐战”(Salt War）期间

图6.7 （a）通向许多古代拱门步道的卡瓦罗蒂广场，一个教堂被融入了城市肌理；（b）圣卢克门视景，显示出一段古输水道；（c）St. Theresa教堂和Sciri塔

图 6.8　(a) 佩鲁贾新城全景；(b) 从 Via Baglioni 看佩鲁贾新旧城区的对比

被教皇保罗三世毁坏，并于1530—1534年间由Aristotle、Antonio da Sangallo及Roca Paolina等人重建，是一个防御性的要塞，把部分伊特鲁里亚老城墙并入其中。更为晚近发展的是典型的现代主义城市结构，带来了一种当代的场所－认同特性。

在罗西开始设计社区中心之前，他努力去熟悉形态分层、纪念物、地形与变迁过程丰富的肌理交织。他收集了旧城平面图和其他文献资料，研究了城市本身形色各异的形态学分层，并体验了城市不断变化的生活，获得了"可资佐证的数据来源"。据罗西此项目中的合作者S·菲奥里（Severio Fiori）[32]说，罗西新市民与行政中心的设计方法很大程度上源自他的城市规划理论，本章此前已有说明。罗西首先用他的城市结构、类型学、场所与历史和城市动力学的概念分析了城市的各组成部分。罗西认为作为佩鲁贾旧城的场所－认同的重要来源的关键城市要素是其历史空间和纪念物，如十一月四日广场、执政官大厦、大教堂，大喷泉和和瓦努齐大街。这些纪念物最为经久，在社会生活上是最重要的类型，是场所－认同意义的关键载体，为城市的可读性提供支撑。相反，佩鲁贾的当代形象由现代行政管理和居住综合体组成，象征着城市更为进步的特征。Fontivegge的场地为联合这两种地区提供了唯一的机会：根据城市议会的要求，新的设计必须扎根于过去，并具有前瞻性和进步性。

当罗西完成了他的形态与类型学分析后，开始用"类比"的设计方法设计社区中心。据L·瓦萨克说，城市议会的目的是创造一个真正的城市中心，承担各种各样公共服务功能。

这样一个项目应以总体上有益于城市功能，并强化当地的社会认同的方式来组织。[33]

S·菲奥里表示，[34]罗西采用的设计与分析的首要原则是吸收了类型和类型学概念。考虑到发展纲要中明确的功能要求，罗西和城市议会都感到社区中心的焦点应该是一个广场，而十一月四日广场可以成为有益的参照。它的位置、规模以及与关键城市纪念物的空间关系使它成为佩鲁贾当地最重要的公共空间：罗西和议员们均感到，新的市民广场在更大尺度的城市和区域方面应有相似的功能。旧城广场被罗西转换为一个新的市民空间，名为"新广场"（Piazza Nuova），通过理性的设计方案实现了一种"类比"的诠释（图6.9a—图6.9c）。

设计过程的下一步是为新方案设计的其他建筑类型识别其类型学的来源，与社区中心相关的最重要建筑类型是市民中心（Palazzo Regionale），容纳了多种行政办公室。罗西的想法是创造一个新的"Broletto"，即底层带有拱廊的一般建筑类型，在意大利常常用于行政建筑。然而，为了设计一个这类建筑的佩鲁贾版本，罗西将执政官大厦作为其来源（图6.10a和图6.10b）。尽管为了满足现代、进步的形象进行了修饰，两栋建筑所共有的体量、尺度、比例与空间位置中的类型学参照还是非常明显的。基本的类型要素一经确立，罗西就开始增加其他更小尺度的类型学参考，例如在新的Broletto主立面上采用了山墙，这在佩鲁贾的大教堂及其他教堂立面上的非常典型。大学建筑（图6.10c）和大量的中世纪街道与窄巷为新Broletto的拱廊步道提供了设计之源（图6.11a—图6.11c）。

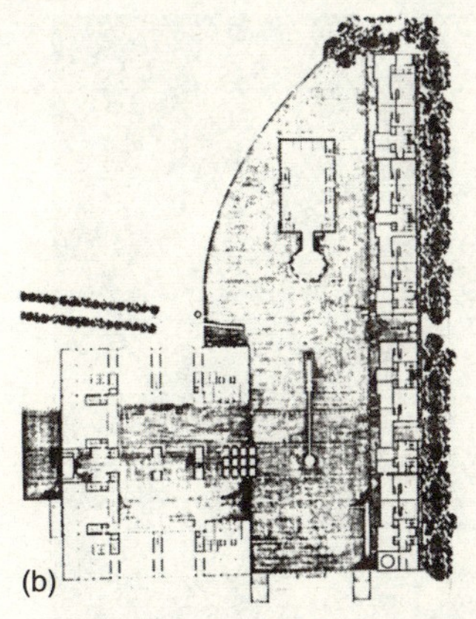

图6.9　（a）十一月四日广场、大喷泉以及居住与商业综合体；（b）阿尔多·罗西为佩鲁贾社区中心和新广场作的概念设计；（c）从购物中心方向看新广场和喷泉

图 6.10 （a）佩鲁贾执政官大厦；（b）佩鲁贾执政官大厦中央部分的细部；（c）佩鲁贾老的大学建筑

图 6.11　（a）阿尔多 · 罗西设计的带有新型 Broletto 的社区中心；（b）新的 Broletto 细部；（c）政府办公建筑的主入口

罗西在设计中使用的第二条原则是场所历史的概念。他在书中表示，[35] 任何场所的根本原则是它的位置、地形及其他自然要素。城市的形态分层及其社会文化生活给在地方性上留下了深刻的印记：它们创造了一种独特的场所精神（genius loci），一种特定类型的文化景观。一连串的事件创造了城市记忆，罗西说，[36] 这些记忆可以用来建构未来的场所。

在社区中心设计中，我们可以看到许多采用这种理念的痕迹。我们找到了罗西在他的类型学分类中使用的对同种类型纪念物的参照：执政官大厦、大教堂和十一月四日广场承载了重要的历史记忆。这些参照在设计过程的每一阶段中的融合与提炼就至关重要。城市的多山地形及其区域道路网络同样也包含在了新的设计中。首先，多重标高的新方案及其抬高而有坡度的新广场通过很多级踏步联系起来，唤起了佩鲁贾旧城中的动感体验（图 6.12a）。第二，现存道路网络与设计方案整合在一起，把基地与更大的整体联系起来。区域道路

图 6.12 （a）政府办公楼的细部，可以看到一个通向二层的台阶；（b）穿过 Broletto 的区域道路；（c）连接居住区和社区中心的区域道路；（d）位于城市环境中的社区中心

从建筑综合体下方穿过，类似于该区域中其他多山地区采用的方式，反映了新方案在区域文脉和区域场所认同感中的重要性（图 6.12b—图 6.12d）。第三，独特的山墙铭记着佩鲁贾旧城和大教堂，在新的单体建筑类型中体现得更为直接（图 6.13a—图 6.13c）。方案也包括一个地下停车场，以满足现代城市的需求，但在象征上，地下空间也唤起了中世纪城市中心下方曲折街巷的记忆。罗西把旧佩鲁贾巧克力厂的烟囱融入了新方案，同样也是对场地早先功能的提示，罗西将其作为地标，以及通向综合体的新林荫道序列的视觉焦点。

帮助罗西“调整”和进一步优化其设计的第三条原则来自佩鲁贾的城市结构及其构成要素，它们提供了总体城市形态的“骨架”。按照罗西的说法，城市结构或骨架承载了时间流逝的印记，并使城市成长。

图 6.13　（a）共和广场（Piazza della Repubblica），旁边的老教堂转变为商业折扣店；（b）佩鲁贾社区中心细部；（c）广场中的新购物中心

如果“骨架”破碎了就必须要修补；但新的元素必须适合既有的骨架。Fontivegge 的基地就恰恰是一个破碎的部分，需要修补以使新旧佩鲁贾能够联系起来。

沿着罗西类型学的设计过程，我们可以看到这些想法如何促成新方案进一步优化的。除了新的 Broletto，罗西还要融入其他功能来完成他的“骨架”。罗西为此考察了佩鲁贾旧城的主要步行区域瓦努齐大街，两边是独特的居住与零售店铺混合的单元类型（图 6.14a），然后类型和步行街道被转译在设计方案中。最终新广场由居住和零售混合的方案来围合，沿着瓦努齐大街指向类型关系的老建筑。在居住与零售混合单元的设计中，罗西参照了旧式百叶窗与色调搭配方案，而给了它一个相当现代的外观，彼得·罗（Peter G. Rowe）在其他的意大利设计中将其定义为普通城市景观的创造（图 6.14b 和图 6.14c）。[37] 在这一设计阶段，另有三个要素加入方案中。罗西提议在新广场的一侧放一所剧院/社区中心，用一个圆锥形的塔楼标示出它

图 6.14 （a）通往圣洛伦佐大教堂的瓦努齐大街；（b）佩鲁贾靠近 Porta Trasimena 的老住宅；（c）新广场拱廊下新的居住与商业综合体

的入口（图 6.15a）。建成后，新的剧院在方案中的位置将类似于大教堂在其旧的对等物（指十一月四日广场）中占据的位置。在广场的南侧有一个购物中心，再次显示出与共和广场（Piazza della Republica）上如今已作为零售单元的老宗教建筑在类型学上的相似性（图 6.15b）。罗西加入新市民中心的最后一个元素是喷泉，尽管设计成现代的形式，但在类型上参照了大喷泉和古输水道（图 6.15c）。新的空间是一个缓坡，沿着场地的自然等高线。地面铺着红砖，使人想起古伊特鲁里亚和罗马的街道与开放空间。在此我们确有疑问，为何罗西不采用十一月四日广场地面同样的铺砌类型，这样能使新旧两个空间结合得更紧密。

罗西在社区中心设计中运用的最后一条原则是关于城市动力学和政治方面。至今我们已看到罗西如何利用既有类型作为先例来引发新的设计。然而，罗西和城市议会还需要顾及其他需求。运用“扎根于但不囿于”过去的理念在此处最为明显。佩鲁贾不仅是一个中世纪城市，新的市民中心也必须反映佩鲁贾场所－认同的现代部分。

城市动力学原则很大程度上体现在商业中心和地下停车场的配备、建筑材料的使用以及更小尺度的细部设计方面，如窗户、表面纹理、色彩及其他细部元素中（图 6.16a）。罗西在这一设计尺度上对自己的建筑文化以及建筑形式要素的新理性主义诠释很有信心。例如，市民中心的窗户是

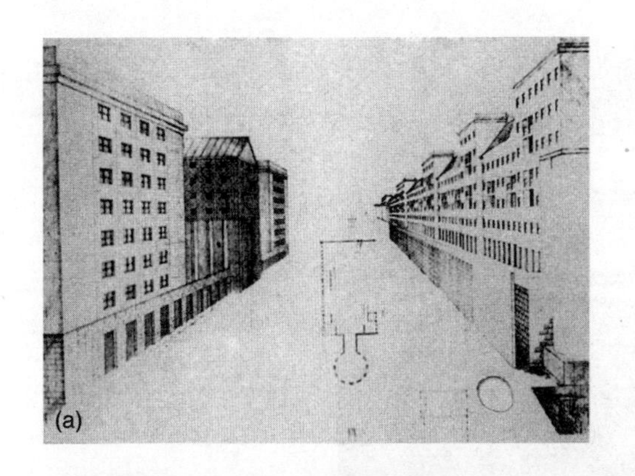

图 6.15　（a）罗西针的佩鲁贾新广场设计构思；（b）新广场中的新商业综合体主入口；（c）新广场中的新喷泉细部

简洁的方形开口，而不是老建筑中典型的高度装饰化与风格化的窗户。通过混凝土、石材、砖、钢铁和玻璃表面的使用，现代建筑材料折射出“进步”的特性。当我们从老城眺望社区中心时，米色、深棕色和粉色的墙面与佩鲁贾的新老建筑均有很好的结合。新的市民中心不仅反映出旧城的建筑类型，也与现代的佩鲁贾相融合，增强了新旧场所－认同的特征（图 6.16b）。

在研究了罗西的社区中心设计方式后，很明显他所用的“科学方法”根植于对城市地形和地理条件、其历史根源与现代肌理以及进步形象的理解。如我们所知，这样的方法依赖于设计者对一个场所的形态与类型要素的理解能力，以及随后把这些认识运用在新方案建构中的能力。这种方法存在的一个问题就是它不是“价值中立”的。因此，发掘这些最新设计的地方的哪种信息和意义真正传达给不同参与者与使用者群体非常重要。我们将尝试勾勒出佩鲁贾城市议会、当地的规划师和建筑师及城市的日常使用者与游客的观点，来看看罗西使设计方案对强化佩鲁贾的场所－认同感的努力有多成功。

我们应首先讨论一下委托该项目的佩鲁贾城市议会的观点。据采访的政府议员 L·瓦萨克[38]说，他们的评价是非常肯定的。议员们感到社区中心“与新旧城区的特色是协调的”，[39]并认为这种协调通过新广场的空间组织，建筑结构以及建筑与地形间的关系来实现。他们感到设计的最为成功之处是对诸如执政官大厦、大教堂、大学

图 6.16　(a) 社区中心的小庭院；(b) 社区中心与佩鲁贾新城全景

建筑群、大喷泉和瓦努齐大街等建筑类型的参考。罗西也参考了小尺度元素如台阶、窗户、入口和拱廊等，将它们重新演绎来反映佩鲁贾的现代进步形象。

城市议会中的两位建筑师和城市规划师 Francisco Angellili 和 Nazzasesso Gambasacci 也表达了类似的看法，建筑历史学家 Morris Adjami 表示罗西的方案在意大利中部广场中非常典型，其设计构图与元素为文化、市民和政治的汇集提供了一个伟大的平台。[40] 我们可以看到专业人士对新方案的积极评价，但这可能因为他们与罗西有同样的专业价值观。为此，还需要了解日常使用者的看法，因为他们代表了自己那一类的想象社群。

据采访佩鲁贾市民[41] 的 L · 瓦萨克说，显而易见他们都看出了构成佩鲁贾场所－认同的元素。他们都认为佩鲁贾具有强烈且明确的特点，但也表示城市是与众不同的翁布里亚山城，其城市形态结构具有"致密的织体"，有窄巷、台阶、拱廊与小径。

一位受访者描述到：

一个重返的家园，因为它小小的空间与路径，就像秘密的通道，总是把你带到令人惊喜的地点与广场。[42]

居民与游客也能够识别建构城市场所－认同的关键纪念物和公共开放空间，当他们阐述佩鲁贾的场所－认同时，提到了十一月四日广场、执政官大厦、大教堂和大喷泉，与罗西在设计中用作"类比"元素的一组纪念物相同。居民与游客同样注意到地方材料的重要性，为城市带来了独特的"米色和粉红"的色调。他们感到城市的地形也同样重要。一位居民说，"城市从山地中成长出来，顺应了山的各个部分。"[43] 因而显而易见的是，佩鲁贾的居民与和游客识别出的佩鲁贾场所－认同的重要元素也反映了罗西为他的设计找到的重要参照。现在我们应讨论城市使用者对社区中心产生的意义与诠释，以了解罗西在何种程度上已实现使用者在场所－认同方面所感到重要的品质。

受访者被要求识别哪一种新设计元素强化了佩鲁贾的场所－认同，并区分它们重要性的优先次序。在大尺度的设计中，居民与游客感到正是对地形的尊重、新广场的设计概念、新市民中心和新喷泉最有力地支撑着佩鲁贾的特色。然而，受访者对更小的设计细节感觉比较矛盾。他们感到罗西在当地石材的使用、台阶与色彩方面做出了很好的选择，这些对强化佩鲁贾的特色非常重要。然而，佩鲁贾的新旧元素之间的总体平衡可能过于激进。受访者们认为罗西本应该使用更多的当地石材来与佩鲁贾旧城特色相结合。新的走廊与通道尽管被描述为"有趣而令人愉悦"，但"不够狭窄和昏暗"，并且新设计中的顶棚太低了。一些受访者注意到在主 Broletto 沿底层的韵律与入口使用类似于执政官大厦的元素，但对圆拱的缺席产生了疑问。几位居民也希望罗西应该使用更多的台阶，以再次形成类似老城的山地地形。

许多人也表示社区中心较"新"，自然需要一段时间来融入城市。他们同样感到"与老城和谐呼应虽然重要，但也应当是'现代的'，显示出'进步性'"。[44] 一位受访者评论道：

因其形塑在很多方面参照了旧城：广场、尺度、土地使用，识别出了烟囱、道路（它穿过建筑）及其他周边环境，十年之后，甚或百年之后，人们将认为它是佩鲁贯的一个自然的组成部分。[45]

总而言之，这些观察表明使用者感到新的设计应强化既有的场所－认同，社区中心在大尺度的元素使用方面非常成功，在小尺度细节设计方面稍有欠缺。因而当设计者从场所－认同的角度设计新的方案时，应同时关注大小尺度的元素。尽管存在一些限制，我们认为，在从场所－认同方面总体上的成功可以通过向游客描述社区中心的方式来判断：如今它已包括在几本旅游指南中，象征着唤起翁布里亚特色与标志着新千年的力量。

对我们而言，罗西的设计方法对其他设计者有很大的利用潜力。首先，他的场所和历史的概念提供了一个理解场地的自然、地形及其他地理属性的有力工具。在佩鲁贾，我们已了解到地形如何推动特定类型的动态体验，这促进了一个地方的可读性。罗西在设计中还利用水体在城市和乡村景观之间形成强有力的联系，并结合当地的树木，就像我们在卢布尔雅那和墨西哥看到的那样，树木在场所－认同方面也很重要。

罗西的设计方法中第二个重要因素是总体的空间结构和场所的骨架，它们的设计与既有文脉联系在一起。然而，必须允许这种“骨架”在时间中成长，因而可以不断添加新元素，让城市形态扩展。罗西把旧的道路整合到新方案中，实现了这一要求。

第三个因素在罗西看来是最重要的，即关于类型和类型学的概念。意识到类型和类型学元素能够用作设计想法的源泉非常有益。但当我们使用类型时，需要记住它们不仅是物质要素，它们在使用与功能上也承载了重要信息。当我们设计新的类型时，需要足够耐久以适应不断变化的社会经济与文化需求。我们还应记住既要考虑大尺度也要考虑小尺度的细节元素，就像佩鲁贾的使用者指出的那样。

罗西设计方法的第四个方面，即他的城市动力学概念也很重要，结合在设计过程中，可以使项目建成后扎根于但不囿于过去。关键问题是对文脉的参照与新的进步建筑形式要素之间有多大的跳跃。在社区中心案例中，这一跳跃对于居民可能过于激进，过于抽象而无法联系到设计的所有层面。这表明所有重要的参与者之间需要一种更为密切的工作关系，这样能够在设计过程的不同阶段讨论这些议题，实现不同想象社群之间的最佳平衡。

罗西的设计方法也通过城市记忆的概念将许多不同的群体联系起来，它们积淀在城市人为事实、空间系统与事件序列之中，形成了铭刻在自然景观上的人类历史的独特分层。这些城市记忆代表了许多想象社群的集体无意识。罗西通过考虑城市记忆、骨架、类型与类型学，设计了一个能够投射许多新意义，因而能够支撑众多社群的方案。通过新市民中心及其新广场的设计，城市新的场所精神成为一个重要的新地点，不同的社群能够在此互相影响，并参与到新的事件建构中。

现在让我们联系到我们在场所－认同方面的四个关键议题来讨论罗西在社区中心中的设计方法。首先，我们对于用设计来强化想象社群的根源感学到了哪些有用的经验？在使用层面，罗西的骨架、类型、场所和历史的概念都基于对根深蒂固的城市形态要素及其空间关系的理解，设计者以“类比”的方式对其阐释和利用，来创造新的地点和新的场所－认同。这儿骨架或城市结构的概念尤为有用，在设计中用来扩展现有场所并使他们以相容的方式成长，各部分都遵循相似的模式规则。在设计最实际的层面，我们可以创造统一的公共开放空间网络，包括区域的和本地的。这种开放空间网络允许不同使用者相互遭遇。类似地，类型与类型学的使用扎根于过去，并通过使用城市动力学的概念调整后也满足了当前和未来的需要，成为设计新项目的有力工具，满足使用者的需求，并提供了一系列人们相遇的机会。在意义层面，罗西的设计方法通过积淀在城市人为事实与空间系统中的城市记忆将众多不同群体联系起来，形成了铭刻于自然景观上的人类历史的独特分层。城市记忆代表了众多想象社群的集体无意识。罗西通过考虑城市记忆、骨架、类型与类型学，设计了一个能够投射许多新意义，因而能够支撑众多社群的方案。通过新市民中心及其新广场的设计，城市新的场所精神成为一个重要的新地点，不同的社群能够在此互相影响，并参与到新的事件建构中。[1]这些元素同样强化了我们对城市可读性的理解。

罗西的设计方法也为用设计来支持与其他社群成员和谐共生方面带来了有用的经验。在使用层面，这通过与“他者”面对面的积极的安全感来达到。方案表明罗西的设计方法如何用来设计一个整体的公共开放空间网络，其中混合使用的开发为不同使用者群体提供支持。在意义层面，城市记忆的使用使我们形成根生蒂固的城市结构和我们自己认同感的概念。

第三条重要经验是用设计来强化使用者的赋权感。在使用层面，罗西的设计方案促进了不同肌理和公共开放空间网络的整合，为不同社群的人提供路径、行为模式和生活方式的选择。在意义层面，使用者对新场所扎根于过去熟悉场景的理解强化了他们的感同身受，以及他们对于特定类型想象社群的归属感。

最后，罗西的设计方法为通过设计来支撑与更广阔的生态系统和谐共存感的形成能够带来什么？在使用层面，通过尊重场地的地形和地理环境，联合佩鲁贾新旧城区来实现。在细部设计层面，罗西利用水体、当地的树木及其他的植物为鸟类、昆虫和其他非人类物种提供了丰富的栖息地。在意义层面，使用者对社区中心的感知和诠释揭示了基地地形与丰富的动态知觉根深蒂固意义，再次把佩鲁贾新旧城区连接为整体的场所－认同，即它的“场所精神”。

注释

1 Seminar presentation by Nullo Belodi, Lisbon, 1999.
2 Interview with Pier Luigi Cervellati by Georgia Butina Watson, Bologna, 2001.
3 Biographical note on Rossi, in Rossi, 1986.
4 Eisenman, Editor’s Preface in Rossi, 1986.
5 Ibid.
6 McLeod, in Rossi, 1986.
7 Eisenman, Ibid.
8 Rossi, 1986, 21.
9 Ibid.
10 Ibid.
11 Ibid.
12 Ibid., 21–22.
13 Ibid., 22.
14 Rossi, 1986, 6.
15 Rossi, 1986.
16 Ibid., 63.
17 For further information refer to Chapter 3 of Rossi’s book.

[1] 本段的后半部分文字与前一段相同，原文即如此。——译者注

18 Ibid.
19 Rossi, 1986, 103.
20 Eisenman in Rossi, 1986, 7.
21 Rossi, 1986.
22 Ibid.
23 Rossi, 1986, 139.
24 Vasak, 1989.
25 Ibid.
26 Ibid.
27 Facaros and Pauls, 2002.
28 Ibid., 2002.
29 Ibid., 106.
30 Ibid.
31 Ibid.
32 Interview with Lucia Vasak, 1989.
33 Vasak, interview with the City Council of Perugia members, Perugia, July, 1989.
34 Interview carried out by Lucia Vasak, Perugia, July, 1989.
35 Rossi, 1982.
36 Ibid.
37 Rowe, 1997.
38 Vasak, 1989.
39 Ibid., 124.
40 Adjami, 1994.
41 Vasak, 1989.
42 A resident of Perugia, quoted in Vasak, 1989, 134.
43 Ibid., 135.
44 Vasak, 1989,143.
45 A Perugian resident quoted in Vasak, 1989, 143.

第7章

马来西亚：生态与文化的层叠

在上一章中，我们剖析了阿尔多·罗西的佩鲁贾社区中心的设计方法，佩鲁贾的自然景观、城市地形以及传承下来的形态与类型要素在他的设计中发挥了关键作用。我们也看到罗西如何在社区中心方案中构建一种根源感，同时融入了进步的新设计理念。我们了解到在这一挑战性的任务中，罗西如何成功地用自己的理论方法，用佩鲁贾强烈的形态结构，用佩鲁贾市民和专业人士的进步态度作为指引。

佩鲁贾经历了几个世纪相对缓慢而稳定的发展，导致了一种强烈的佩鲁贾特征，而当人们面对当代设计的场所－认同时，很多地方的快速发展潮流提出了新的挑战性问题。这在马来西亚这类国家表现得尤为明显，在那儿，像吉隆坡那样的快速发展的城市，通过与全球化世界经济相关的发展类型产生了强烈的形象，同时也提出了复合的多元文化设计议题。在我们探讨如何在这种条件下形成恰当的场所－认同之前，有必要先说明那些理念形成的背景（图7.1a和图7.1b）。

首先，马来西亚的特征深受其地理条件影响。马来西亚14个州的地形与地貌各不相同，共同构成了占地13.2万平方公里的马来半岛，以及婆罗洲岛（Borneo Island）的一部分——占地33.3万平方公里的沙巴（Sabah）和沙捞越（Sarawak）[1]。归因于古代海上贸易线路和相对平坦的地形，这个国家大部分的城市开发均位于马来半岛的西部，比较而言，中部地区多山，东部地区有很长的优良沙滩。沙巴和沙捞越的地理环境也同样丰富，其中山脉延伸，包括神秘的Kinabalu山，静水蜿蜒，流入蔚蓝的、岛屿云集的南中国海。马来西亚的岛屿都覆盖着原生的雨林，动植物繁盛。这个国家的湿热气候（平均温度35℃），充沛的降水，贡献了独特的文化景观。对于场所－认同建构过程尤为重要的是充足的木材供应，传统上用于建造房屋、清真寺、店铺及其他建筑类型。

除了自然地形与景观的影响外，国家的历史、政治、文化事件也在场所－认同方面起了重要作用。今天，马来西亚的原住民——Bumiputras，包括马来人和其他本土群体占总人口约58%，第二大的种族是华人，占大约32%，剩下的人口大部分是印度人。

在整个13世纪，来自印度的穆斯林商人带来了伊斯兰教：当前大约45%的马来西亚人口属于这个主要的宗教群体。其他的宗教群体包括佛教、印度教和基督教。如今人们的主要语言是马来语、汉语、泰米尔语（Tamil）和英语。[2]

7—14 世纪之间，这一地区受印度王国统治，由印度的佛教徒王朝来掌管。[3]15 世纪到 16 世纪中叶，国家相继被葡萄牙人（1511—1641 年）、荷兰人（1641—1785 年）以及英国人（1785—1957 年）掌控。[4]持续的政治和行政改革浪潮也带来了丰富多彩的文化影响，这在国家的社会经济、建筑与城市设计特征上仍然很明显。马来西亚最近的政治、社会经济和文化变革始于 1957 年，当时马来西亚从英国统治下获得独立。

马来西亚走向独立，也叫做默迪卡（Merdeka）[1]，在很多方面都是一项丰功伟业。这部分归功于经济的快速发展，丰富了主要日用品的供应，如橡胶、锡、油与棕榈油。马来西亚的地理位置，以及与其他国家良好的贸易关系也在全球经济增长中扮演了重要的角色。同时，独立后政府推动的教育计划带来了连续不断的高素质工人的供给。在建构新的马来西亚民族中最具有挑战性的议题是把国家形形色色的社会文化群体包括进来的需求，变成对自己作为一个独特的想象社群特有的强烈的情感与认知，同时也带着对马来西亚总体认同的强烈信念，从属于一个现代的民族国家。这种复合的社会结构非朝夕可以实现，也不可能没有强烈的情感和偶尔的冲突，它们不时造成各种族间的紧张局势。

图 7.1 （a）吉隆坡的地标：进步的场所 – 认同图像；（b）吉隆坡对比强烈的形态

[1] Merdeka，马来语“自由”和“独立”的意思。——译者注

近年来由于普遍积极地寻求更加团结的民族感，这种紧张局势似乎已经逐渐减弱。

如果我们想要理解马来西亚的设计师如何应对这种复杂多样的文化传统，就必须弄清建成形式要素如何随时间演化的，这样就能理解特定场所－认同观念的起源。当代场所－认同建构过程中有两种主要的历史性建筑来源可以借鉴：一种是传统的乡村木构住宅，建于支柱之上，屋顶非常有特点；[5] 另一种是在更大城市中心如吉隆坡、马六甲（Malacca）和乔治城形成的城市设计传统（图 7.2a）。

按照林子源（Lim Jee Yuan）的说法，马来西亚本土建筑“是马来西亚文化遗产最丰饶的组成部分之一，都是由普通村民自己设计建造，显示了马来人的创造性和美学技能”。[6] C · 阿贝尔（Chris Abel）说道：它也带来了“社会与传统文化的建成形式类型之间的一一对应关系，是一个很好的范例。”[7] 许多建筑理论家和当地的建筑专家认为传统的马来乡村建筑很好地顺应了其住户的社会文化需求，同时也是对湿热气候的一个完美回应。传统住宅的资源直接取自自然，对生态平衡有着深入的理解，其设计利用一系列通风和太阳能控制设备，以及低热容量的建筑材料，可以能够有效地满足当地气候的要求。[8]

马来西亚乡村住宅的基本形式就是“梁柱结构，竹木墙体和茅草屋顶”；[9] 可以有大量的窗户来提供很好的通风和视景。这种基本住宅单元可以根据居住者的需求扩展。房屋内部有一个很大的开放空间来使

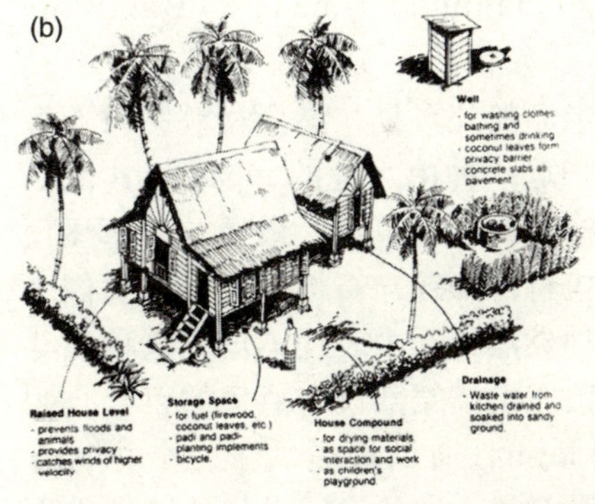

图 7.2　（a）传统的马来西亚木构建筑；（b）传统的马来西亚村舍；（c）马六甲老滨水建筑；（d）马六甲的折中主义的宅店

清凉的空气流通。地板位于不同的高度，在各种家庭活动间形成功能划分，例如烹饪、就餐、睡眠或招待。

经过很长历史时期，这种基本住宅类型已演化成许多子类型，通过墙体装饰元素、百叶窗与门、特别是各种屋顶形状来区分。林子源说：

从远处看，马来住宅和环境很自然地融合在一起。硕大的屋顶主导了住宅低矮的墙体和开敞的架空基座。不同大小与朝向的屋顶并置，创造出趣味盎然的视觉形式[10]。

马来住宅的类型根据屋顶形式与形状来划分，最基本与普遍的类型包括 bambung panjang, banbung lima, banbung perak 和 banbung limas。[11] Bambung panjang 是独特的长尖顶山墙屋顶，在马来西亚半岛随处可见。屋顶材料叫做亚答(attap)，是一种由当地的 nipah 及其他品种的棕榈叶制成的草顶。最近，茅草屋顶已被现代材料如锌与石板瓦取代，它们大多在这种炎热天气中表现不佳。这种漏斗形的屋顶在山墙端部设有通风的百叶，叫做 tebar layer；通风口提供了一个非常有效的降温系统。大屋檐通常从外墙挑出许多，用以遮阳避雨。

马来住宅尽管构造简单，但装饰方面却非常精细：有的住宅展现为一种地方传统与以荷兰、英国为主的殖民地折中主义影响非常有趣地混合，例如在马六甲，住宅的装饰非常丰富，入口与庭院空间中用了彩瓦。一些房屋带有中国的影响，在雕刻、瓦和精美的扶手上非常明显。有的更大的房子由几个基本单元组成，带有铺装的内院和木制的阳台。大多数其他当地类型没有如此华美，但有时候在木头的表面有丰富的雕刻。屋顶与墙体是以 bertam 树皮与树叶制成的美丽图案。

传统上的马来乡村住宅都坐落在院子里，通常用大树和灌木来围合。院落与一组房屋共同组成了一个甘磅（Kampong），即一个较大的小村落的领域。单个的院落限定了私人居住领域，通常种着果树与灌木，提供食物，遮挡烈日与暴雨。棕榈树尤其适合改善小气候：其顶部树叶密集，像一把“雨伞”那样遮阳避雨，而下面的树干允许空气流通。甘磅中院子的分布定义了村庄的社会空间，场地的地形与气候决定（图 7.2b）。林子源认为，传统马来住宅是随机布置的，这保证了下风向房子处的风速不会明显减弱。[12] 总之，这种空间组织模式和建筑技术提供了一个在生态与气候上满足当地居民需求的高效系统。

除了传统马来乡村住宅，马来西亚的设计师在当代马来西亚场所－认同设计时还继承了其他更多的城市住宅类型与聚居模式。在大型中心城市如吉隆坡、马六甲和乔治城都可以找到很好的例子。

据史料记载[13]，马来西亚半岛最早的城市发展始于公元 7 世纪和 14 世纪间的吉打州（Kedah）。马六甲就建立于这一时期，是一个重要的港口，阿拉伯、印度和中国商人都来这儿收集香料。随着经济的增长，围绕着主要的贸易和文化中心也形成了其他的早期城镇，例如乔治城（Penang）和吉隆坡。

15—20 世纪间，中国商人带来了各种各样的店铺，最基本的类型是正面和背面两个房间，中间是一个露天的院子。从形态学角度，这些房子在狭窄的产权地块上排成一列，A · 图（Anthony Too）说道：

对马来西亚的现存建筑形式，马六甲、乔治城、怡保（Ipoh）和吉隆坡这些主要城镇的规划与形象做一个总体的回顾，将揭示出旧城中心和和传统商业街区高度一致的分类和市民联合。更近距离的观察揭示出相对一致的格网模式，有趣的街巷，肌理的交织错综复杂，形成了基本的可读成分，在精致的城市肌理中促进了空间和形式上的连续性。[14]

店铺通常二至三层高，前面是商业或“店铺”单元，地面层有一个五英尺宽的一个拱廊步道。步道后面是商业区域，上方是办公室。背面的另一个房间通过庭院与店铺隔开，作为家庭私人使用。这种建筑类型形成了一个非常健全的单元，也适应了气候，允许空气经过建筑物的不同部分流通。马六甲的宅店尤其有趣，按照 A · 图的说法，“（在这儿）发现了当地宅店最早的原型及其类型学的变体”。[15] 随着时间推移，在其他的建筑与文化的影响下，宅店的类型获得了许多受到葡萄牙、荷兰和英国影响的装饰元素，这产生一种独特的海峡折中主义风格，在马六甲非常明显[16]（图 7.2c 和图 7.2d）。

它们在一块狭长的被墙体分隔的地块上，临街面有一个有顶的凉廊，它预示了五英尺宽的阳台类型。这些独特的红瓦屋顶房子大多沿着一条轴线被通风竖井细分为若干段。[17]

这种类型的不同变体也可在吉隆坡和槟榔屿乔治城找到（图 7.3a）。

除了乡村的马来住宅和城市的中国宅店的例子，吉隆坡和乔治城这样的城市的场所－认同有很多是英国殖民城市化过程的结果，它按照最初由 Selangor 苏丹在 1779 年提出的邀请，为了给该地区带来法律与秩序，从 1795 年引入英国的行政管理开始。从而这一泥泞的河口开始作为锡的交易港，吉隆坡从两条河流——Gombak 河与 Klang 河——交汇处的小村庄一跃而成城市，并在 1819 年成为英国人管理机构的所在地。最初的中国的锡贸易港是由摇摇欲坠、咯吱作响的木建筑和亚答屋顶构成，按照 Chay 的说法，每个种族群体在其中各有其所。[18] 马来人定居在两条河流交汇处上游的村庄中，朝向菠萝山（Bukit Nanas）。而中国人居住在下游，沿着今天的茨厂街（Jalan Petaling）。1880 年，吉隆坡（意为泥泞的河）成为 Selangor 的州府。

1881 年，[19] 鸦片馆的大火烧毁了约 220 栋木质房屋，这给了新的殖民地州长瑞天咸（Frank Swettenham）一张白纸，可以用砖瓦来建造城市，拓宽道路，改善基础设施：街道的布局是简单的格网平面，如今在唐人街地区仍很明显。据杨经文（Ken Yeang）说，瑞天咸在 1884 年还引入了建设法规，命令原始的亚答屋聚落要用砖或板条重建，用瓦屋顶，沿着道路要留出五英尺宽的有顶盖的走道。[20]

在英国的统治期间，吉隆坡建造了许多折衷主义混合风格的殖民地建筑，最具代表性的是 1894 年由 A · C · 诺曼（A. C. Norman）设计的政府大楼，1909 年由 A.B.Hubbock 设计的一个北方印度清真寺复制品——旧清真寺（Masjid Jame Mosque），以及建于 1910 年基于北方印度模式的火车站。[21] C · 阿贝尔说，所有这些公共建筑都体现了欧洲（不列颠帕拉第奥式）和印度伊斯兰建筑原则的混合，它们与当地建筑传统共同产生了最初的马来西亚建筑（图 7.3b—图 7.3d）。

图 7.3 （a）吉隆坡修复的宅店；（b）现代吉隆坡对比鲜明的景象：以现代建筑为背景的旧清真寺；（c）吉隆坡火车站，建于 1910 年，基于一种北方印度的模式；（d）吉隆坡法院，英国殖民时代遗产的一部分

在公共与私人建筑中还有许多其他跨文化的影响。例如在 20 世纪 30 年代，欧洲现代建筑开始塑造吉隆坡的天际线。这一时期最重要的地标建筑是中央市场，一幢沿着 Klang 河的装饰艺术风格的建筑，由建筑师与工程师 T. Y. Lee 在 1937 年设计。Peter Chay 记载到，“这是吉隆坡的家庭主妇们购买新鲜的肉类、蔬菜和水果的地方”[22]（图 7.4a）。1957 年马来西亚独立后，一开始继续建造着不同建筑风格的混合的折中主义建筑，因为许多西方城市规划和建筑设计公司仍然在本地区运行。最著名的建筑是默迪卡体育场，用来纪念宣布独立的历史事件，约 2.2 万市民和现代马来西亚的第一任首相东姑阿都拉曼（Tunku Abdul Rahman Putra Al-Haj）共同见证了这一时刻。

1957—1967 年间的第一个后独立时期建筑计划重点放在吉隆坡的商业和行政开发上，这将作为马来西亚其他城市的范例。除了银行、商场和政府建筑，还有许多按照西方模式建设的住宅项目，以解决人口的快速增长，他们大部分由农村迁入，因为社会文化以及气候的原因，他们常常感到不适应这些新建的高层公寓。

在城郊的低层住宅区建设中，西方建筑的影响也很明显，例如 Petaling Jaya，当地居民一般称作 PJ，规划为吉隆坡的一个卧城。早期的住房为一层或两层，类似于某些第一代的英国新城。1967—1977 年间的第二个后独立时代，类似的理念继续贯彻下去。这种趋势在 Selangor 的新州府莎阿南（Shah Alam）的设计中表现得最为显

图 7.4　（a）中央市场，一座装饰艺术风格的建筑，1937 年由 T. Y. Lee 设计；（b）杨经文的吉隆坡 IBM 大厦

著，城市为了接管行政和国家管理功能，并为了缓解 1974 年成为联邦首都的吉隆坡的某些发展压力而建设。

一旦吉隆坡成为现代马来西亚的首都，政客、投资人、设计师与城市规划者开始把注意力集中在城市的场所－认同的塑造上。这最初通过单个建筑的设计而不是通过总体空间结构来表达的。人们可以认为这主要归因于复杂的政治与历史环境，以及与殖民往昔的强烈联系，根深蒂固的空间结构表征了殖民的关联。因而发现现代马来西亚的场所－认同建构的许多原型都来自国际上的建筑类型就不足为奇了。

所以西方的影响在 20 世纪 80 年代的经济繁荣时期尤为强烈，当时吉隆坡建造了许多高层商住楼以适应各式各样的新需求。这一时期，大多数新建筑遵循世界上随处可见的标准高层建筑设计与建造原则。这些开发中有许多并不尊重当地地形：建设用地常常被推平，来适应更加简单快速的建造方案。这些考虑欠佳的干预导致了土地消耗，森林减少，某些情况下洪水泛滥。超大规模购物中心（shopping mall）同样具有负面作用，无数的商业街包围在庞大的城堡一样的结构之中，对小气候和开放空间的活力有许多消极影响。

为了联系这些新近开发的建筑，城市建设了一套新的基础设施系统。首先，20 世纪 80 年代引入了高架路系统，以便于快速的机动车交通。其次，建设了高架轻轨系统以减少小汽车出行的需求。这些系统共同创造了一个双元城市的形态，像唐人街和 Kampong Bahru 这样孤零零的传统邻里和金三角地区的高层建筑形成了鲜明对比。

唐人街因为有形形色色的商业、店铺、市场、寺庙和餐馆而充满了活力，5 英尺宽的步行廊把它们联系在一起，为这一地区商人和游客遮风避雨，而高层建筑开发由高架道路系统来服务。许多当地和国际的评论家对这种现代的发展趋势提出质疑，因为它们缺乏现代马来西亚民族渴望获得的根源感。

按照 C · 阿贝尔的说法，涉及这类开发的某些关键问题在于在马来西亚，占优势的是乡村传统而不是城市设计，导致了“缺乏恰当的与西方理论工具对等的模式”。[23]即使在1957—1985年间引入了一些发展规划，但并未解决吉隆坡的空间整体性问题。许多此类干预措施仅仅是对快速增长压力的短期反应，而不是对其形态转变过程有计划的战略性解答。此类开发的另一个缺点就是过多关注城市规划的二维层面，缺乏任何城市设计指引来塑造三维公共空间网络。

尽管在20世纪80年代西方的影响占有优势，但许多马来西亚的而不是西方的建筑师已开始探索新的理念。虽然年轻建筑师们大多数不是在英国就是在澳大利亚受训，但已开始探索可供替代的、马来西亚特有的设计方案。建筑与设计评论家们开始支持这些想法，例如C·阿贝尔提出：

> 亚洲城市规划师任何有意识地打破僵局，创造一条源于他们自己文化与历史的可供选择的规划与设计途径的努力，哪怕只是一小部分也会备受欢迎。[24]

尽管不是所有的新理念都得以实施，但可以描绘几条主线。第一条线路集中在高层建筑单体设计上，一方面是当地的图像与象征的使用，另一方面是生态友好型的设计，开始出现于办公楼、银行及其他公共建筑设计中。这一类别中最著名的建筑是杨经文设计的IBM大楼，外围景观化的阳台为建筑体量降温（图7.4b）。另一个很好的例子是吉隆坡的Dayabumi综合体，由BEP与MAA Akitek小组设计。我们看到伊斯兰拱门和几何图形花窗的运用，既作为新象征图像中的元素，也作为节能装置来过滤强烈的阳光，使建筑物内部降温（图7.5a—图7.5c）。与早期开发方式分道扬镳的关键之处是这一建筑综合体的组织创造了一个小型公共空间，使行人能够在棕榈树荫中休憩，观赏中央市场和现代吉隆坡的城市景观。同时，一个小步行桥连接了狭窄泥泞的Klang河两岸，把空间序列延伸到中央市场地区。

20世纪80年代随着对建成形式遗产的丧失逐渐关注，保护的议题也开始浮出水面。这种争论有助于抢救许多马来木构住宅，以及吉隆坡、马六甲和乔治城的宅店群。此外，由PAM（Pertubuhan Akitek Malay）在1983年组织的首次民族设计论坛关注的是建筑和区域的特性，以及关于建筑对场所和时间的参照问题。在吉隆坡首次大型的保护主义干预的主题是中央市场地区。市场建筑本体曾计划在20世纪80年代初拆除，让位于再开发，但鉴于保护主义者的压力它被保留了下来，并在1986年重新翻新。这触发了其他小尺度的城市设计改善计划。中央市场建筑周围的空间被步行化，成为如今吉隆坡最受欢迎的公共空间之一。中央市场建筑本身转变为一个工艺品卖场，为传统马来西亚手工艺商品提供交易空间，深受游客和当地人的欢迎。在这种保护主义干预中，总是会因为失去传统的市场而难过；然而，这个地区老宅店的存在为居民日常的生活用品供应提供丰富多彩的重要交易空间。20世纪80年代还修复了许多其他历史建筑，成为场所－认同方面的一个转折点，因为当地专业人士和其他关键的参与者开始认识到马来西亚认同的复合本质（图7.6a、图7.6b）。

除了马来西亚建筑师为保护和修复历史建筑所做的努力，20世纪80年代也目睹了学术研究开始探讨吉隆坡正在经历的新的城市发展类型，对城市可读性和开放空间网络特点的研究尤为丰富。这些研究

图 7.5　（a）由 BEP 和 MAA Akitek 小组设计的 Dayabumi 综合体；（b）Dayabumi 综合体的伊斯兰中心大楼；（c）Dayabumi 办公楼细部景象

开始关注前面已经提到过的“双元城市”问题。[25]

20 世纪 80 年代与城市规划关系最为紧密的论述是杨经文的《热带的凉廊城市》(Tropical Verandah City)。[26] 凉廊城市的基本概念是一套拱廊步道系统，把建筑物连在一起。这种步道能够遮阴并强化街道生活，就像传统的宅店一样。杨经文提出凉廊步道能够潜在地将城市中新老建筑连成整体，并与自然景观要素联系起来，改善气候与城市形态的可读性（图 7.7)。一些评论家视其为一个非常有用的想法，通过它基础设施、气候调控和城市美学都可以用同样的装置来解决。[27]

然而，在 20 世纪 80 年代大多数其他的马来西亚城市发展，特别是在国家首都吉隆坡，持续反映的是全球的而不是地方的设计实践。城市增长率逃脱了任何城市设计干预的掌控，最引人注目的结果是吉隆坡天际线的变迁，在历史清真寺及其他建筑类型的背景下，高层办公楼、酒店和住宅塔楼飞速建造。

这推动了吉隆坡文化景观现代、进步的一面，现代商务、行政部门、购物中心和豪华酒店争抢重要地段，相互之间以高度和建筑形象来区分。相反，另一种类型的想象社群表现为传统模式的街道、宅店、清真寺及其他历史建筑。似乎两者都很重要，当代马来西亚建筑师和城市设计者们的关键问题是如何包含两者，建构一种新型的场所－认同，它源于过去，却又现代、进步而前瞻。

图 7.6 （a）吉隆坡中央市场综合体；（b）吉隆坡中央市场地区的传统宅店

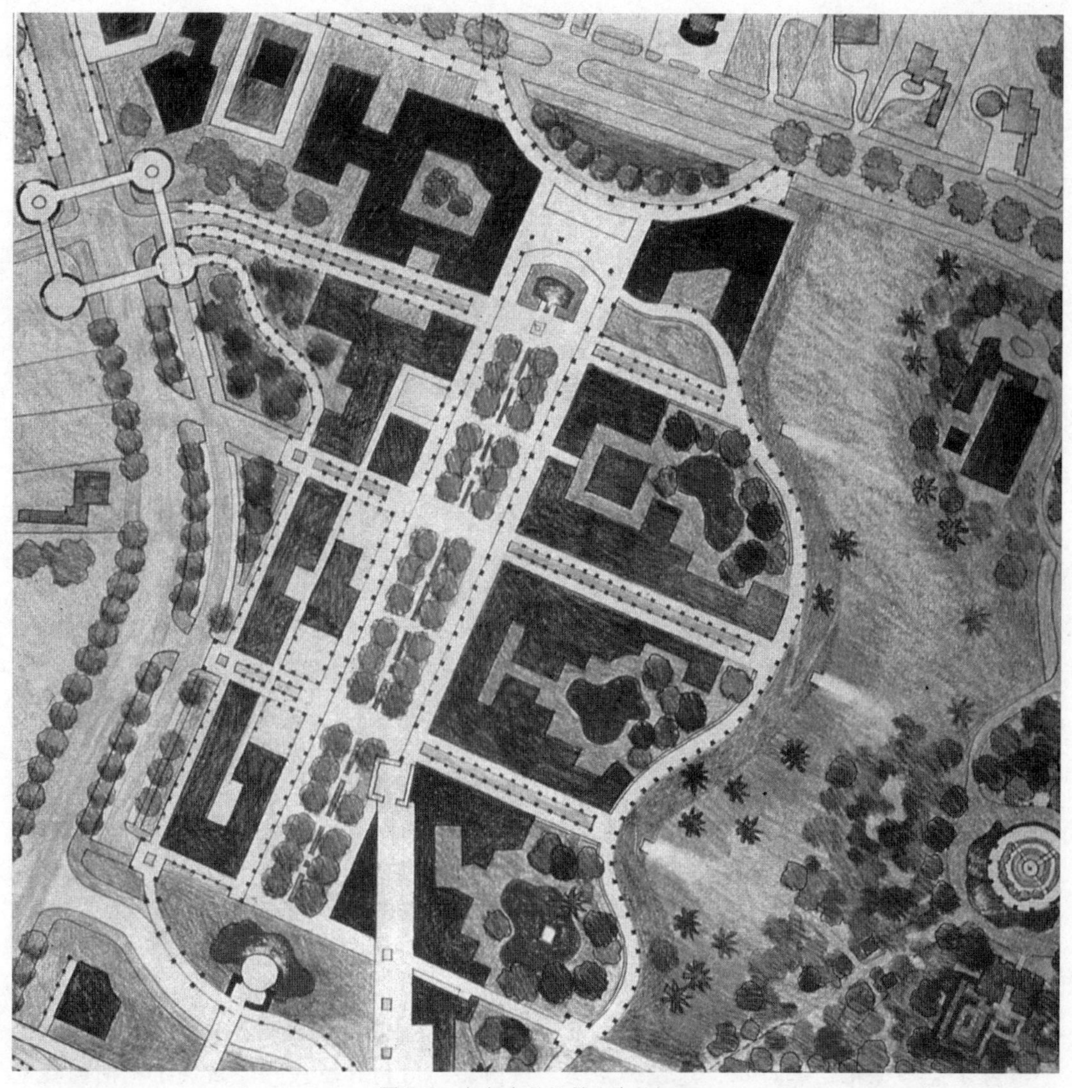

图 7.7　杨经文的热带凉廊的概念

吉隆坡在整体城市设计框架缺席的情况下，场所－认同方面的一些最具创造性的方法可在较小的建筑设计尺度上找到。此方面最重要的建筑师是林倬生（Jimmy Lim），他和他的建筑事务所室 CSK 的同事们发展出了对马来西亚传统木构房屋的当代诠释，并开始思考热带城市。[28] 在我们讨论林倬生的作品前，需要研究支撑这些想法和设计原则的理论主体。

林倬生出生于槟城（Penang），当地的独特地景与传统马来屋顶景观的形象是他择业并形成自己建筑方向的早期影响因素之一。他在新南威尔士州学习与工作，1972 年回到吉隆坡，从此开始尝试在建筑设计中对热带气候作出反应，并表现传统与现代马来西亚建成形式中的社会文化方面。

林倬生建构马来西亚场所－认同的方法围绕五个关键因素组织，它们广泛对应于我们自己的场所－认同议程，包括气候因素、环境影响、文化与传统影响、传统结构概念以及精神隐喻。[29]

在气候因素方面，马来西亚温暖潮湿的气候、强烈的热带光照，季节性的强降雨和常见的大风天气对住宅设计是决定性的。因此遮阳、避雨和通风在设计过程中必须作为主要问题考虑。如我们所见，传统的马来木构房屋是解决这些问题的范例。

林倬生的第二个关键因素是环境影响。首先他表示：

应尽可能地感知与保留场地独有的特征，因为它们促进了场地整体上的“独特性”或者“唯一性”。[30]

林倬生也信奉建筑与自然景观和谐一致的想法，所以“山就是山，谷就是谷，任何构筑物的设计应与环境协调”。[31] 他感到对地表水和地下水的考虑也非常重要，在能耗、运气与连续性方面有重要的象征意义。

为了能够优化这一特征，建筑师应当努力更清晰地洞察其价值，并结合在自己的设计中，寻求总体的建筑，建筑由此超出物质结构而包含建筑使用者的精神渴望。[32]

风向是另一个重要的环境因素，因为恰当的住宅朝向可为居住者带来清凉的微风。按照中国传统的“风水”之说，风与水之间的关系在建筑的选址和朝向上起到了至关重要的作用。总之，林倬生用一种特殊的太极方法谦逊地处理景观问题，设计师在其中与自然合作而不是相违背：

我的建筑设计方法很简单：理解你的环境，创造适合你居住环境的建筑；理解你的地点，你是谁，你在哪里。作为一个建筑师，建筑有两个方面影响了我的思考。第一我称之为“谦逊的建筑”，另一个是建筑的“太极”。我所说的谦逊指的是在情境面前，以及它需要怎样的解答时抑制人的自我。[33]

林还认为建筑师必须维护自然界的平衡，即土地的“阴阳”学说。他在工作中带着对场所的感官体验，他称之为“热带的仪式”。他对色彩、声音、气味、动觉与视觉体验考虑周详，各种形状、光影、各种色调以及无法看见和预期的神秘事物的层叠激起了这些体验。[34] 热带建筑顾及人造元素与自然间的共生关系，唤起了情感和记忆。如果建筑的干预能够恰当地表现，同样可以带来“构筑”自然的机会，我们在第3章的墨西哥中也讨论了这一概念。林倬生提出：

神秘的透明性、层叠的形式、光线、阴影、结构肌理——皆强调了空间的视觉超现实主义，模糊了空间、距离和时间的区别。[35]

林倬生在其设计思想形成过程中考虑的第三条原则涉及文化与传统的影响。他试图恰当地整合文化和社会因素，来维护与推动深藏在不同想象共同体中的连续性价值，他们的生活方式与建筑传统。他常常将传统甘磅的布局概念用于自己的室内空间设计，其中起居区域是对甘磅广场的象征性再演绎，而房间则是对甘磅单个住宅的重新诠释。

林倬生在住宅设计方案中频繁使用的房屋类型是对传统马来吊脚楼的再演绎，这基于他的第四条设计原则：传统结构概念的使用。此处对传统建筑技术的参照在屋顶结构的分层设计中表现得尤为明显，他对此运用娴熟，许多项目因此获奖。为了支持他分层的、鱼鳍状的屋顶结构，“林倬生受到传统的案例，例如中国传统建筑的柱头斗拱的启发，设计了一种基于斗拱技术的独特支撑系统。[36] 林常常使用传统建筑材料，如木材（经常循环使用）、竹百叶等，很多是从废弃的传统马来房屋中抢救出来的。C·阿贝尔说道：

> 林强调地方材料与技术的美德，以及与自然和文化生态协调的建筑。他的建筑的首要范本是传统马来吊脚楼，这是遍布东南亚的木构框架建筑家族的类型之一。然而，他富于创造的结构和空间形构也是自由表达的创新精神的明证，挑战了“现代“与”传统“建筑之间的陈腐对立。[37]

第五条原则涉及精神隐喻的概念。林倬生设计建筑时，他视其为人可以找到精神安慰的地方，就像人们在寺庙中那样：“房屋是一个人自己的寺庙”。林感到：

> 它是我们努力在精神上提升自己，看见神的地方；它是神的象征性居所。一个我们寻求慰藉，一个与神交流的地方，一个我们感到最放松的地方，神的存在可以被感知。[38]

在这一个人的寺庙中，各式各样的内部空间提供了遮蔽、社会互动与慰藉。当人们穿过这样的房子时，他沿着一条“行进的路径”，从公共区域开始走到私人空间。

林倬生就像前面章节中讨论的普雷尼克和巴拉干那样，从景观及其场所感、地方文化与生活方式、以及建筑传统中汲取灵感。因而看到这三位建筑师均受到 F. L. 赖特建筑的影响就不足为奇。

林倬生在其自宅设计中尝试了这些原则。自宅位于吉隆坡 Taman Seputeh，是一个正在进行的私人项目，围绕着一座现存的住宅演化而来，该住宅现已成为一座广为伸展的建筑的核心。扩建部分是逐步形成的，满足了家庭多变的需求（图 7.8a、图 7.8b）。林倬生感到：

> 房子就像一颗树，每一次新的加建就像树枝，每一个新的房间就像树枝上的顶饰，每一个新的细部就像精细的树叶。树垂直生长，比例完美。[39]

林倬生的房子舒舒服服地坐落于多山之地，从邻里的其他住宅中脱颖而出，形成了当地的一个地标。房子由两部分组成，一是用于家庭，一是为客人准备。两者之间的空间是一个休息厅，采用了开放的平面，内外总体空间序列的组织为的是创造一种前面提到的“行进的”体验。在庞大的伞状木构屋顶中有许多开启的装置，起到“帆”的作用来捕获风力并协助室内降温。[40] 这些开启另有两个优势。它们朝向西面，傍晚时分凉风可以进入房子，穿过房屋，使房间和庭院凉下来；同时它们还带来了吉隆坡和房子下面山谷的惊人美景：这些开口的高度根据建筑师的摇椅，以及坐在摇椅中的视景决定的。[41] 起居空间的一侧也是开放的，使微风能够自由流动，制造出清凉的效果，小瀑布流水声使

图 7.8　（a）林倬生的 Taman Seputeh 住宅，吉隆坡，由 CSK 事务所设计；（b）林倬生住宅中的一处加建

之进一步强化。

从类型学上看，这所房子是传统马来房屋类型和现代住宅的一个成功融合。形形色色的加建用了循环使用的木材和当地的硬樟木、以及槟城的废弃的砖。建筑的原始部分基本未变，包含了各种家庭使用的房间，而客人使用部分是在原有建筑上添加的，用带雕刻的木材建造。另一个加建是小小的“音乐室”，装有空调来保持乐器需要的湿度水准：它安适地坐落于树荫遮蔽的花园中，木与玻璃的墙体可以打开，形成一个即时的音乐表演舞台。“在热带气候中空调房间的典型问题是除湿系统排出的水。而在林倬生的住宅中，他临时将排出的水收集起来并导入一个大盆，用来灌溉房子中间的树木。”[42] 房子后面的一块地种满了当地的植物和树木，用来给整个住宅综合体提供必需的凉爽环境，但也用于林倬生为其客户设计与建造的其他房屋的景观塑造中。如此一来，他就把早几代住房建设者们从大自然拿走的东西回馈给了自然。

这所建筑的一个关键特征就是它是历经时间演化而来的，像一棵树那样：过去、现在和未来都是相同历史演变中的各个部分。林倬生在房屋扩建的各阶段中利用的许多人工制品、家具和建筑材料中都承载了其他家庭、其他房屋和其他生活方式的记忆。

看见林倬生在其自宅中所尝试的许多理念在近30年来他为大量客户设计的建筑中使用并进一步优化毫不奇怪。尽管其中大部分都基于先前解释过的一般原则，但每所房子都独特的场地属性、当地的风水和每一个客户的要求而不同寻常。每栋新房子都以一种类似于传统村落的场所－认同感建构方式，为场所－认同的演化贡献良多。我们选择了三座建筑来更详细地剖析这一过程。每一个都标志了建筑师专业发展中的一种不同类型的挑战，代表了他创造性理念成熟的一个标志。

我们将首先剖析一下位于吉隆坡孟沙(Bangsar) Jalan Ara 街著名的 Precima 住宅。建筑占据了一片陡峭的斜坡，林倬生视之为检验他五条原则的巨大潜力，将其作为设计的起始点，而不是改变场地的地形。像他设计的其他建筑一样，他首先“感觉”了场地，建立了其风水、地貌、地形及植被的形态属性。建筑占据了一块朝向东北的狭长土地，客户需要一幢热带房屋，应当舒适而不拘小节，顺应当代生活方式，并与传统保持联系。保持传统的想法对客户很重要，他们需要摆放许多他们在东南亚不同国家生活工作时收集来的物品。[43] 林倬生同样想要使建筑与自然成为一体。一种传统的马来住宅类型提供了完美解答，适应了倾斜的场地，并满足了其他要求。

建筑与庭院的空间组织使人想起“行进的序列”：当我们穿过住宅，开始意识到不同的空间领域与体验。建筑位于城市的边缘，其入口沿着 Jalan Ara 街，穿过一道带玻璃门的普通的院墙，与相邻的地块非常协调（图7.9a）。当我们一进入前院，就意识到房屋本身与自然景观间的关联。低矮的植物与地面植被由各种当地植物组成，提供了一个宜人而安静的芬芳环境。

> 当我们走进房屋，没有一个角落或白墙遮挡我们的视线。出众的室内、水池、室外环境和吉隆坡天际线的背景都尽收眼底。到处是华美的木材，水池反射着阳光，波光粼粼，异国情调的装饰，毫无幽闭感的开放的起居区域，充满了诱惑力。[44]

建筑与自然有着直接的联系，“内部”与“外部”之间几乎没有障碍。主要建筑是一个对称的U形平面，围绕着一个中央水池来组织，池水流入起居空间：

游泳池是活动的中心，给房子带来了一种“乡村精神”，好比一座临河的房子，人们早晨起来，下河洗澡[45]（图7.9b）。

池水也为室内降温，并带来丰富的视觉与听觉体验，水池一端岩石与植物中间的小瀑布加强了这种体验（图7.10）。

水池终止于一块峭壁，两个木制长椅嵌入其中并作为栏杆，我们在这一优越的位置可以看到城市的全景，它还是唯一可以在视觉上欣赏这座建筑的壮观全貌的视点。[46]

在夜晚，水面反射着蜡烛与中国灯笼的闪烁光线，视觉的丰富性尤其强烈（图7.11）。

建筑的中心部分两层高，木结构的大屋顶。核心是一个宽大的开放起居区域，把建筑的其他部分结合在一起，就像甘磅的中心空间。起居室部分与游泳池相连，没有墙体，只有木百叶，而突出的伞状屋顶及悬挑的屋檐可以遮阳避雨（图7.12和图7.13）；因此房子的空气可以自由流通，凉爽宜人。

前往上层的房间要经过一个木旋转楼梯，它终止于一个鼓状的挑台（pulpit），突入主起居空间。楼上包括一间书房和一间带浴室的客卧。

它使人想到典型马来乡村住宅的场景，没有任何当代家具，充满木材的温暖，这是唯一的奢侈。[47]

住宅的设计和它所容纳的各种的人造物之间有一种非常强烈的联系：我们可以看到，高雅与通俗艺术品的混合，产生了一种跨文化的感觉。例如客房的入口处放了一对真正巴厘风格的门：客户想将他们自己的文化体验融入房屋设计中。正是从楼上客房的位置才能把壮观的木构屋顶结构完全显现出来，令人信服地用着色的樟木梁和白色的水泥纤维板（cemboard）制成，既免受外部天气条件影响，也带来了“像寺庙一样”的离群索居和超凡冥想的感觉。彩色玻璃、木制百叶、竹卷帘和半透明材料滤过恰好保证日常活动所需的足够光线。

底层两翼的卧室面对着游泳池，为使用者带来私密性。因为场地有坡度，两翼也建在柱子上，就像传统马来住宅，在城市的人居环境中允许当地植物和昆虫与人类共居。对大自然的象征参照在建筑的细部设计中也很明显：支撑屋顶结构的构架雕刻成展翅飞翔的鸟翼，使人想起结构“之轻”，并与“水滴”的细部相均衡，意味着重力的平衡。

在林倬生的其他建筑中也可发现类似的设计原则，尽管每一座都独特地回应了场地特征与客户的要求。理论上，林倬生想要有一大块地，他可以将这些建筑放在一起，形成一个新的，当代的马来西亚甘磅。他的这一想法向前迈进了一大步，因为Precima House的房主Rolf Schnyder买下相邻的土地来满足更大的空间需求，并邀请林倬生以这种方式设计一栋新的房子以完善隔壁早先的那一栋。客户的简单要求是把两块场地联系在一起，让他可以从一处房子自由地进入另一处（图7.14a、图7.14b）。

图 7.9　(a) Precima 住宅，位于吉隆坡孟沙的 Jalan Ara 街，由林倬生和 CSK 事务所设计; (b) Precima 住宅卧室的一翼

图 7.10　Precima 住宅，庭院景象

图 7.11　夜晚的 Precima 住宅

图 7.12　Precima 住宅室内

建筑的设计再一次以传统马来住宅的原则为基础，利用坡地作为设计概念的一部分。林倬生想法是设计一个宽大的三层楼阁，主卧室位于顶层，就像一个“鹰巢”。建筑为半圆的形式，提供了吉隆坡 180° 的惊人视景。为了阻挡繁忙的 Jalan Ara 街的交通噪声，房子从道路标高下沉，并形成一个瀑布，流入游泳池。出于气候和生态的考虑，房子的周围种植了大型植物、蕨类和灌木，而房子还是架空的，使自然环境成为住宅的一部分。

林倬生设计的建筑在地形上最具挑战性的大概是建在 Damansara 山上的 Peter Eu 住宅。Damansara 山环绕着山谷，吉隆坡的

图 7.13 Precima 住宅的室内与屋顶细部

城市中心坐落其中。这栋住宅获得了 1989 年 PAM 建筑奖，像一把大伞，中间有一个楼梯井。楼梯井起了重要作用，把房间结合在一起，为坡屋顶放射状的骨架形成一个中央的“合页”，屋顶下是休息与观景平台。[48] 建筑在空间上再次明示了空间的“行进”序列：我们爬得越高，就越幽静。一所“像寺庙一样”的房子浮现出来，可以在其中独处与冥想(图 7.15，图 7.16a 和图 7.16b)。

对传统马来与中国住宅类型的重新诠释也体现在其他地方的住宅设计上。在场所－认同方面尤其有趣的是位于乡村的设计，在那儿，由于对自然景观的广泛改造和自然资源的过度开采带来了大量的破坏。

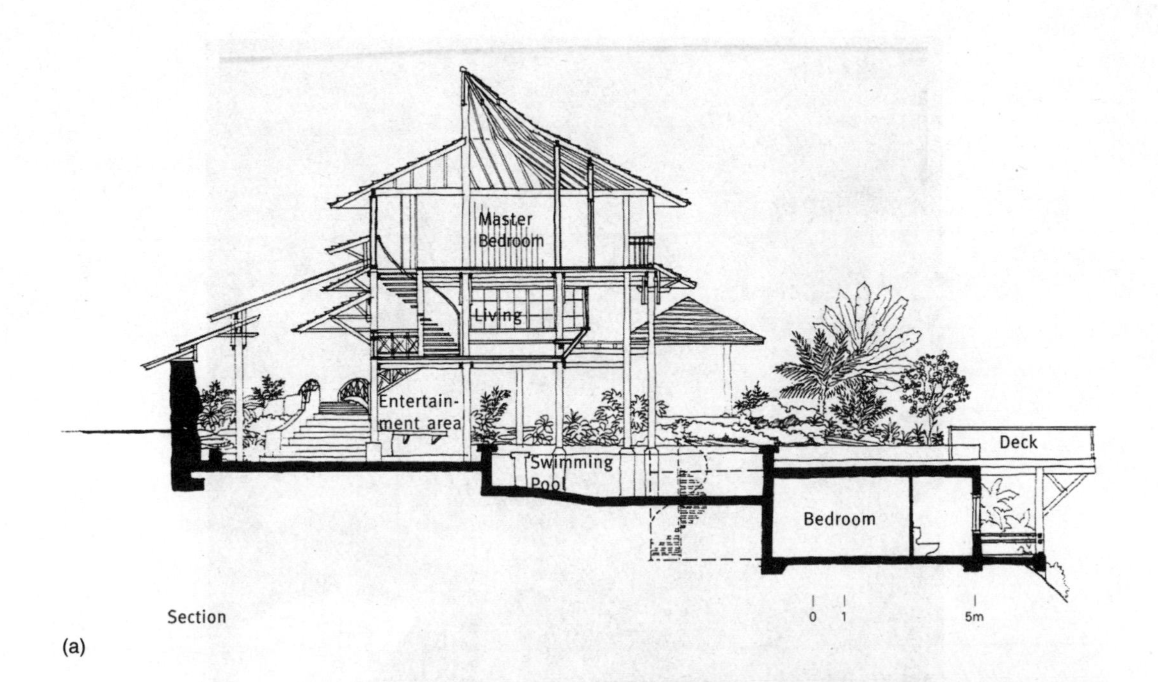

图 7.14　(a) 吉隆坡 Rolf Schnyder 住宅的剖面，由林倬生和 CSK 事务所设计；(b) Rolf Schnyder 住宅的庭院景观

图 7.15 吉隆坡 Peter Eu 住宅室内，由林倬生和 CSK 事务所设计

例如 Selanger 住宅位于距吉隆坡东南方约 30 公里的 Kajang 的 Ulu Langat，是跨文化性和创造与景观共生关系的范例。建筑坐落在一个相当平坦的长方形地块上，位于高地之上，山谷景象一览无遗。周围是丰富的当地动植物，大树带来了私密性，并具有一个自然的降温系统，微风穿过树木进入房屋自由地流通。场地充满了惊奇，包括相当大的黄色蜥蜴，大树与灌木间的太阳浴，还有鸟鸣声声，让人难以置信。

设计再一次重新诠释了传统马来吊脚住宅。林倬生用一个三角形的平面来回应客户要求的“明确用于居住、用餐和学习的三位一体”。[49] 中心是一个用碎石砌成的

图 7.16　(a) Peter Eu 住宅的屋顶结构分层；(b) Peter Eu 住宅的屋顶结构细部

六角形楼梯井，三角形结构的每个角设计成不同的用途，和抬高的平台一样，均朝一个开放的有顶走廊（wakaf）敞开。主卧室占据了顶层，还是设计得像寺庙。建筑有一个多层的屋顶结构，有开口可以使炎热的空气排出屋外，同时，架空的底层平台引导凉爽的空气进入室内，在镂空的隔墙和有顶的平台及走道之间自由流通。房屋用新的和循环使用的木材与碎石建造，并混合了许多从旧房子中回收的构件。总体形象使人想起“一只大鸟处在休息的姿势”。建筑于 1998 年获得阿卡汗建筑奖，是住宅设计中的马来传统和现代理念结合的典范。它显示出“人造元素与自然之间的象征关系，一个紧系于情感与记忆的精神关联。它完全包含了人们的一切感知”[50]（图 7.17，图 7.18a 和图 7.18b）。

在密集的城市环境中的设计工作对林倬生来说仍是一个重要挑战。他对传统城市宅店邻里的社会经济和文化的挑战非常敏感，就像他对于传统马来甘磅一样。这种敏感性体现在几个宅店的修复中，他在其中为自己的公司设计了两间办公室，每一间都对他所从属建筑传承下来的结构有特殊强调。他梦想能够得到一整块传统宅店的街区，通过设计恢复它们往日的辉煌，并适应现代城市生活。[51] 他通过他所谓的“最小甘磅”（Kampongminium）的概念来研究了类似的想法：一个传统马来村落、宅店和现代公寓单元（condominium）的融合。

图 7.17 Ulu Langat Kjang 的 Selanger 住宅，获得 1998 年阿卡汗建筑奖，由林倬生和 CSK 事务所设计

这样的开发能为当前居住开发模式带来激进的选择，并可能有助于保护吉隆坡及其他马来西亚城市存留下来的自然景观。

林倬生还研究了新的热带城市概念。他宣称“在热带做设计的当务之急是不让阳光和雨水进来，允许尽可能多的穿堂风。”[52] 因而在理论上，热带城市应当像森林中长出来的一样。任何高层建筑都应当是可持续的能量制造者，即使偶然的观察者也看得清楚它们是源自热带的建筑。[53]

新一代的城市设计者也正在探寻着这样大尺度的热带城市愿景。在步行尺度上，已经开始了一些小尺度的城市设计干预。随着人行道、林荫道和一些混合使用开发的引入，吉隆坡有可能成为一个对使用者更为亲近的城市，带有更强烈的场所认同感，并成为东南亚其他城市榜样。

综上所述，当我们用设计来强化不同类型的想象社群和场所－认同时，可以从马来西亚建筑师身上学到了什么？首先，我们已看到一个现代的民族国家是如何与其形形色色的不同文化群体达成一致的，在一个进步与前瞻的民族形成过程中，每个群体都有他们自己的历史和文化传统。马来西亚人民在定义“他们的”具有何种价值，对马来西亚人有什么意义时，根源感揭示了这一切情感和复杂含义，同时也从属于一个特定的地方文化群体。场所－认同的问题有时很难解决，因为不同的空间与形态分层支持着不同想象社群的利益。

我们分析的吉隆坡及其组成部分，从场所－认同的角度揭示了一系列对文化景观设计有用的经验，其中东方与西方交会。首先，正如在林倬生的作品中所看到的，

图 7.18　（a）Selanger 住宅主入口；（b）Selanger 住宅侧面

对待自然有一种强烈的积极态度。林倬生对自然的态度在所有尺度的设计干预中起了作用，并能在使用与意义层面上阐释。在使用层面，我们可以看到当林倬生处理场地的地理、地形、风向、水流以及一系列自然的栖息地时，是如何联系自然与建成形式的文化景观的，这些自然环境的影响带来了一个重要的基本结构，在其中人类与非人类能够和谐共处。这种和谐关系在详细设计层面上也非常重要，其中内部与外部空间统一起来，提供了丰富的感官体验。在这样的人居环境中，人类与非人类物种可以毫无威胁地相互遭遇。林倬生也通过种植新的树木与其他绿化来帮助自然的居所重建与恢复毁坏的景观。在意义层面，林倬生利用文化景观的象征阐释的融合，涵盖了从中国的风水学说到马来西亚传统村落与自然共存的思想。在更加个人的层面，我们也了解到谦逊与太极的思想为人类与非人类的共生关系提供了有力的象征意义。

在建构想象社群的根源感时，我们从现存文化景观的使用中学习到了第二条重要经验。在使用层面，正如我们在吉隆坡的空间结构中看到的，不同的形态分层支撑着不同想象社群的利益，从传统到现代。在地方层面，它通过单个邻里的总体空间整合运行良好，其中传统文化景观强化了多种用途和步行模式。这种文化景观为不同社群的人们在步行时相互遭遇，并享受不同的文化体验带来很多机会。然而，在整个城市尺度的设计中，由吉隆坡规划部门协同设计的现代道路系统代表了另一种想象社群，它很大程度上与文化景观的全球体系，以及快速移动模式联系在一起，与传统邻里联系不佳。正如林倬生在他的“热带城市”想法中，或杨经文的“敞廊城市”理念中提出的，这两个系统需要统一起来。

在更小尺度的设计干预中，我们能够从林倬生对根深蒂固的传统影响的理解中找到有用的经验，尤其是在他的住宅建筑中。我们看到对一系列传统设计思想的重新阐释，从马来甘磅到中国与印度影响，创造出马来住宅类型，既是传统的，同时又现代而进步。

在意义层面，不同的形态与类型分层给不同社群为把城市的不同部分诠释为“他们的”而带来了丰富的意识形态素材来源，同时又属于一个现代、进步的马来西亚文化景观。

我们也看到了保护行动的价值，重要的历史建筑如中央市场和宅店都适应了新的用途。这些新的用途，例如工艺品中心，促进了传统工艺品的销售，同时旧宅店卖的东西也满足了不同文化群体的口味。

木材及其他建筑构件的循环利用为马来西亚丰富的文化传统带来了象征联系，就像建筑物与自然环境之间的关系一样，感官体验提供了多层次的文化意义。

我们能够学到的通过设计来支撑各想象社群成员的第三条重要经验是与其他社群和睦共处。在使用层面，在引入一些较小尺度的空间序列来强化不同传统邻里之间联系的方法上非常明显，正如中央市场地区的建筑和唐人街那样。在单体建筑设计层面，在林倬生的新住宅建设和最小村落的理念中利用多元文化传统亦很显著。在意义层面，在林倬生所说的“传统影响”的融合中尤为明显，其中不同建筑形式与景观整合成新的居住类型，被不同使用者作为“他们的”来阅读。

通过设计来促进使用者在面对他们自己特定的想象社群时形成一种赋权感，我们也能够找到有用的经验。这同样表现在两个层面。在使用层面，我们可以识别吉隆坡众多邻里的不同文化传统，新旧均有。在林倬生为不同客户设计的房屋中也很明显，其中高雅的建筑设计、民间艺术和马来西亚各文化群体的手工艺传统结合在一起。

在意义层面，这在林倬生“附加的”设计方法中尤其强烈，建筑由许多部分组成，它们从其他建筑中传承或拯救而来，重获新生，与马来西亚许多文化群体象征地联系在了一起。

注释

1 Lim Jee Yuan, 1987.
2 Ibid.
3 Ibid.
4 Ibid.
5 Ibid.
6 Ibid., 4.
7 Abel, 2000, 152.
8 Ibid.
9 Lim Jee Yuan, 1987, 20.
10 Ibid.
11 Ibid.
12 Ibid., 75.
13 Yeang, 1987.
14 Too, 1980, 50.
15 Ibid., 53.
16 Abel, Ibid.
17 Ibid.
18 Chay, 1989, 10.
19 Ibid.
20 Yeang, 1987, 15. In Yoong (ed.), *Post-Merdeka Architecture Malaysia 1957–1987*.
21 Ibid.
22 Chay, 1989, 23.
23 Ibid., 211.
24 Ibid.
25 For fuller discussion of these issues, see Dolbani, PhD Thesis, Oxford Brookes University (unpublished).
26 Yeang, 1986.
27 Abel, 2000, 217.
28 Lim, 2000.
29 Discussions between Georgia Butina Watson and Jimmy Lim in Kuala Lumpur in 1989, 1991, 1993, 1998 and 2001.
30 CSL Associates (undated, unpublished office document).
31 Ibid.
32 Ibid.
33 Lim, 2000, 188, in *Asian Architects*.
34 Ibid., 191, in *Asian Architects*.
35 Ibid., 192, in *Asian Architects*.
36 CSL Associates (undated, unpublished office document).
37 Abel, 1991, Introductory page, Associates' Extracts.
38 Ibid.
39 Lim, CSL Associates, Extracts I, undated.
40 Ibid.
41 Discussion between Georgia Butina Watson and Jimmy Lim, Kuala Lumpur, 1999.
42 Lim, undated article.
43 Discussion between Georgia Butina Watson and Jimmy Lim, Kuala Lumpur, March 1989.
44 CSL Associates, Extracts, 1989–1991.
45 Lim, undated, quoted in Extracts, CSL Associates.
46 Ibid.
47 Ibid.
48 Lim quoted in CSL Associates, undated.
49 CSL Associates, undated, projects catalogue.
50 Lim, 2000, 192.
51 Discussion between Georgia Butina Watson and Jimmy Lim, Kuala Lumpur, 1991, 1998.
52 Lim, 2000, 205.
53 Ibid.

第8章
波士顿：翡翠项链的强化

上一章关注的是吉隆坡的现代文化景观，由于马来西亚文化上非常多样的想象社群根深蒂固的情感，使吉隆坡的场所－认同问题很难处理。我们了解到现代的发展趋势如何通过与自然和当地建筑传统之间的有力联系，从这种丰厚的社会文化环境中获益，创造出一个 “双元城市”，形成非同寻常的文化景观。

复合的文化景观在北美城市波士顿近来的重建中也很明显，那儿的政治家、专家和地方团体已着手处理全球投资与争取土地、服务和自身认同的当地居民需求间的紧张局面。为了支撑尽可能多的不同利益，在20世纪80年代发起了一个重要计划，带有重塑与强化波士顿场所－认同的目的，同时联合了在地理上和社会上已经分崩离析的想象社群。但在研究这些激动人心的行动之前，有必要先解释一下波士顿文化景观，以及场所－认同发展的历史和政治环境的演进。

在根本上看，波士顿的场所－认同的基础是它的地理位置、地形与地貌。城市位于美国的东北部，如今称为新英格兰的地方，也是该地区最古老的城市之一。波士顿位于马萨诸塞湾，查尔斯河汇入大西洋之处，直接暴露在北大西洋的寒风中。锯齿状的海岸线很有特色，有很多小岛围绕，给了它“美国雅典”的称号。[1]

查尔斯河把城市分成各个不同的邻里单位，而剑桥市（Cambridge）和查尔斯顿（Charleston）构成了它的西部。该地域最初有个印第安名字叫肖马特（Shawmut）[2]，后来1630年在J·温斯罗普（John Winthrop）的领导下变为波士顿，为了纪念美国小镇林肯郡（Lincolnshire），大多数早期英国定居者均来自那儿。正是他们，最早有意识地尝试通过设计来构建场所认同感，塑造地形，利用自然资源，并以其原乡的形象来规划波士顿的第一个聚居点。[3]

1632年，小小的肖马特半岛成为马萨诸塞湾殖民地的首府。詹姆斯一世（James I）颁发给殖民地一张特许状（charter），其所有权归马萨诸塞海湾公司（Massachusetts Bay Company），相应地具有约50年的自治权。因为其优越的地理位置和深受掩护的海港，聚居点成为捕鱼业，贸易和造船业的中心。最早的居民区在规划布局和建筑风格上类似于英国的林肯郡，这些相似之处在现在的波士顿North End区深藏的结构中仍然存在。用12岁的A·波拉德（Anne Pollard）的话说，1630年的波士顿North End是“一个非常崎岖不平，满是小山谷和沼泽，覆盖着蓝莓和其他小灌木。”[4]

这一景观更为显著的特点之一是一

个巨大的进潮口，后来叫做磨坊池（Mill Pond），在W·伯吉斯的North End地图上清楚地标示出来（图8.1a）[5]。半岛布局是不规则的格网模式，南北向的大街较长。伯吉斯地图也表现出几个开放空间，如Snow Hill，Bowling Green 和 Beacon Hill。街道是曲线形的，沿着地形的等高线延伸。据伍兹（Woods）[6]所说，堤坝控制着低地的沼泽，制造出岛屿的效果，将North End与波士顿其他部分切断，给了North End一个流行的昵称“北波士顿岛”。据P·托迪斯科（Paula Todisco）所说：[7]

最早的房子（很小，茅草屋顶，周围是牧场和绿地）乱糟糟地散开，簇集在北部广场（NorthArea）和北大街（North Street）地区。这样随意的布置形成了狭窄的街道，蜿蜒的小巷和幽闭场所，至今仍是North End的特点。

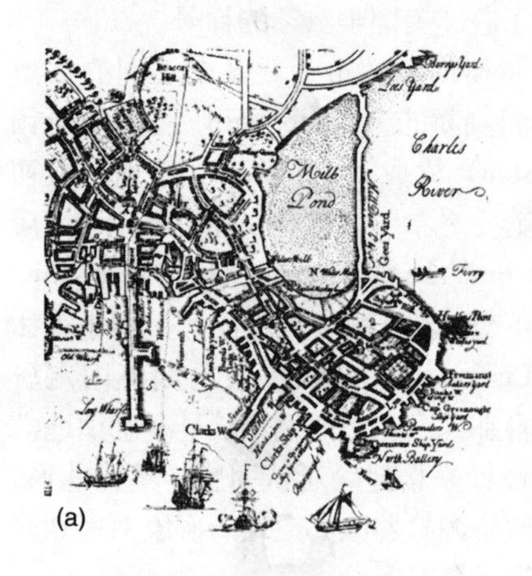

(a)

(b)

(c)

(d)

图8.1 （a）W· 伯吉斯的波士顿 North End 地图；（b）波士顿 North End 北部广场的老北部教堂；（c）North End 的 P· 雷维尔住宅，波士顿最古老的住宅，建于1676年，但在1680年修整重建；（d）Faneuil 大厦，建于1742年，是一个市场，上面有个大厅；1805年 Peter Faneuil 捐赠给波士顿，C· 布尔芬奇加了一倍的建筑宽度，并增加了第三层

除了园艺和家畜饲养，早期的定居者在自己家中从事各种手工艺活动。人们施行了严格的道德法规，并赋予了教育极端的重要性：1636[8] 年清教徒们创建了哈佛学院（Harvard College），逐渐成长为世界上最好大学之一。1650 年，在北部广场上兴建了老北部教堂，许多其他教堂也接踵而至，给了这一场所非常宗教的感觉（图 8.1b）。

早期的波士顿人是很虔诚的，后来因为宗教迫害（witch-hunting）而声名狼藉，电影《红字》很好地描绘了这一情形，讲的是一个意志坚定的独立英国妇女代表她丈夫寻找出路的故事。在一个高度宗教性的清教徒社会，几乎没有任何从高度严格的行为规范中脱离的余地，而妇女寻找出路在这样一个清教主义社会是不受欢迎的。

波士顿人展现了与自然共存的超强能力。我们已经看到他们为了使场所可居而塑造地景的技巧。17 世纪发生了很多创造性的变革，当地居民通过建造风力和水力磨坊及其他水力发电厂来充分利用风能与水能。[9]

在 17 世纪期间，North End 地区发生了几场火灾，许多木房子都被毁坏。唯一留下的早期建筑就是 P · 雷维尔（Paul Revere）的房子，经历了 1676 年的大火后于 1680 年重修（图 8.1c）。1684 年殖民地特许状作废后，波士顿人受到英国更为严格的控制。在 1773 年 12 月 16 日著名的“波士顿茶会”之后，许多麻烦事接踵而至，当时，当地的“自由之子”装扮成印第安人的样子，登上一艘船，将 342 箱茶叶倒入大海。[1][10] 他们所走的路一直是一条重要的历史路径，称为“自由之道”（Freedom Trail），是说明波士顿场所－认同的素材。当 1776 年 3 月 17 日独立宣言公布之时，波士顿引领了一个新的国家的发展之路。

接下来的发展阶段以一波新公共建筑为标志，例如 1742 年由 Peter Faneuil 建造的市场和市政厅，它们仍旧是一个关键地标，对波士顿的场所－认同仍非常重要（图 8.1d）。许多富裕而有影响力的家族拥有自己的码头，曾经是地方性的贸易扩展为国际性的经济活动。贸易的增长催生了对小酒馆的新需求，一般都沿用伦敦小酒馆的名字，其中最有名的是青龙酒馆（Green Dragon）。

从 18 世纪后的 25 年到 19 世纪前半叶，在爱尔兰人移民潮的影响下，城市既经受了地域扩张，也经受了文化景观的剧变。在比肯山（Beacon Hill）和后湾地区（Back Bay）新建的住房就像伦敦和巴黎的房子（图 8.2a）。在 1824—1826 年间，当 J · 昆西（Josiah Quincy）市长委托一项大型填土项目来为城市扩张创造更多的土地时，比肯山和后湾地区的文化景观彻底改变了。它通过在根本上改变丘陵地带的地形来实现，例如 Copp’s Hill 和比肯山被推平来为填埋海岸线和沼泽地提供泥土。波士顿公地（Boston Common）自 1634[11] 年被代管后，曾用来放牛，1830 年宣布为公园，这为创造一个城市中最令人向往的居住区打开了机会（图 8.2b）。1860—1870 年间，A · 吉尔曼（Arthur Gilman）设计了一个格网方案，包括巴黎风格的林荫道，例如新的大广场

[1] 波士顿茶会（Boston Tea Party）：1767 年，英国国会确定了几项输入北美殖民地的进口税，许多殖民地认为这种税收是非法的并拒绝支付。1770 年，英国政府废除了进口税，但保留一项进口茶税。1773 年 12 月 16 日北美殖民地居民袭击波士顿港三艘英国船只，将 342 箱茶叶倒入海港里以抗议交纳英国的茶叶税。英国的严厉报复推动了殖民地联合起来争取美国独立的运动。——译者注

图 8.2 （a）冬日的波士顿公地；（b）马萨诸塞州府，建于 1795 至 1798 年；（c）公园大街和波士顿公地中的 Brewer 喷泉；（d）比肯山的优雅建筑

中有优雅的建筑，这些建筑风格各异，从乔治王朝殖民式（Colonial Georgian）到法国新艺术运动（图 8.2c 和图 8.2d）。这产生了一种独特的文化景观，给了这一地区非常欧洲的感觉，至今仍可以感受到（图 8.3a 和图 8.3b）。North End 富裕的家庭搬进这些新的邻里，留下的老房子不久就被爱尔兰的、德国的和意大利的家庭占用。由于社会的紧张局面，爱尔兰和意大利群体彼此分开，形成了独特的微型文化区。不久，来自南欧与东欧的葡萄牙和犹太居民来到了 North End。到 1920 年，大约 4 万人居住在这个城市最古老的居民区：North End 已经成为一个由许多想象社群组成的拼图，他们各自从欧洲带来一点点自己的文化。

城市的另一个在 19 世纪有根本变化的地区是布尔芬奇三角（Bulfinch Triangle）。1804 年著名的波士顿建筑师 C · 布尔芬奇（Charles Bulfinch）设计该地区时用了一个充满狭小街区和东西向道路的三角形形式。在 19 世纪 30 年代[12] 填土项目完成的同时引入了铁路网络，在维多利亚风格的货栈中，该地区成为家具制造、销售和流通中心，非常繁荣。1889 年之后，随着火车北站的开放，这一地区成长得尤为迅速。

19 世纪城市留下的文化景观与海运经济有关，快速发展的中心区拥有银行家、律师、医生和其他专业人士，为有着长长的锯齿形海岸线的中央滨水区提供服务。除银行和律师事务所外，19 世纪的下半叶

图 8.3　（a）从汉考克大厦上看后湾的居住开发；（b）树木茂盛的后湾地区的优雅欧式建筑

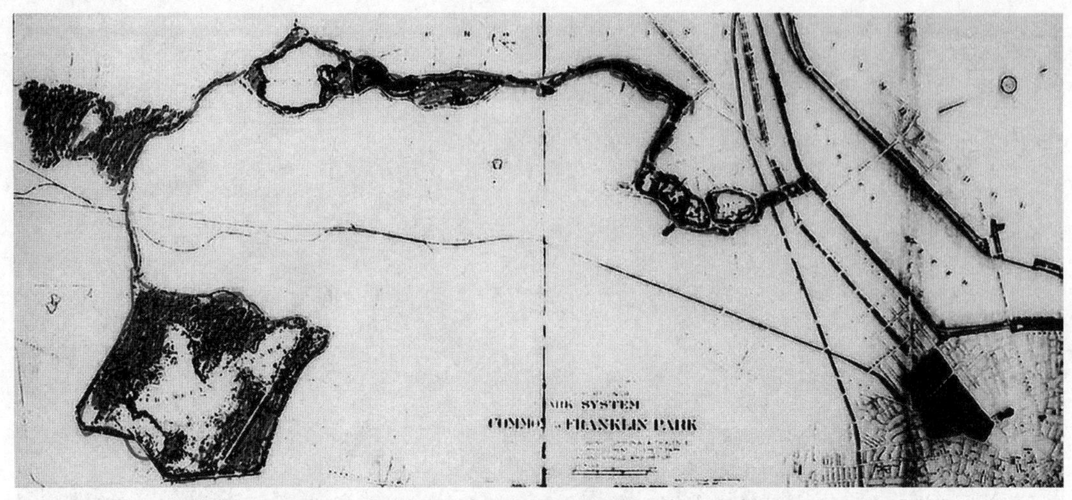

图 8.4 翡翠项链，奥姆斯特德和埃利奥特 1897 年设计

还建成了许多公共建筑，如交响音乐厅，公共图书馆和美术馆。[13]

到 19 世纪末，波士顿已成为各个不同邻里的汇集，每一个都有自己的社会经济和文化景观：城市所缺少的是将它们统一起来的东西。答案来自于景观设计师 F · L · 奥姆斯特德（Frederick Law Olmsted），他在 1878 年成为城市公园委员会的顾问。奥姆斯特德的文化传统源自美国超验主义哲学和受 J · 边沁（Jeremy Bentham）[14] 影响的英国功利主义学派。这一运动的支持者一般在城市结构与环境的卫生、健康改良方面有着共同的旨趣。奥姆斯特德也是引起了公园运动的傅立叶主义运动成员之一。他的城市公园设计象征了集体的认同感，通过休闲的社会使用而被重新发现，他的公园也与街道的空间系统融为一体。奥姆斯特德深受 G · P · 马什（G.P.Marsh）1864 年出版《人与自然》一书的影响，这是一本为保卫自然而写的颇受争议的作品。[15] 从审美的角度看，奥姆斯特德是景观设计和城市美化运动中英国画意风景学派的追随者。1896 年奥姆斯特德和艾略特提出了一套公园和绿色开放空间系统，将波士顿的邻里单元融合为一个整体，通常人们称之为“翡翠项链”（图 8.4）。

20 世纪 20 年代波士顿开始经历一段持续几十年的经济衰退，布尔芬奇三角失去了制造业，North End 流失了 1/3 的人口。许多建筑物年久破败，很多城市居民离开波士顿，到其他地方去寻找工作与更好的生活条件 [16]（图 8.5a）。

20 世纪 50 年代初，波士顿的企业家们开始围绕着服务业来重构波士顿的经济，例如法律与会计业、保险业与银行业。为了吸引必需的劳动力回到城市，启动了一系列改革方案，有的受到现代主义设计倡导者提出的新城市设计与城镇规划理念的驱动。在 1957 年成立的波士顿重建局（BRA, Boston Redevelopment Authority）的基础上，这些现代主义者们开始彻底重塑波士顿城市结构和交通。

波士顿紧凑的历史街道仅仅能够应付当地的交通，现代主义规划师们坚信一套改进的快速交通系统将吸引新一代的商务活动。因而城市委托了新的城市快速路的

图 8.5　（a）North End 破败的边缘，1997 年；（b）建设中的波士顿中心干道，1954 年

建设。这个双层六车道高架干线从波士顿的历史形态结构中切出了一条深深的伤口，为了容下它，历史街道与邻里受到了破坏。当快速干线开通时带来了大量的商务活动与专业支撑，但受到当地居民的谴责，因为道路的建设，使他们失去工作与家园（图8.5b）。

该项目以及其他大规模的改善项目和清除贫民区计划的实施，例如在西区（West End）和新行政中心地区，改变了波士顿的历史感及其原初的场所特性。新的现代主义地产，公共开放空间和政府办公建筑的引入取代了North End密集的街道与建筑（图8.6a和图8.6b）。只是由于有影响力的专家如简·雅各布斯(Jane Jacobs)[17]和H·甘斯（Herbert Gans）[18]受到大众运动的支持，才没有对城市其他地区造成更多的破坏。

简·雅各布斯在她的《美国大城市的死与生》(1961年)中很好地表达了她的观点，书中还特别提到了波士顿North End。当时被城市规划师们宣布为“城市耻辱”的North End，被雅各布斯积极地视为一个充满小商铺、工作场所、住宅和儿童游戏场所的邻里。这是一个社会混合的健康社区，多样而充满变化，似乎注定要消失，变成单调而毫无生气的地方。与西区不同的是，North End成功保存了下来，尽管遭受严重破坏，人口正经历着陡降，从1920年记录的35000人到20世纪80年代统计的仅9000人。[19]

H·甘斯是城市社会学芝加哥学派的重要人物，是另一个颇具影响的波士顿专家，他为传统邻里辩护，称之为“都市村庄”。甘斯和雅各布斯一样，认识到既存的地方邻里纽带和文化生活方式的重要性，同时他也谴责大规模的贫民区清除计划。

现代主义城市规划思想当时也受到新一代规划师和城市设计师的挑战，例如凯文·林奇（Kevin Lynch）和D·阿普尔亚德(Donald Appleyard)，他们开始研究城市形态的感知与品质方面。20世纪60年代对于理解波士顿的场所特性方面别具影响的是林奇开创性的著作《城市意象》，于1960年出版。[20]该书基于使用者对波士顿、新泽西和洛杉矶城市形态的知觉信息来识别关键性的元素，帮助使用者掌握场所的可读性。林奇宣称，一个场所越是可读，使用者就越容易找到方向，这对场所和场所认同感的建立是非常重要的。

为了理解使用者是如何在概念上构建场所的，林奇开拓了心智地图及其他实地调查技术的应用，例如结构化的访谈，能够告诉我们人们如何认知、回忆与解读场所。林奇比较了三个在结构与文化上都不同的场所的证据，得到的结论是使用者运用了五个关键要素来驾驭一个场所：路径——包括使用者移动的街道、道路、小巷与小径；节点——代表路径交叉的地方；边界——河流、高架桥、水道等等，它们将城市划分成可理解和可识别单元；还有标志，从其他结构中凸显出来。可感知、可识别的单元进一步构成了区域的“肌理”特点：正如我们在第6章罗西的作品中看到的一样，在这类地区中，它们带来了特定程度的同质性，同时在居住区的总体结构上与其他肌理是不同的（图8.7）。

当步行与机动车的体验均已成为规划和设计理念的重要来源时，林奇的作品开始影响到波士顿的形态。波士顿重建局委托林奇协同D·阿普尔亚德和R·梅尔(Richard Myer）就城市景观处理问题给出建议。这些最新指派的专家们运用他们的技术与美学知识完成了一本影响巨大的著作《道路视景》(A View from the Road)[21]，

图 8.6　（a）行政中心区，建于 20 世纪 60 年代;（b）市政厅，Gerhard M. McKinnel 和 Edward F.Knowles 设计，1963 年

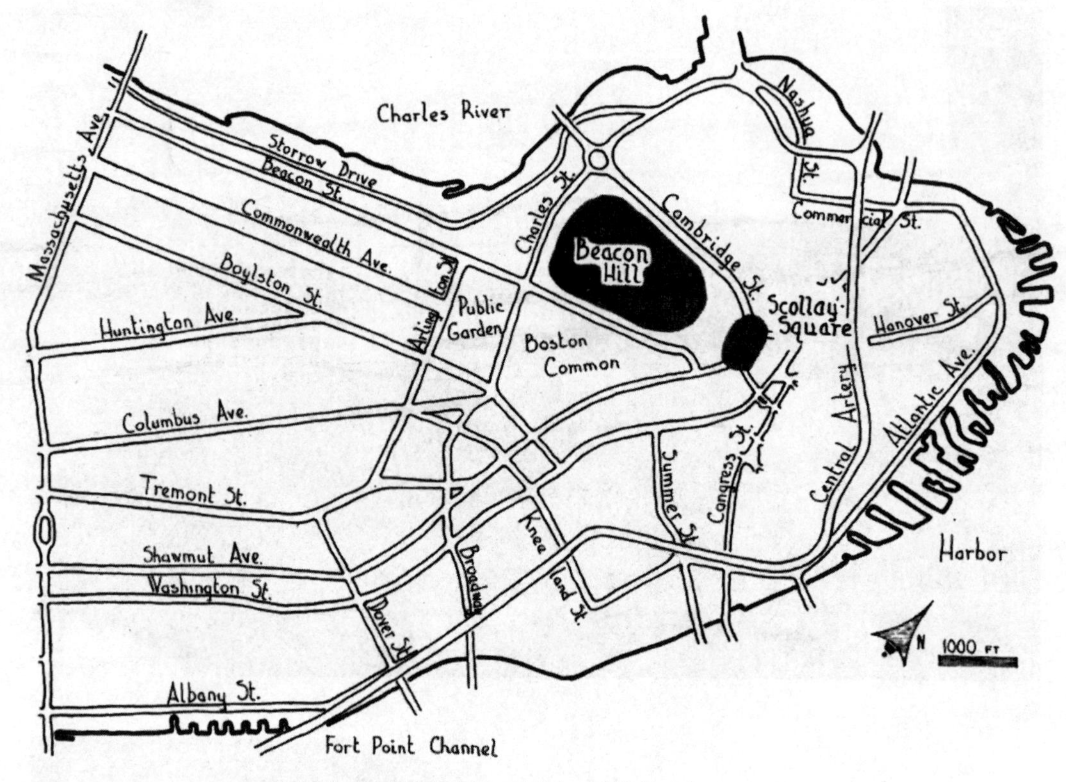

图 8.7　林奇的波士顿可读性与可意象性研究，1961 年

成为波士顿规划师创造重要街景时的指引，有助于城市使用者们理解与诠释波士顿的大尺度结构及其场所认同感。

在 20 世纪 80 年代早期，体现在高架干线上的早期思维模式的负面结果开始影响到波士顿的商务与居住社区。中央干线上的机动车数量与日俱增，噪声、污染及其他负面效果变成了城市可居性的主要威胁（图 8.8）。紧邻干道的地区与毕架山地区间的有着极大的对比。在《城市问题分析报告》草案中说道：

波士顿经常被描绘为一个邻里的城市，每个邻里都有自己的认同、历史和文化，这一切都反映了这个城市的社会与建筑历史。无论是好是坏，中央干道对形塑与界定靠近的邻里起到了重要作用。中央干道已成为贯穿城市的一条均质的线形墙壁，使密集的邻里织体与历史中断了，例如布尔芬奇三角，汉诺威街的联系，以及滨水地区与城市中心的整体关系[22]（图 8.9a 和 8.9b）。

在雷蒙德·弗林（Raymond L.Flynn）市长领导的新政府治下，North End 及其他临近邻里的不祥命运在 1984 年开始改变。主要的规划政策是通过高品质的城市设计，并通过对中央干道负面影响地区的改善，将 20 世纪 80 年代的快速经济发展导入本地的社区。这一城市干预行动成为马萨诸

图 8.8　波士顿的中央干道鸟瞰，1990 年

塞州有史以来最大的工程、规划，城市设计与管理项目，并且是首要的财政任务，有些分析家们将其列为近来世界第二号工程，仅次于英法海底隧道。

为了引导波士顿的经济增长，1985 年形成了《增长管理规划》(Plan to Manage Growth)。据波士顿前任城市规划署长 E · 施密特（Eric Schmidt）[23] 说，城市的经济发展必须有利于居住在那儿的人们，提供工作机会、住房与公共设施。此外，施密特还表示必须把注意力放在减少城市重构过程中的负面影响，尊重波士顿的历史特点。不过首要的是，市区中受中央干道改善影响的各个邻里必须在总体的城市增长和空间政策的形成方面具有强力的话语权。

为了实现这些目标，弗林市长的政府机关建立了一个雄心勃勃的社区参与进程。大约 66 个社区组织为塑造整个城市的共同战略提供了无价的理念，同时重新设计了他们对自己的特定“想象”社群的感受。甚至学校的小朋友们也说了很多自己的愿景：他们特别热衷于看到教育和其他社区设施、住房、商店、公园和游戏场地的改善[24]，孩子们用图画来描绘未来的波士顿，并给他们的创意加上一些诸如“建设更美好的波士顿”或“一个更美好的波士顿社区”的标题[25]。一些小朋友的贡献指向了拯救地球，以及建设绿色开放空间的重要性方面。另一些则强调了容纳家庭活动，以及实现社区安全的需要：一个小学生生动地说到：

> “开放空间应该就在住宅项目的旁边，因为当你放学一个人回家时，需要一个和大家一起玩的地方。”[26]

除了学生们提出的想法，一些来自社区的劳动群体也聚集起来发表他们的看法和他们对想象社群的感受。同时，有些群

图 8.9 （a）波士顿中央干道，看到 North End 邻里，1997 年；（b）从 Rowes Wharf 看中央干道，1990 年

体关注整个城市的议题，如公共空间网络和住房供给，另一些则致力于当地邻里的发展策略。许多商业组织、环境与历史社团，设计专家和形形色色的公共机构也为波士顿认同的重塑出谋划策。

为了支持公众咨询的过程，BRA 承担了广泛的规划与城市设计工作。实践和理论知识的积累激发了他们的创造性思考。马萨诸塞州公共工程部（MDPW, Massachusetts Department of Public Works）[27]进行了详细的技术研究，会同城市规划部门与联邦、州和地方机构制订了一个初步的发展进程和对波士顿的新愿景。这个新愿景是将干道埋于地下形成隧道，正好就在现有的快速路系统下面。这样一来，波士顿城市将不仅能够带来新的开放的空间，并有可能弥补 20 世纪 50—60 年代间犯下的一些错误。

除了要考虑中央干道的技术问题，BRA 的专家与一群当地和国际的设计顾问合作，开始研究波士顿的特征及其形态结构，尤其关注奥姆斯特德 100 年前设计的翡翠项链。其中 W · H · 怀特（William H. Whyte）别具影响力，其专业意见清晰呈现了一个波士顿新的开放空间架构方案。BRA 的专家认为，[28]新的空间架构应增进波士顿整个城市的认同，将各邻里连接在一起，同时也展现出与各个特定的当地社区相联系的独特社会空间特色。概念规划除了修复老的邻里，还包含了新的社会与私人住宅、社区和全市的设施、以及许多新的工作机会，大于 70% 的土地留作公共开放空间。

其他各种专家为塑造波士顿新的场所特性出谋划策。例如，波士顿建筑师学会为了把中央干道的廊道重新整合到现有的中心区文脉当中，建议干道的大部分地区和商业、居住建筑共同开发。[29]他们还提议建设一系列小公园，它们约占 500 万平方英尺新建筑面积的 10%。杰出的西班牙建筑师和城市规划师 R · 波菲尔（Ricardo Bofill）提出了另一种想法，他定义了一条“脊椎骨”（vertebral spine），由北站、南站和中心码头的门户塔楼组成，还有公共空间——占总用地的 40%，包括一个 North End 邻里中的椭圆形广场，一个规整的城市公园，一个冬季花园，滨水公园的延伸，一个公共竞技场和娱乐设施，以及一座新的干草市场大厅（Haymarket Pavilion）。[30]波士顿本土著名的城市设计师 A · 克赖格（Alex Kreiger），提出两条平行的林荫道，沿着市中心干道的两侧边缘修建，开放空间与建筑群的综合体位于干道的中央核心，他利用每一地区的典型形态要素来形成当地独特的特征地带，受到了林奇的区域概念的影响（图 8.10）。

政治家、当地企业、社会团体和各类专业人士就这四个方案展开征询，而城市规划师和设计师为这四个方案举办了超过两打的公共发布会。[31]一旦这一过程的反馈分析完毕，BRA 的团队就得出了最终方案，它是每个方案最好方面的综合，用的还是第 5 章里阐述过的“设计征询”的方法，与关键的参与者讨论最终设计过程的不同阶段，然后进一步提炼。克赖格、怀特和 V · H · 布鲁斯林（Vanasse Hangen Brustlin）作为重要的顾问而留任，在城市设计、交通出行和开放空间设计方面提供进一步的指导。

1990 年，这一综合的想法获批准，并于同年作为一个过程性报告发布，名为“波士顿 2000：中央干道规划”[32]（图 8.11）。报告提出了三个主要的长期目标：一个经济成功的工作场所；生态与可持续发展的城市；社会、政治与文化上紧密联系的地

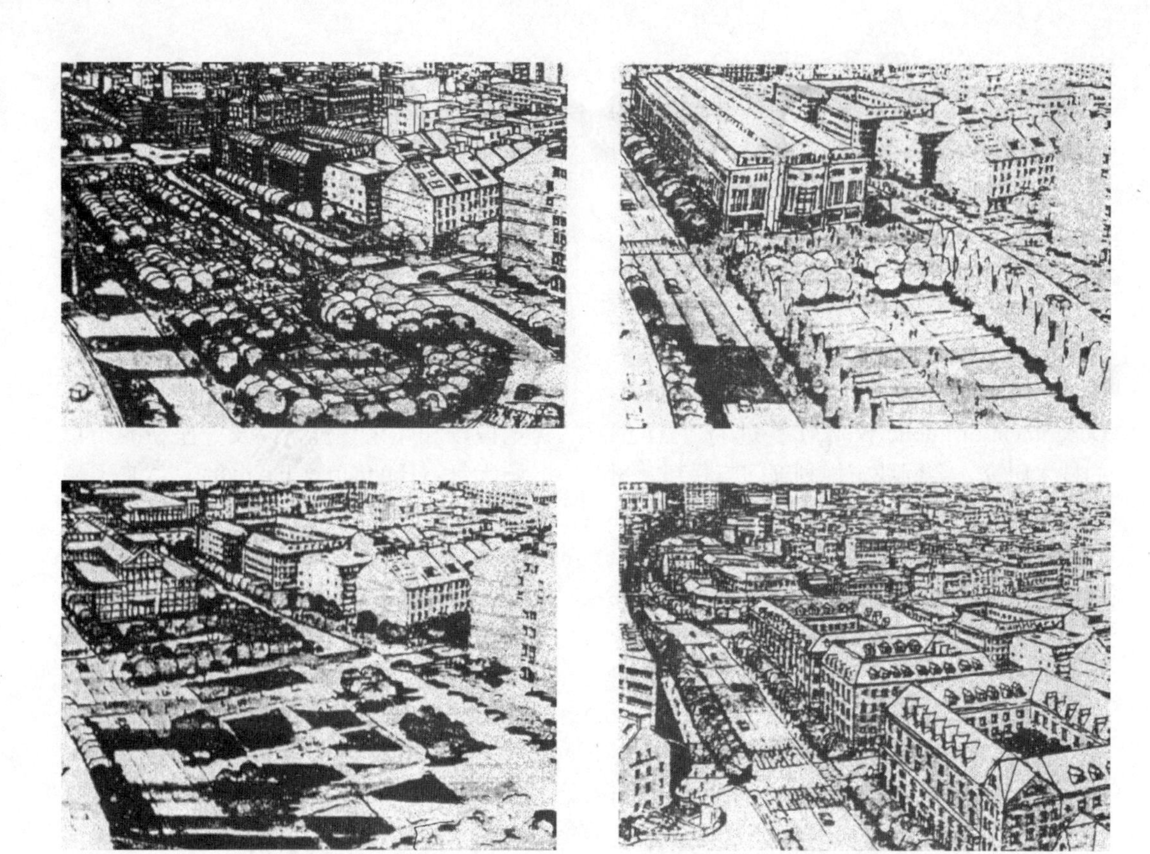

图 8.10 中央干道地区重构的四个建议：（1）城市重建局的方案；（2）A·克赖格的方案；（3）R·波菲尔的方案；（4）波士顿建筑师协会的方案

方社群。现在这些目标要转变为统一的城市设计策略。

据波士顿重建局城市设计团队的R·加弗斯（Richard Gavers）[33]的说法，中央干道地区的规划首先基于城市作为一个社群的基本理念。城市专家，当地社团群体和其他相关利益者的共同愿景是连接不同的邻里，并带来一个整个城市规模的基本结构。加弗斯感到，当机动车道本身完全埋入地下，保留干道的原初骨架非常重要，因为它深深铭记在本地波士顿人的头脑中，参与者在咨询过程中绘制的心智地图揭示了这一点。因此，市中心的干道提供了强有力的、根深蒂固的可读性线索，对波士顿的可读性很重要。林奇20世纪60年代的著作和BRA在80年代和90年代的发现带来了一系列有趣的理解，进一步强化了可读性的重要作用。

新的主骨架设计为一条林荫大道系统，北端从布尔芬奇三角开始，经唐人街一直到南端的火车南站；东西向的街道与林荫大道系统相交，并把1959年被切断的历史街区连接起来。新的人行道与其他交通管制手段的设计给步行的优先权超过了机动车；为不同的使用者相互遭遇带来了更多的机会。波士顿2000报告表示：

林荫大道将成为把不同邻里联系在一

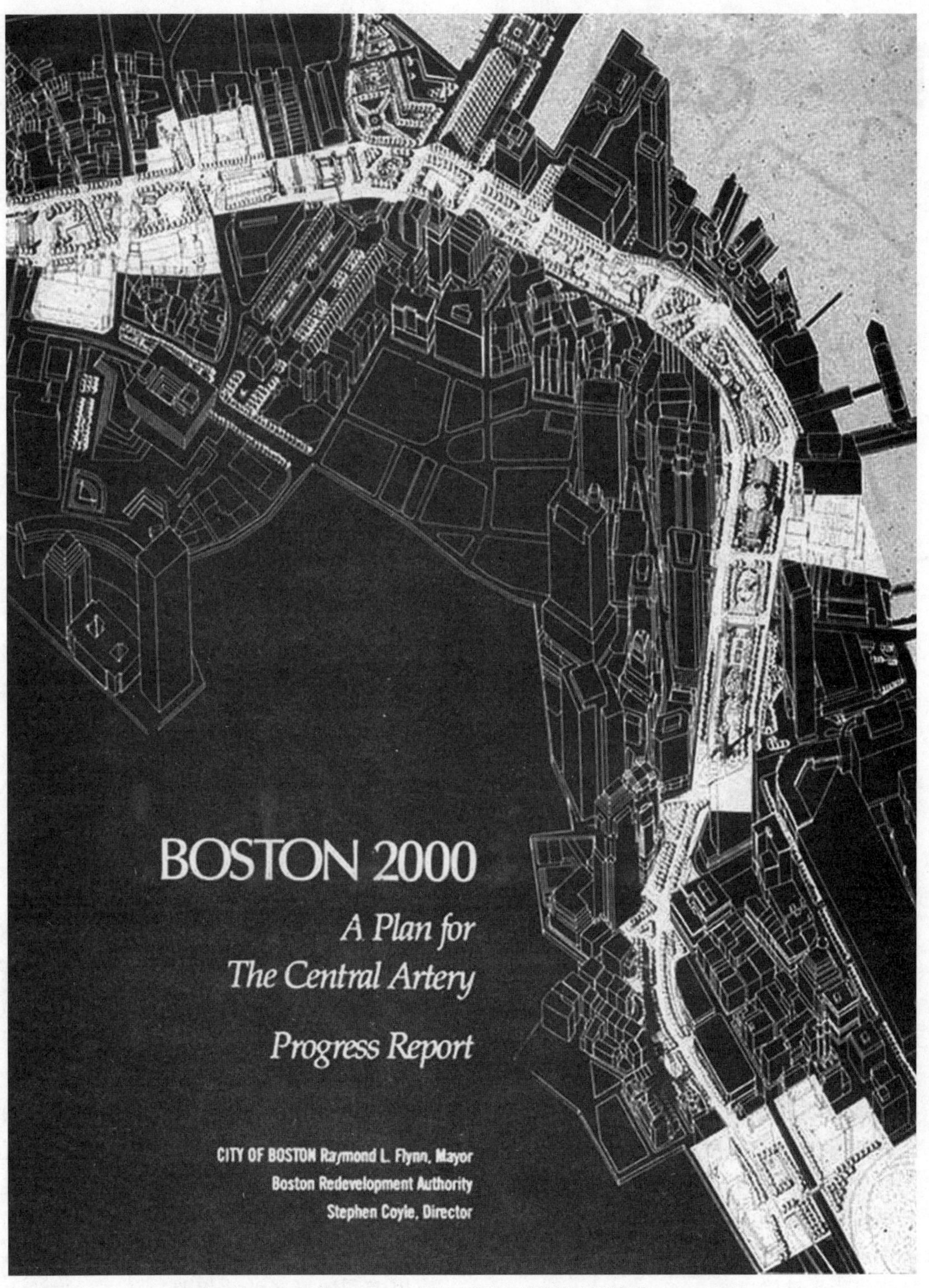

图8.11　波士顿2000——中央干道地区规划的过程报告，1990年

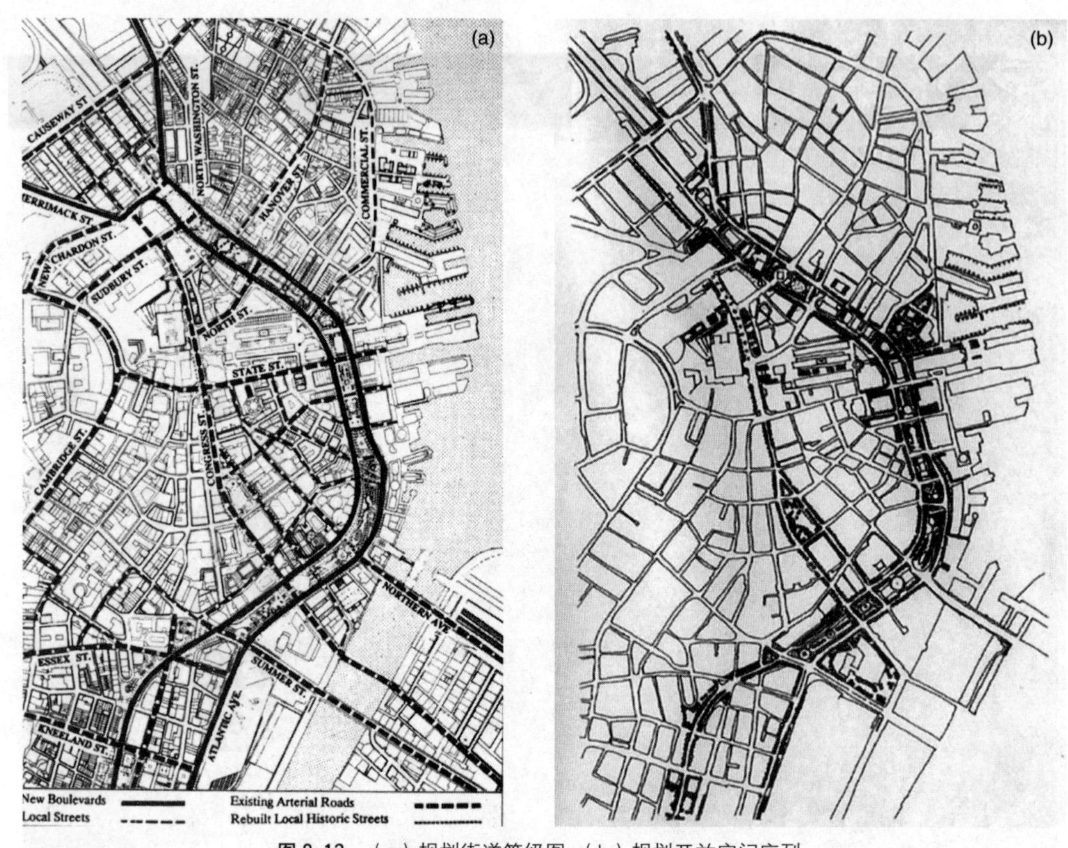

图 8.12 （a）规划街道等级图；（b）规划开放空间序列

起的纽带。树种有多种变化，强调出不同空间、遮风避雨的长椅、儿童游戏场多样化的特点，或在繁忙的人行道上制造浓密的树荫[34]（图 8.12a 和 8.12b）。

新的路网设计联系了中心区和滨水地区：为开发波士顿的那些几十年来与历史城区切断的地区带来了可能。林荫道的车行道规划成普通城市街道，而不是州际道路的一部分。专家表示，这一新的运动框架将恢复因为高架干道的建设而丧失的一种根深蒂固的历史结构。同时地面的道路和街道系统将满足当地交通的需要，地下隧道将用于过境交通。

报告还建议道：

干道下沉主要好处之一是清除障碍，它曾切断了如此众多的人行路线。实际上，干道的移除使城市能够重建美好的历史街道，从而恢复城市的步行中心、滨水区和新港口公园的联系。[35]

为了在当地的出行尺度上强化城市的可读性，每个十字路口有独特的地标建筑或其他元素。当新的林荫街道系统完全实现时，将会融入一个更大的城市形态结构中：这种一体化的系统将允许不同的城市使用者和旅行者彼此相遇，并再一次深入

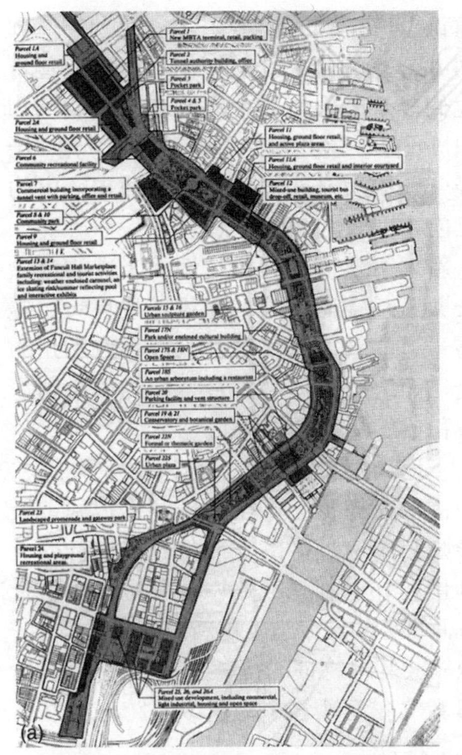

图 8.13　（a）地块划分与土地利用；（b）干草广场和 Faneuil 大厅的场地模型

到城市根深蒂固的历史层面。

当地面和地下技术问题得到解决，设计过程的下一阶段就是如何利用重新安置干道和形成新的地面道路系统空出来的 50 多英亩土地。我们已得知不同的设计团队在各自的规划中对这一问题如何提议，现在我们将讨论这些想法怎样汇总成一个统一的城市设计方案。

总体设计概念形成了一系列独特的公园，林荫大道把它们连在一起，从北部的 Causeway 大街延伸至南部的唐人街（图 8.13a 和图 8.13b）。据 W · H · 怀特记载：

……这是一个公园系统，它在城市生活品质中的作用与翡翠项链大步行广场一样引人注目。因为地处中心位置且便于最大量聚集的城市游客使用，公园系统将成为波士顿 21 世纪社会认同的一部分。[36]

尽管已完成的公园系统将有利于所有使用者，怀特表示绝大多数的公园使用者是来自三个街区辐射范围之内的当地邻里：因而公园设计应反映当地邻里的特点，同时支持总体城市规模的新场所－认同。因此规划了五个独特的公园空间，每一个都与特定的邻里相联系：North End 邻里公园；中心区市场与海滨公园；希尔堡广场（Fort Hill Square）；位于金融区的植物园和城市树木园；以及唐人街社区公园和亚洲公园。这一新的开放空间和城市公园序列将形成波士顿新的翡翠项链，折射了对与自然共存思想的共同愿景。

总体的概念规划一经确定，题为“面向波士顿2000——愿景的实现”的新文件就于1997年发布了[37]。它包括项目实施的可行性分析及建议。D·加弗斯说[38]建立一个工作组和多个专案组非常重要，把参与团体和负责各种项目的专家团队联系起来。1995年新上任的市长Thomas M.Menino强力支持这种做法，并像他的前任一样，对城市重建过程非常投入。波士顿2000工作组将自己分成三个主要的专案组：部署与开放空间管理、金融与发展、土地利用与城市设计，都由杰出专家主持。考虑到如此大型项目的规模与复杂性，工作组和专案组密切注意项目进程非常重要，这样总体规划和实施文件中所做的各项决策可以根据在不同工作组和征询会中新的需求做出调整。

数百个来自自发的、公共与私人部门的个人与组织都参与制定详细的实施策略。这些团体面临的某些挑战涉及资金或管理方面：因而为了这样一个预算146亿美元的大项目的投资，有必要形成合作伙伴关系。将一些潜在的私人利益纳入社会与群体利益中也同样重要，并通过“一小块一小块”开发的方法找到了创造性的解决方案。加弗斯说道[39]，这种方法就是每平方英尺的商业开发中有5美元用于社会住宅。这种财政机制也意味着特定的项目及其社会合作者可以在开发洽谈一开始就被确认，而不是在最后。类似的分配也引入新的“工作培训”方案中，新开发项目每平方英尺有1美元被用于培训和创造工作机会上。这意味着当地社区的群体也应为了参与这一项目的创造与管理而学习新的技能。一个当地的社区参与者说[40]，居民了解发展基金如何运作非常重要，这样他们能够直接与发展商商讨社会或文化利益。E·施密特还建议[41]波士顿的商务团体资助毗邻他们公司办公室的公共开放空间，这种改善将对他们地产的价值和他们商业上的成功均有积极贡献。这儿我们看到了如何利用“场所经营”的工具为波士顿在全球市场中的定位创造一个共同的愿景。

新地下隧道的建设、地面干道的废除和公共开放空间网络的建设花费巨大：隧道与干道的首要责任者是联邦政府和州的资金，而运行成本和开放空间的供给则是城市和各私人组织的责任。

土地利用和空间设计的事务同样重要，其中需要考虑更多的细节问题：把城市设计导则与干道地区的发展整合进现行的土地利用和邻里复兴战略中非常重要。负责此方面事务的专案组发现新的廊道需要“一个统领其基本特征的统一主题”[42]，同时设计方案“应反映各个地区以及跨地区联系的社会特点”。[43]

探索新的道路与公共空间网络设计是如何强化波士顿新的场所认同感的最佳途径是进行一趟旅行，从北部的布尔芬奇地区开始，到南部的唐人街和火车南站结束。我们已经说明了历史街区的文化景观最初是如何形成的，现在我们要把焦点放在这个大型修复行动的理念和正在进行的工作上。

布尔芬奇三角的规划方案目的是要确保旧建筑能够恢复原貌，新建筑能够适应不同住宅方案的混合，既有私人住宅也有社会住宅（图8.14a和图8.14b）。底层引入了零售业和其他非住宅用途，以鼓励“不分昼夜”[44]的步行活动，有助于增加城市的活力。这一地区已吸引了服务业、传媒和报业公司、以及年轻专业人士及其家庭。接近半数的历史建筑上了名录，保护它们的历史遗产以及与想象社群的关联感；同时，历史街道的修复强调了与相邻的西区和 North End 社区间更为广泛的联系。在更大的范围内，2002 年开通的新 Zakim Bunker Hill 桥与林荫大道一起，还有布尔芬奇三角的小城市公园，把这一地区与更大的城市本身联系起来。

我们沿着空间序列来到了 North End 及其绿色开放空间。我们已经讨论了这一地区复合而根深蒂固的文化景观以及许多想象社群。在咨询过程中，正是这一社区对新想法的形成，以及对实施过程中专案组管理各种特殊项目的贡献最多（图 8.14c 和图 8.14d)。

作为波士顿最古老和人口最密集的邻里之一。North End 需要开拓进取来恢复物质与人口结构的活力。据 D · 加弗斯所说[45]，North End 必须通过新住房和新居民来巩固自己，实现更好的社会文化与年龄群体的混合。有了其他更为广泛的复兴计划的支持，这一地区已表现出干预措施带来的许多积极信号，不少建筑修复了，获得了新生。2004 年，随着高架干道的拆毁，许多历史街道与其他的城市组织重新连在一起，再一次形成了重要联系。North End 的街道再次变得生机勃勃，给人带来丰富的感官体验：浓浓的咖啡味，现烤的面包

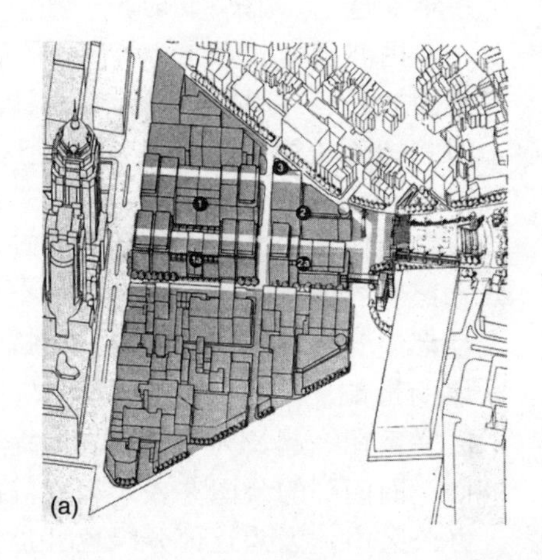

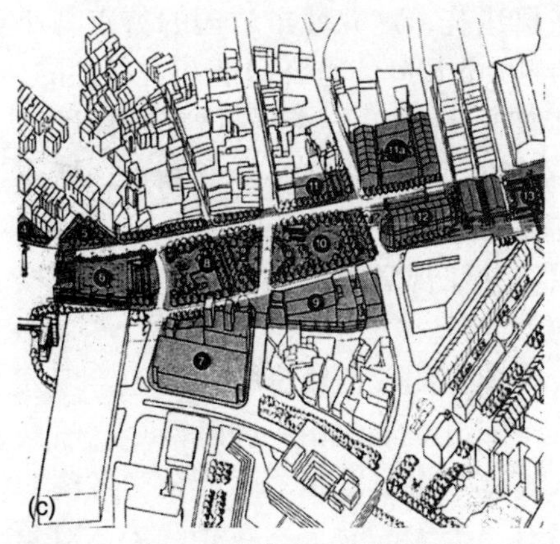

图 8.14　（a）布尔芬奇三角规划方案；（b）布尔芬奇三角的波士顿花园方案，沿 Canal 街的视景；（c）North End 的发展规划；（d）North End 的住房改善地区

味及其他有香味的东西混合着花与树的自然香气。North End 的居民们也为邻里公园和公共开放空间详细设计方案的形成贡献良多，孩子们和其他居民提出的愿景已经注入了设计过程之中（图 8.15b）。

关于 North End 邻里公园的详细设计，美国历史工作组（American History Workshop）曾担任过 Wallace Floyd 设计集团和 Gustafson 设计事务所的 North End 公园详细设计顾问的 R·拉比诺维茨（Richard Rabinowitz）表示[46]，“这片土地真的是一座桥梁”……“它位于多山的 North End 和我们现在所称的市中心，以前是 South End 之间的一片低地。”[47] 当设计方案全部完成时，其意图是反映各邻里的不同文化景观：居住与商业（图 8.15c）。

汉诺威大街（Hanover Street）把场地一分为二，从而划分了两片公园，在细节上设计为一座桥梁：人行道紧靠矮墙以及扶手栏杆。一个公园代表了分界线的“城市”的一面，其设计鼓励群体活动，例如游戏和表演。一个露天平台，一个坡度缓和的草坪，以及一个游乐喷泉鼓励着游戏与表演。另一个公园有一片社区果园和灯光草坪，暗示出更为私密的特点，邻里间的交谈和较安静活动能够在此进行。一个浅水池穿过汉诺威大街下方，将两个公园连在一起。

从 North End 向南延伸，是市中心的滨水地区，文化遗产也很丰富，有历史地标建筑，例如 Faneuil 大厦，昆西市场和海关大楼。1970 年代开始的修复还在进行，该地区已为新的波士顿搭建了舞台：它已成为吸引游客、购物者和其他城市居民的地方。

每年有 1400 万人参观 Faneuil 大厦的市集。随着新的餐馆和酒吧服务越来越多的参观者，白天和晚上的步行活动已经波及相邻的 State 街[48]（图 8.16a 和图 8.16b）。

开放空间综合体部分的设计用来增进整个城市的场所认同感，为所有类型的想象社群提供公共设施。九个地块总占地八英亩多，指定为该地区新的绿色开放空间，形成了新翡翠项链的核心，2004 年命名为肯尼迪绿色走廊（Rose Fitzgerald Kennedy Greenway）。专家宣称，码头区公园的建设和大约五英亩的公园与开放空间“将带来惊艳的视觉场景和休闲空间，在波士顿 50 多年未遇”[49]（图 8.17a）。

由波士顿 Alexandria and Copley 设计集团的易道（EDAW）公司设计的这些公园将把历史中心区与其滨海地区连起来，形成一系列开放的户外空间，“每一个都非常独特，不过都通过共同的种植、铺砌和照明的调配而统一起来。每个广场的特性都深受相邻的土地利用、建筑和使用群体的影响。”[50] 北部的公园将与现状旅游区联系在一起，为节日和表演提供新的空间，而南部的公园并入了较安静的居住与办公区中。因为这部分绿色开放空间需要呼应高层建筑，这儿城市公园的特点与小尺度的 North End 邻里公园是非常不同的。沿着西部边界是一条 40 英尺宽、铺砌良好的步行道，带有售货亭：三角形，抓点玻璃幕墙结构，60 英尺高，也起到灯楼的作用，并在视觉上成为公园和西部高楼之间的中介[51]。

有些地方的地面设计得像波浪，填入海滩水草形成波浪图案，同时两个高喷泉的喷水高度与海浪同步。本段公园系统的南端另有一个大喷泉，不在轴线上，对角线有一条小径与 Rowe 码头及城市滨水区入

图 8.15　（a）汉诺威街的重新连接方案，作为 North End 邻里的门户；（b）从 North End 向中心区的视景；（c）North End 公园的详细设计方案，由 Wallace Floyd 设计集团和 Gustafson 设计事务所设计

口对齐。公园设计细节方面的考虑又一次展现了我们所说的与自然共存的极大敏感性，也表明功能、视觉及其他感官方面如何融为一体。

我们旅程的下一站是金融区，一个高密度开发的地区，容纳了金融、法律与商务服务团体。高楼大厦给这儿一幅相当国际性的外观。咨询过程中，把商务团体包含在波士顿这一地区的愿景创造中非常重要，这样所有的想象社群都扮演了塑造波士顿未来的角色。遵循着最初的中央开放空间地区概念规划，人们形成了更详尽的设计方案，包括一个植物园和公共温室的规划。当项目完工时，这儿将树木繁茂，植物类型众多，既用于休闲，也有教育的目的。据 BRA 的专家说，这些新的公园及其他开放空间“将在市中心

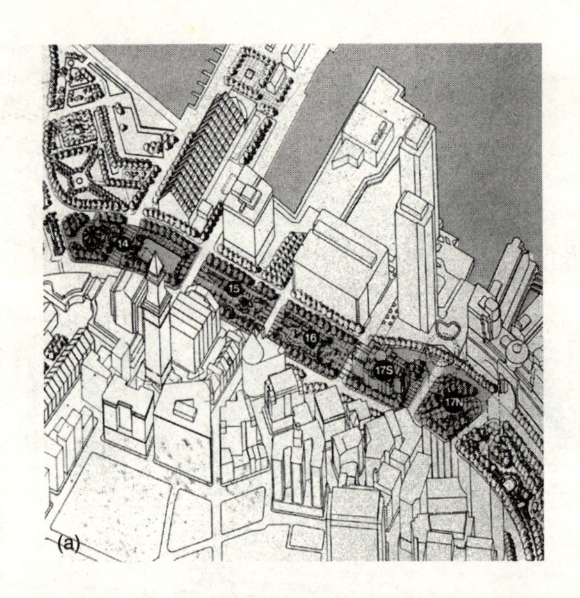

图 8.16 （a）市中心滨水区设计方案；（b）Faneuil 大厦市集地区；（c）修复的昆西市场建筑；（d）冬日的昆西市场

的核心地区四季常青的绿洲上提供文化与教育的机会”。[52] 这一地区也与滨水景观建立了重要关联，使行人能够步行探索这座城市，并享受它众多激动人心的美景（图 8.17b—图 8.17d）。

波士顿的唐人街（Chinatown）也在中心区重构行动中获益匪浅。尽管过去 40 年中唐人街丧失了可观的土地，但仍是一个活跃的社区，有很多小型商业、学校和文化设施。在最初的设计方案中，该地区得到了更多的公共空间，并将此老邻里与城市其他肌理整合在一起。1991 年的《中央干道地区规划》补充了基于振兴这一地区社会经济与文化方面的《唐人街社区规划》。唐人街的门户起到了亚洲社区的“正门”的作用，可以看到重要的经济机遇。剩下的开放空间构想

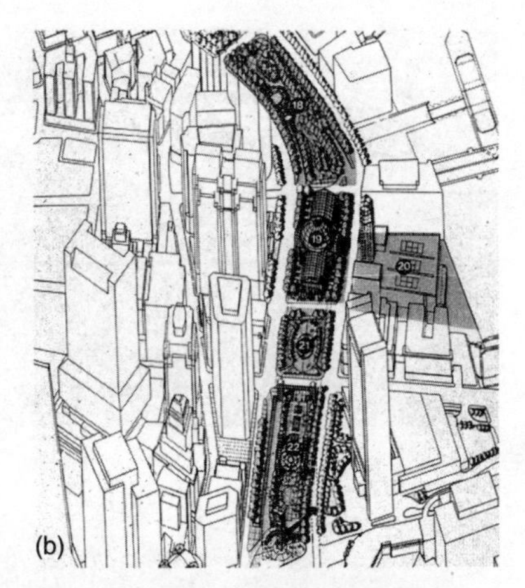

图 8.17　（a）金融区的中央干道；（b）金融区开放空间系统方案；（c）金融区公园方案；（d）透过 Rowe 码头圆厅的视景

为亚洲公园，种着中国与其他亚洲国家的植物。波士顿 2000 报告提出：

作为唐人街历史商业核心最大的公共空间，这个公园将创造一个主要的入口大道，邀请人们来到熙熙攘攘的海滩街（Beach Street），体验一下唐人街的风光、声音与味道。[53]

马萨诸塞州收费公路管理局 2003 年 1 月选择了景观设计团队，由 Carol K. Johnson 设计事务所和北京土人景观领衔，将这些最初想法深化为更为详细的设计方案。设计团队表示：

这块瘦长的、稍稍弯曲的土地将以一系列中国公园 / 花园的设计元素为特征，包括一座小桥跨越于干溪上，一座灯塔和一口井。[54]

把井包括进来具有重要的象征意义，设计小组成员说道，“因为在中国当你从一个社区搬到另一个时，就会从老家带走一些泥土，把它放在新社区的井里。这个

图8.18 （a）波士顿的唐人街地区；（b）波士顿唐人街的亚洲花园方案；（c）唐人街开放空间详细设计方案，由 Carol K. Johnson 设计事务所和北京土人景观设计；（d）波士顿唐人街亚洲花园方案

公园中，并成为在新世界中落户的隐喻，并产生一种场所感，它属于这个唐人街社区"[55]（图 8.18a、图 8.18b）。

其他设计元素还包括硬软地面的混合，以及用竹子作为垂直屏障的门廊，满街的杜鹃与银杏等"绿色元素"[56]（图 8.18c 和图 8.18d）。在这样的空间中，居民们将能够享受太极拳及其他亚洲舞蹈，还有庆祝中国的农历新年的木偶戏，舞龙会和花灯。

不仅仅是波士顿新公园的物质形态设计，许多当地的公园，活动场所和社区中心也获益于一系列社区活动。例如艺术计划已经成为波士顿场所制造过程中的重要方面：制造了 300 多个艺术家空间；修复了剧场和表演中心；整修了历史建筑（图 8.19）。

这个超大的总体项目的实施对所有重要参与者来说都表现出巨大挑战，尤其对 Thomas. M. Menino 市长。无休止的挖掘、噪声、振动，技术与交通问题要求有一批工程管理者、专业技术人员与宣传活动。为了能够直面城市重构过程中的所有消极方面，报纸、电视与其他媒体定期更新"波士顿正在发生什么"的日常信息，同时提醒城市居民及其他使用者这一伟大愿景对大家，以及对下一代的重要性。

总之，我们从波士顿的经验中学到了什么？首先是积极的方面。波士顿在最普通的层面上已成为许多文化群体的家园，他们几个世纪以来已塑造了城市的独特个性，并在此过程中塑造了他们自己的认同，他们众多的想象社群。这很大程度上通过城市居民与专业人员之间的创造性合作来实现。对今天尤为适用的是最近重构波士顿 21 世纪场所－认同的规划干预。这一方法形成于 20 世纪 80 年代和 90 年代，首先

图 8.19　位于中心区的波士顿历史建筑

聚焦于支持使用者的选择。然而，正如我们所见，波士顿支持使用者选择的历史久远，从 17 世纪的早期“自由战士”到 20 世纪 60 年代风行的邻里运动，再到更近的政府、专业人士和使用者在塑造城市文化景观上的合作关系。

在设计更加物质的层面，在设计强化想象社群的根源感方面我们学到了什么？首先，从消极的一面看，必须将项目总体的经费和噪声、污染、震动及交通堵塞带来的负面影响计算在内，城市居民和其他使用者在建设过程中都必须经历。盛行于 20 世纪 50 和 60 年代的设计与规划思想留下了深深的创伤，需要巨大的政治与经济行动来纠正它们造成的问题。在体验的使用与意义层面我们学到的经验是积极的。使用层面上，波士顿市中央干道地区的重构方式采用了许多理论方法，从林奇的可读性研究到雅各布斯的混合使用与街道的思想，以及怀特关于公共开放空间设计的论著。这些理论的综合为城市与地方邻里尺度开放空间网络的一体化设计有很大贡献。新的公共开放空间系统允许不同使用者、车辆与行人以不同速度行进，与旧的快速干道网络把他们分开并给与远距离和快速移动的旅行者以优先权相比，形形色色的旅行者可以更为主动的方式相互遭遇。通过新开放空间与波士顿古老的、根深蒂固的历史邻里的融合，实现了新公共开放空间网络与更细微的混合使用肌理更好的联系。当新的直线形的公园系统建成时，将使不同的使用者群体在他们的日常出行与生活体验中彼此相遇。在意义的层面，我们可以看到使用者和专业人员如何利用林奇关于可读性的作品，在20世纪60年代和80年代通过探索心智地图的经验，揭示出根深蒂固的标志、路径、节点、区域和边界对于理解波士顿场所特性的重要性。

我们还发现了有用的设计经验，可以强化不同社群成员之间的和谐生活。其中重要的是包容与参与的过程，在整个城市和地方邻里的尺度上，不同利益群体、政治与专业人员推动了共同愿景的形成。在使用层面，我们可以看到不同的文化群体如何定义他们自己的邻里，以及整个城市开放空间的联系与混合使用的开发。在意义层面，在现代波士顿的建设中，我们发现了很高程度的多元文化分层：在设计的城市尺度上时统一、渐进和现代，同时保持不同邻里根深蒂固的地方文化景观。

波士顿重新定义城市场所－认同的方法也明示在一个庞大的项目委托中用设计来强化使用者的赋权感。这就是我们所发现的，正如在博洛尼亚的案例中，一致而整体的参与进程使不同角色的人为城市创造出新的愿景——一个被不同的群体所喜爱和享有的城市。在此我们发现如何在设计过程的不同阶段使用“设计征询”的方法，融入孩子、年长者、当地商业团体、政治家和专业人员的意见来创造波士顿新文化景观。

在波士顿特别有用的设计经验是支持与更为广阔的生态系统和谐共生的感受。这在使用层面和意义层面都很显著。在使用层面，我们已看到不同年代的波士顿人是如何学习适应恶劣气候与地形的，他们如何创建一系列开放空间如老翡翠项链来增进健康，而同时也为历史街区内的动植物提供一个自然的支持系统。这种人类/非人类的共生关系在不同设计者和社区团体恢复自然支撑系统的方法中也很明显，它正好在一个繁忙城市的中心。在意义层面，我们看到对自然的态度，以及对成为波士顿人意味着什么的寄托感的态度，如何通过新翡翠项链来加强的，它将各个不同邻里连成一个整体。这在详细设计方面也显而易见，水、海草与其他类型的植物象征性地用来将历史城市与更为进步、多元的文化景观联系起来。

注释

1 Sammarco, 1995.
2 Brooke, 1996.
3 Morris, 1997, 6.
4 Woods, 1902, 11, cited in Todisco, 1976, 1.
5 Todisco, 1976.
6 Woods, 1902, cited in Todisco, 1976.
7 Todisco, 1976, 2.
8 Ibid.
9 Ibid.
10 Ibid.
11 Sammarco, 1995, 44.
12 Boston Redevelopment Authority (BRA), 1990.
13 BRA, 1990.
14 Tafuri & Dal Co, 1976.
15 Ibid.
16 Ibid.
17 Jacobs, 1961.
18 Gans, 1962.
19 BRA, 1990.
20 Lynch, 1960.
21 Appleyard, Lynch, Myer, 1966
22 SMWM, 2000, 20.
23 Schmidt, 1997, 2.
24 BRA, 1990.
25 Ibid., 37.
26 Ibid.
27 BRA, 1990.
28 Ibid.
29 Ibid., 35.
30 Ibid.

31 BRA, 1990.
32 Ibid.
33 Gavers, 1997, discussion between Georgia Butina Watson and Dick Gavers, Boston City Hall.
34 BRA, 1990, 9.
35 Ibid.
36 Ibid.
37 BRA, 1997.
38 Gavers, 1997, discussion between Georgia Butina Watson and Dick Gavers, Boston City Hall.
39 Ibid.
40 BRA, 1997.
41 Schmidt, 1997.
42 BRA, 1997, 10.
43 Ibid., 11.
44 BRA, 1990, 19.
45 Gavers, 1997, discussion between Georgia Butina Watson, Boston City.
46 Freeman, 2003, 65.
47 Ibid.
48 BRA, Ibid., 24.
49 http://www.masspike.com/bigdig/parks/wharfparks.html
50 Ibid.
51 Freeman, 2003.
52 BRA, 1990, 28.
53 Freeman, 2003, 66.
54 Ibid.
55 Ibid.
56 Ibid.

第9章

综合的开始：响应环境的设计方法

至此，每一章从我们的场所－认同视角对如何采用积极的设计方法形成了有用的看法。由于我们既是设计者又是作者，很自然地从这些案例研究中得到我们自己设计作品的灵感，这正是为何我们将其付诸实施的原因。在最后的这一章，我们将与其他同事一起探索如何将这些不同的观点汇聚在一起，形成我们都涉足其中的响应环境（Responsive Environment）的设计方法。

为了探究响应环境的设计方法的起源，我们需要回溯到20世纪70年代中期在城市设计联合中心中与我们的研究生之间的工作讨论，最近该中心成为沟通牛津理工学院（Oxford Polytechnic），即现牛津布鲁克斯大学（Oxford Brooks University）的建筑学院和城镇规划学院的桥梁。联合中心的学生来自于不同的背景，就专业背景而言，他们大部分来自建筑学、规划和景观专业，偶尔有一些标新立异的远自地产开发和生物学。这些学生在他们的地理来源方面也是（并保持）多样化的，也相应地表现在他们的设计传统中。在《响应环境》形成的阶段，在两种截然不同的传统之间的激烈争论被证明是尤为重要的。一方面，来自英语国家的学生——主要是英国、澳大利亚、加拿大、新西兰和美国——带来了盎格鲁－撒克逊的经验主义传统。他们认为知识建立在经验之上，相较而言对设计原理关注甚少，对设计品质的想法更大程度聚焦于感知，并且经常从戈登·卡伦的《城镇景观》方法[1]和凯文·林奇在《城市意象》[2]的认知研究中寻求灵感。另一方面，来自于欧洲大陆和拉美的学生大部分具有理性的传统，他们认为知识主要来源于智慧。他们更关注理论，尤其是拉美人经常将其与马克思主义对政治的理解联系起来，他们也深受我们在第5、6章探讨过的阿尔多·罗西和坦丹萨学派的“城市形态学”方法影响。[3]

过去，联合中心的小组设计工作一定程度上是（现在仍然是）在跨文化小组中进行的。这种工作方式经过了精心考虑，以促进跨文化的讨论，被证明在此方面非常成功。在20世纪70年代的晚期，这些讨论——常常是激烈而冲突的——成功地发展了一种空间的政治学，与实践中的设计决策直接联系：这是响应环境设计方法的基础。这种方法在1985年《响应环境》[4]一书中首次得到广泛的公开表述，它视建成形式为一个政治系统，最深入地影响了使用者的生活。其观点是场所应该被设计得使这些影响能够在使用者的日常生活中打开尽可能多的选择与机会。因此，就此而言，好的设计就是有关促进设计品质来强化这些良性影响。

由于这种关注品质的方法将首要的重点放在物质场所设计与使用者生活发展之间的联系上，通过选择与授权的推动，事后我们可以看到其参与场所－认同方面的潜力。然而这种潜力还没有被概念化，尽管J·蔡瑟将其归纳为“设计征询”[5]的过程，使之在发展中变得越来越清晰。在此过程中，很多实际项目中采用了这一设计方法，逐渐形成了充分利用机遇，规避实践中产生的威胁的做法。

我们可以通过一个位于英国东南部，靠近雷丁中心位置的Fobney街的商品住宅（或投机性住宅）设计竞赛获奖方案来开始阐述这一过程。设计工作已于1986年完成，但此项目最初是作为响应环境设计方法本身的实验基地来发展的，并在本书的早期草案框架中作为最后整合章节的基础来写的。这使Fobney街的方案直接联系到研究这一方法的场所－认同含义。因此我们应当以一个局内人的理解，在其起源的研究上达到一定的深度，因为有发展团队本身的个人参与。[6]

从场所－认同角度看，商品住宅是一种特别有趣的开发类型。一方面，住宅具有三重重要性：住宅的开发占了当前开发量的一半以上；大多数人有3/4的时间在其中及其周围度过；在大部分人的生活中，家还具有特殊的情感重要性。另一方面，由于无视地方条件而复制标准产品趋势，大量的商品住宅开发在场所－认同方面常常被视为具有特别消极的影响，因此这种环境对任何设计方法都是艰难的考验。

响应环境的设计方法把支持使用者选择的最基本品质称作渗透性（permeability）：一个场所的公共空间网络能够提供的到达与穿越相关地点的路径选择能力。使用者选择的根本重要性源于这样一个事实，即没有一个场所能够提供任何类型的选择，除非使用者首先能够到达并穿越它。尽管渗透性的场所－认同含义没有在《响应环境》一书中讨论，但显而易见的是，高度的渗透性似乎在场所－认同方面是积极的。在作品中寻求高度渗透性的设计师有必要努力在公共空间中实现连续性的体验，正如我们在此前章节的案例研究中讨论过的，这为建构“自属感”（us-ness）提供了重要的原始素材，任何社会认同都必须奠基于其上。

然而对于Fobney街，难以实现与城市形成整体的高度渗透性，因为一条流向北方的河、通往西部和南部的一条高速公路标准的堤上道路把场地与雷丁其他部分分开。为了尽可能克服这些缺点，设计过程的第一步就是绘制出所有我们能够找到的从外部进入场地的联系路径，包括远期的潜在联系，以及能够立即实现的联系。因此，我们包含了所有空间上可能的联系，即使当前并不存在可达的权利，以及在不久的将来具有明显开发可能的相邻地块产生的其他联系（图9.1）。当我们绘制这些当前的与潜在的联系时，试图根据它们布局的直接性和最终目的地来度量它们各自的“连接能力”，不仅是与场地直接的外部环境，还与整个城市。当时，这种分析只能在常识的帮助下进行，而现在可以求助于伦敦大学比尔·希列尔（Bill Hillier）和他的团队开发的“空间句法”软件。[7]

确立了众多实际与潜在联系各自的“连接能力”之后，下一步就是形成一个初步的街道布局来联系它们，尤其是那些具有最大连接能力的，尽可能直接穿越Fobney街的场地（图9.2）。这种高度连接的街道

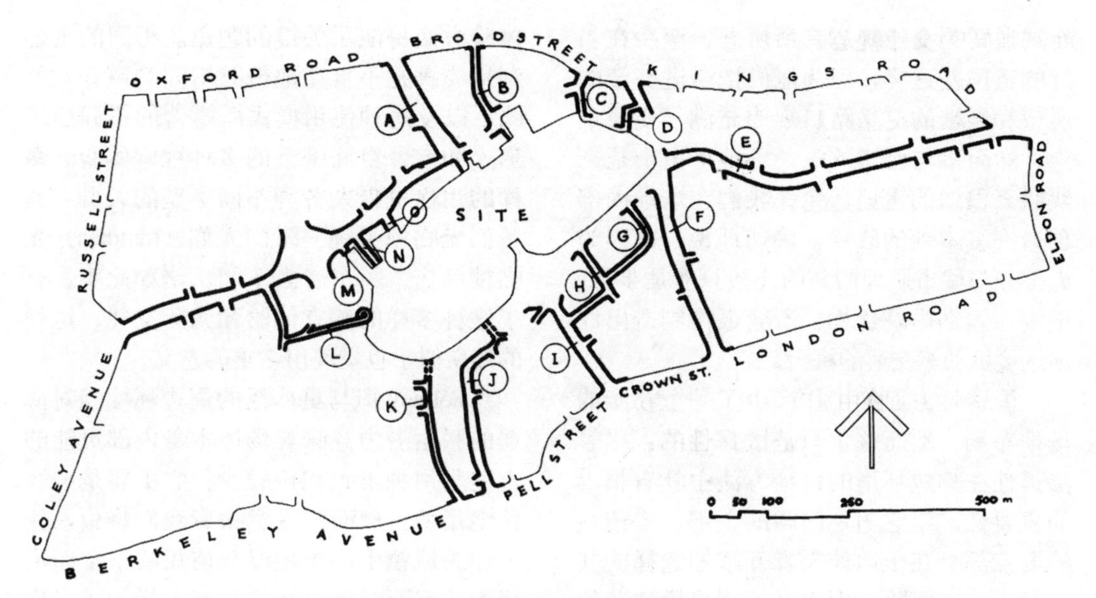

图 9.1　Fobney 街：识别潜在的联系

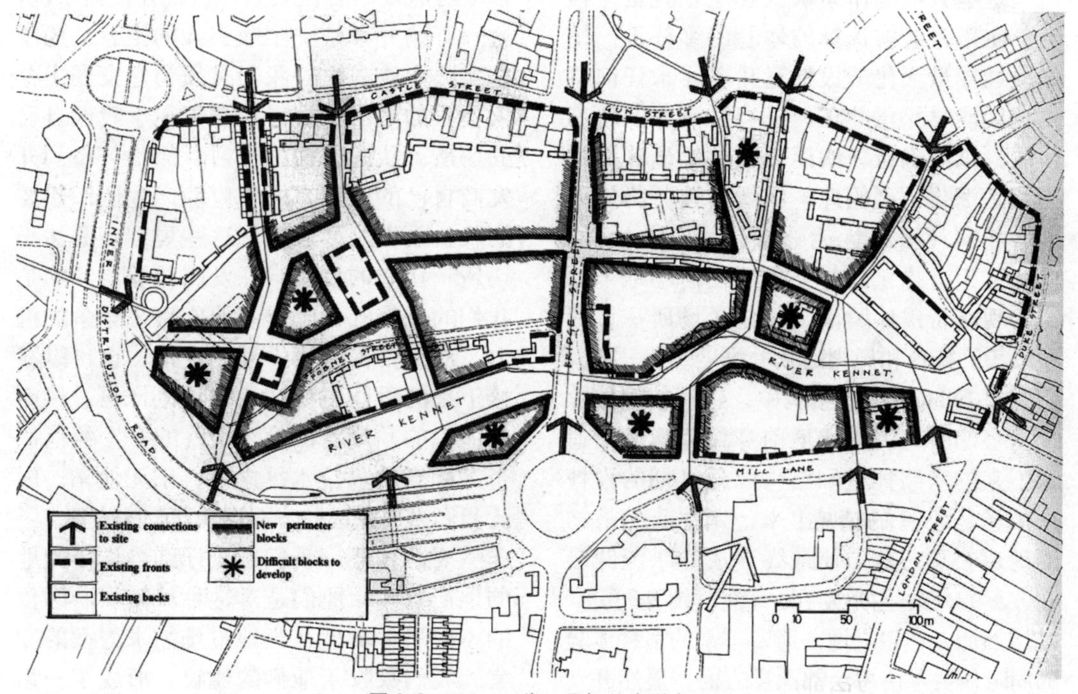

图 9.2　Fobney 街：最初的街道布局

布局通常为交通规划者所厌恶，至少在当时的英国是这样，因为他们把增进交流的愿望和频繁的交叉路口视为充满了交通危险。然而事与愿违的是，场地历史上是一块联系很弱的飞地，允许我们在场地内部创造许多本地的联系，确切地说，是因为大部分与城市肌理的新的连接只能是步行，至少在短期内是这样，不会很快制造出许多过境机动车交通的机会。

渗透性方面的工作产生了一个初步的场地布局，然而这仍只是试探性的：尽管渗透性在响应环境的设计方法中具有根本的重要性，但它不是问题的全部。渗透性的要点部分在于向使用者开放的选择的其他层面，在实践中它也必须用来换取其他关键的空间品质。

这些其他品质中最重要之一就是多样性：使用者能够选择的体验的多样性。使体验选择最大化的设计意味着寻求任何特定场地能够提供的任何已有和潜在的特殊体验，以及确保新的设计能够彰显其影响而不是弱化它。因此，像渗透性一样，人们寄希望于多样性能够强化场所－认同，并为使用者提供选择：强调任何场地上建筑的现有特殊体验潜力强化了场所－认同所依赖的特色和历史延续的维度。

在 Fobney 街的案例中，这种特殊体验最重要的潜力就是场地前身作为啤酒厂遗留下来的水路涵道网络。因此早期的设计决策就是将它们展现出来，调整我们最初的街道布局想法，使最终形成的水流网络在方案的公共空间中可见可闻（图 9.3）。

然而，在建立过去遗留下来的多种体验的同时，关于使用者的选择方面，显然开发尽可能多的新体验十分重要，以抵抗今日的地产投机发展过程中单一化的压力。[8] 任何项目都包含的土地利用模式在培育多样性体验方面扮演了关键的角色。不同的土地利用模式几乎自动地带有不同的声音和气味，以及这种使用模式所隐含的不同建筑形式和室外空间带来的多种视觉体验。多样的用途也带来各种不同类型的人群：孩子们光临糖果铺、时尚人们（trendies）光临精品店、骑车者去车间，诸如此类。有了这种多样的感官体验和人际交往，这样的场所似乎也呈现出多重的意义。

Fobney 街与更广泛的周边环境相对薄弱的联系潜力意味着场地本身内部可能的土地利用种类也相应较少：它主要是一块住宅用地。然而，这意味着我们将引入住宅作为城镇中心土地混合使用的一个新增用途，因而在更广阔的尺度上增加了多样性。为了使这一潜力最大化，我们想要包含尽可能多的居住类型，但就开发商来说，这一开始并不是一个吸引人的主意。为了在实践中实现它，我们必须为它发展出令人信服的理由。赢得竞赛不在于我们自己的场所－认同方面的投射，而是关系到开发商自己的利益，方案应能产生他们想要的收益水平。如果我们这些规划师关注于场所－认同的议题，开发商能够看到的是我们的方案既可以提高他们赢得竞争的机会，从而获得这块中意的土地；也可以在接下来的时间里快速获得规划许可。然而从他们的角度看，除了最终的开发给他们带来满意的收益水平之外，别无他求。因此我们必须在这些方面证明我们的方案。

要想如此，我们首先仔细咨询了当地的地产机构，他们是对这种城镇中心区位的不同居住类型在当地市场需求方面的专家。我们吸收了他们的建议，形成了一系列的 12 种居住类型，涵盖了只有一个卧室的公寓到三个卧室的住宅，并带有每种类型可能达到的售价方面的有力佐证。同时，

图 9.3　（a）Fobney 街：开敞的水流；（b）Fobney 街：作为绿色廊道的水流

我们与建筑估算师一起工作，测算每一种类型的造价，这样我们可以建立一张简单的电子表格来计算出设计进展过程中每种展开方案的总造价与市值，相应地得到总体收益水平。在每一次设计小组会上，我们不仅要列出当前方案的图纸，还要与地产机构和建筑估算师一起完成财务结算的电子表格。

那时，弱化构成整体设计团队的单个专家之间障碍的努力远比后来的情况更加不同寻常。对于当时许多建筑师和城市设计师（现在甚至更多），任何对财务问题的认真关注意味着对城市品质的忽视。我们认为这种看法看起来很可笑：毕竟一系列图纸多多少少是设计方案的抽象空间模型，而财务报表不过是同样方案的另一个不同视角的模型。最终它们并非不同事物，甚至连同样事物的不同视角也不是。假如不以开发商的视角看待我们的方案，就像我们自己的那样，那么方案本身就很容易被宣称为经济上不可行而推翻：迄今为止，太多的设计师反复听到这种说法，但他们不知如何整理材料进行反驳。

然而对多样性的追寻不仅引导我们形成有形的设计想法，还有关于设计过程本身如何被设计的概念。这也是我们考虑响应环境方法的更为关键品质的案例：对城市可读性（legibility）的关注。

《响应环境》认为，场所是可读的，其程度就是使用者形成准确而稳定的“心智地图”容易与否。[9]这从使用者选择的角度来看非常重要，因为人们在一个地方周围认路越容易，对场所的有效利用就越容易，无论出于什么目的。从更宽广的场所－认同角度看同样重要。首先，可读性与认同的“独特性”维度紧密联系。场所如果经常被描述为非常含混的程度，没有可以轻易把握的形态或功能模式，那么用俗话说，就是“缺乏特色”。其次，可读性在实践中还与认同的“连续性”维度紧密相连，因为创造可读场所最有力的方法就是建立在任何已被使用者注意的事物之上，作为设计的初始跳板，而不是将其扫在一边，或忽视它们而“彻底抹杀”。我们再次发现，正如在《响应环境》设计方法中所表明的，强化选择质量的基本结构在更广阔的场所－认同方面也是积极的。

我们在Fobney街项目中对强化可读性所能采用的最有效方法好像就是很多年前凯文·林奇在《城市意象》中的研究工作。[10]林奇开创了心智地图的使用，即人们对一个地区记得哪些东西的图绘，作为一种把握城市可读性影响要素的途径。通过这些地图的研究，林奇提出人们用来在城市中导航的几个关键要素框架：路径——道路、街道、巷子、小径——人们借此移动；节点——这些路径的交会之处，因此呈现为使用者做决定的点；边界——高速公路、高架桥、河流等等，它们将整体的聚落划分成可把握的小块；以及地标，作为特定的纪念特征而突出于一般背景。然后这一结构骨架上可感知的“肌肉组织”形成了区域的“肌理”，即内部具有某种程度的可感受的同质性地区，与周边其他地区有某种程度可感知的对比。这种与骨架的类比在一系列不同尺度上用更加普遍的肌理充实了不同区域，因而每一区域相应地可视为具有自己的内部骨架，实际上每栋建筑内部也同样可以如此看待。为了提供对可读性的最大支持，任何城市地区的设计者在内部设计一个强力的感知骨架时，都必须考虑它是如何强化自己所从属的更大感知结构的。在任何尺度上，路径、节点、边界和地标构成了基本的原始素材，从中可以建构出感知骨架，但一个城市区域仅仅容纳这些元素是不够的。可读性在很大程度上也取决于要素之间关系：例如聚焦于一个可识别地标的路径等。

从最广阔的区域尺度开始，我们首先要决定特定的场地是否应当以其自身名义理解为一个新区域，一个与某些现状区域毗邻的新的部分，或者可能是现状区域之间的某种联系。基于已经解释过的理由，我们想要避免任何将我们的方案看做一块孤立飞地的感受，因此很快决定采用与“孤立区域”相反的想法，虽然那对我们的开发商客户独具吸引力，他们强烈向往飞地概念固有的“排他性”含义。在与现状区域的潜在联系方面，Fobney街的场地位于城镇中心形成的两块区域和一片名叫Katesgrove一个居住区之间，很难看出来我们怎么才能在知觉上使方案成为城镇中心的一部分，由于已经讨论过的财政限制，意味着使用模式和建筑类型不得不与城镇中心本身长期以来确立形式有较大差异，而这两者对区域特征均非常重要。另一方面，同样很难看出我们的方案如何在感受上成为Katesgrove的一个组成部分。虽然Fobney街也是一片居住区域，但内环快速路和肯奈河（River Kennet）强力的双重边界将它与Katesgrove隔开，看上去这是过于强烈的视觉分隔，是我们无法克服的。因此我们决定应尽可能让本设计在Katesgrove地区和城镇中心之间形成联系。

若我们能够实现，这种“转换”的特征将会减轻Fobney街的方案被视为整体的城镇中一块飞地的可能性。因此我们感到这个区域没有在更大尺度上制造消极飞地的情况下，仍可具有自己内部特殊的场所认同感。由于其水路系统的历史重要性，以及我们在寻找多样性时将其整合到布局中的方式，似乎很适合将其作为创造内部知觉骨架的基础，将此新的开发命名为“水边”（Waterside）强化了这一概念。

根据林奇的理念，我们从建立我们自己的Fobney街地区心智地图开始，然后为了进一步充实，我们询问了在该地区工作或住在附近的人们以得到更多的本地感受，为我们绘制他们自己记忆中的地图（图9.4）。这项实验的范围非常有限，我们只获得了除我们之外12个人的地图，因为我们知道我们的设计资源受到这样一个事实的限制：只有赢得竞赛，才可能得到工作报酬。虽然如此，当我们开始回顾这些图解实验的结果时，发现这些局内人的感受把我们的注意力引向了其重要性尚未被我们这些局外人视角所关注的场所。

我们开始分析这一系列地图，将每一幅地图注意到的所有特征制作成清单，然后把清单列成表格，根据不同地图作者关注它们的频率来排序。表格后来作为绘制所有这些重要特征真实地点的图解的基础，每一个的大小反映了它们被关注的频率，以便在匆匆一瞥时提示我们那些在人们心目中最突出的特征（图9.5）。将这个复合的心智地图与我们自己正在展开的场地布局相比较，就可以看出新的方案如何调整，通过建立与强化人们已经牢记的特征，以提高自己的可读性，以及它作为更大的城镇中心一个组成部分的可读性，例如通过重新微调我们的一个新的开放空间，既围绕一棵古紫衫树创造了一个焦点空间，也聚焦于现存的纪念性地标——教堂钟塔（图9.6a）。

以此方式工作，我们得到了一个总体的场地布局，对我们来说，似乎在知觉上最好地利用了我们与其他人的心智地图中形象最为强烈的路径、节点、边界以及地标，增强了区域感知骨架作为一个整体的可读

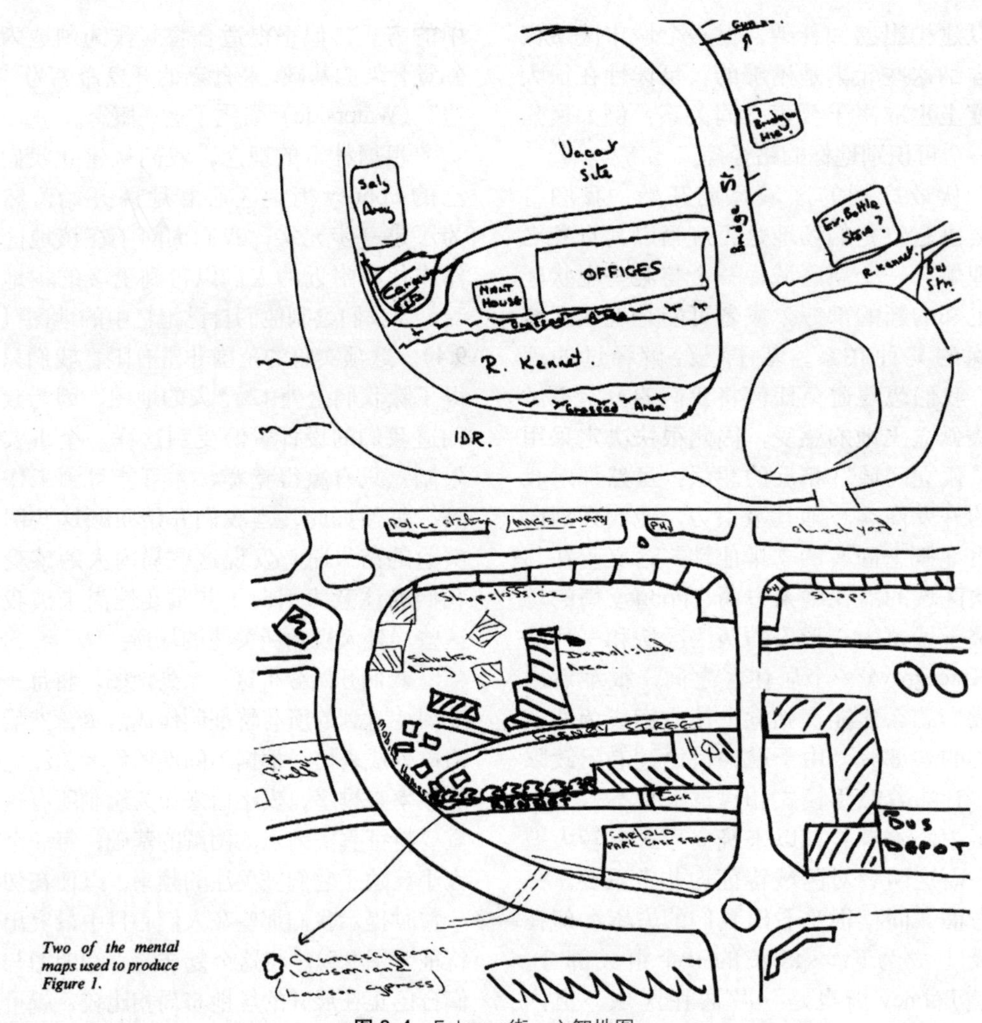

图 9.4　Fobney 街：心智地图

性。在更加当地的尺度上进行后，下一步就是将相同的逻辑运用到我们基地内部可读性的设计中，例如对狭窄街景的尽头的地标形式提出建议（图 9.6b）。

总之，我们的设计决策已首先用来使场所日常使用者选择的可能性最大化，因而是“开放的未来”。正如我们看到的那样，这本身在场所－认同方面很重要，但在回溯此项目的过程中，我们也梳理出响应环境品质协助培育想象社群归属感的方法，并在某种程度上——例如通过打开水路系统——也促进了与自然共生的感觉。

不同使用者与生产者群体如何在现实中回应我们的工作，至少在“根源”维度方面，我们的一个研究生，建筑师露西娅·瓦萨克（Lucia Vasak）完成的对已实施方案的研究工作提供了某些迹象，[11] 部分作为与我们第六章研究的阿尔多·罗西的佩鲁贾方案的对照。露西娅的研究结果表明，她所采访的居民和使用者大体上感到我们最为

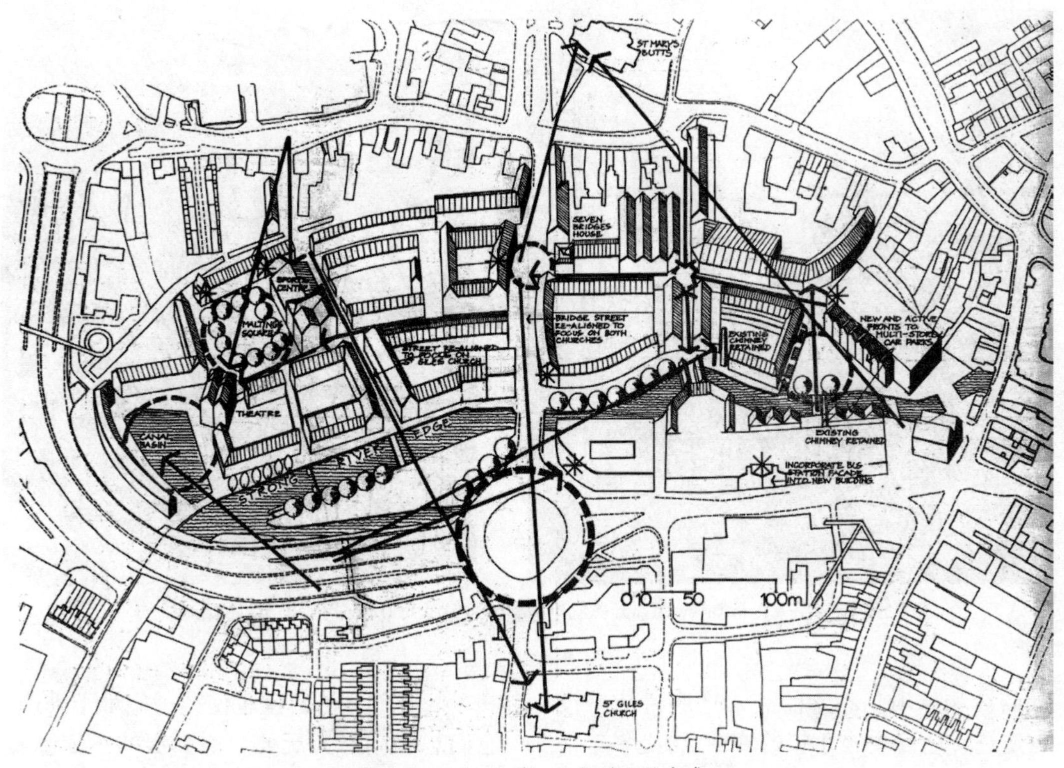

图 9.5　Fobney 街：心智地图的合成

详细、小尺度的决策强化了雷丁的地方特色，而我们关于街道形态、街廓结构和总体体量等更大尺度的决策则没有做到：大致与她分析的罗西在佩鲁贾的作品所发现的相反。这一意料之外的消极发现很可能对我们通过街道和街廓布局来实现的渗透性是一种合理的平衡，但我们仍热衷于在未来的工作中在更广阔的形态学层面上达到更为积极的效果。1989 年在布莱克斯顿的安吉尔镇地产的重建中，这个机会来了，本书的两位作者均参与其中。

安吉尔镇最初由兰贝斯区（Lambeth Borough）的建筑师设计，开发于 20 世纪 70 年代。它在形态上代表了从 20 世纪 60 年代的现代街廓向 20 世纪 80 年代更加传统的以街道为导向布局转变过程的中间阶段，因为它带有几分传统周边街廓（perimeter block）[1] 的几何平面特点，但因为估计到很高的私人汽车拥有量而进行了调整，形成了人车的严格分流。最终地面层大都留给了汽车（图 9.7b），而步行的可达性被集中于二层或三层平面的步行平台或“步行桥”上（图 9.7a）。这些步行桥在街廓与街廓之间通过桥梁联系，最初还准备跨过繁忙的布莱克斯顿路，通到相邻的 Stockwell Park 住宅区，那儿有所有的社会服务设施，

[1] 周边街廓（perimeter block），一种传统的城市街廓类型，建筑位于街廓周边，沿道路建设，内部为半私密的庭院空间，通常 4—7 层高，功能上混合使用，沿街底层是店铺，上层为住宅，内部沿后院可能还有作坊。在欧洲城市中，这种类型的街廓可以形成很高的密度和容积率而无需建高层。——译者注

图 9.6 （a）Fobney 街：开敞的地标景观；（b）Fobney 街：标志性的凸窗

如商店和诊所。不幸的是，这座桥从来没有造过，所以安吉尔镇的 4000 居民多年来根本就没有任何社区公共设施。

尽管有这些不利因素，安吉尔镇的第一批居民还是很高兴地入住了。这个住宅区的位置与布莱克斯顿总体上联系便捷，人们具有很高的期望值。用一个早期住户的话来说，他从起居兼卧室住所搬到安吉尔镇，“我们把它当成奢侈的公寓”。首批居民尽管还未熟悉地形，但并不怀疑：“我们知道这是专家设计的，我们相信他们知道自己在做什么”。[12]

然而不久，活生生的体验开始压倒这些愉快的第一印象。首先，居民们开始注意到不经意与人们相遇的机会很少，因为没有窗户开向这些步行桥：“在普通的房子里，你可以通过厨房窗户看到街上的人群，因此就有机会知道发生了些什么，假如愿意的话你还可以说声“嗨”，但我们很快发现在这儿是做不到的。”[13]

公共领域的盲区也使孩子们难于管理，他们想和同龄人玩耍。地面层的车库隐藏在视线之外，因此居民们从一开始就没有用过它们：它们不久就被恶意破坏，并很快给整个地区带来了衰退的面貌。不久，人们放弃了住到安吉尔镇的打算，唯一的新居民是那些没有其他选择的人们。当地的官僚机构虽用意良好，但其管理问题使安吉尔镇的问题恶化，成为一个衰落的住宅区，甚至在其全部建设完成之前就被普遍认为是一场灾难。《南伦敦新闻》（South London Press）说，“天使镇（Angell Town）变成了地狱镇”。

居民被排除在决定自己的生活环境之外，一个相关的居民团体对这种负面结果的经验做出了反应，开始推动居民在更大程度上参与到居住区所急需的改善过程中。以青年志愿者的工作开始，然后接管了业主委员会，并最终形成了安吉尔镇社区项目（ATCP），居民们开始采取更多的主动，

图 9.7　(a) 安吉尔镇：步行桥；(b) 安吉尔镇：地面层让给了小汽车

起初自行其是，但最终认识到这种实践需要与各种类型的顾问一起工作。作为这些行动的一部分，ATCP邀请牛津布鲁克斯城市重建咨询中心（Oxford Brooks Urban Regeneration Consultancy，URC）来组织和管理居民咨询的过程，帮助他们清楚地表达首先住宅区在设计方面有哪些错误，其次需要做些什么来改进。

在接手这项行动时，ATCP认识到需要城市设计专家，但是他们也意识到专业接管后的潜在风险。因而该过程建立在“两套专家”的模式上，居民扮演了本住区生活及其问题与机遇方面的专家角色，而URC提供关于设计方面有哪些可能的专业知识，而不是强行要求人家应该做什么。

这种保持ATCP对方向掌控的观点对URC和ATCP都很有吸引力，既是基于政治信念，也因为它明确了在充满潜在冲突的环境中我们站在哪一边。在咨询过程的实际管理中从四个层面上强化了这种做法。首先，我们直接与ATCP签订顾问合同。尽管我们的经费最终来自兰贝斯地方议会，但它首先付给ATCP，并由ATCP的管理委员会决定是否付给我们。其次，有一组居民经过培训，自己可以在运行过程中起到很大的作用。第三，咨询过程的设计尽可能包含该地区的所有居民，咨询过程尽可能走近他们，而不仅仅包含那些在劝说下以参加公共会议而加入我们的人。第四，过程将从一张白纸开始，而不从讨论URC的提议开始。

这张白纸是一卷很长的草图纸，挂在社区的一间房间的墙上，房间是ATCP设法从多余的车库空间中腾出来的，最初的一系列设定议程的公共会议开始了。ATCP费了很大的力气去争取尽可能多的人，来自不同年龄群体、性别和种族背景。这体现了在组织方面相当大的努力，包括提供了一个临时的托儿所（可以鼓励儿童画出他们理想的家）以及陪伴老年参与者安全回家的陪同人员。

“白纸”的策略意味着没有现成的设计议程可供讨论：相反，首先要求居民谈谈他们对居住区问题的想法。这些问题并非马上就与城市设计有明显联系，这并不奇怪，我们的角色就是帮助揭示这样的联系是否存在，如果是的话又是什么样的联系。举个例子来说得更清楚点，在第一次会议上，我们发现狗粪是人们最急于讨论的主题，我们感到不安。这一普遍让人讨厌的东西与城市设计的关系最初并不明朗，但是随着会议的进展，通过两套专家之间几个回合的交换意见过程被逐步揭开。我们问“为什么有这么多狗粪？”，回答是“因为有很多狗”，说话的语气表明说话者认为这是一个愚蠢的问题。“但是为什么这里会有这么多狗呢？”在这一点上，回答开始揭示了一个狗文化的问题，这对我们这些中产阶层的城市设计咨询者来说也是全新的，对我们来说迄今为止“狗”一直等同于“家庭宠物”。对于安吉尔镇的很多养狗户来说，显然狗至少是一种划算的、牙尖齿利的安全装备。有的人复述了后来用来形容相邻的Stockwell Park的惯用妙语：“那个住宅区里面甚至罗威纳犬也成双结对地巡逻”。

—“但是为什么人们还是感觉受到威胁？”

—“因为这个地方总是荒无人烟”

—“当你在室外，大部分时间没有人能看到正在发生什么……”

至此，我们无疑进入了城市设计议题，

作为咨询者这是我们能够把握的。关键点在于这些问题是关于社区安全、公共空间中对威胁的知觉等等，我们从前对城市的思考仅仅涉及其最外围。毕竟，这些问题在我们 Fobney 街的工作中和最初的响应环境的参考框架中几乎被完全忽视了，然而却在居民的议事日程上居于首位。从而参考框架本身遭到强烈地批评，并随后因 URC 设计方法整体上的好处而大大地充实了，很难想象如果没有在行动研究过程中参与到这一先前并不熟悉的文化中来，没有居民根据他们的议程从一开始就推动设计过程的话这一切会怎样。

当然这不是说我们没有将我们自己的议程带入此过程：只不过在居民把基本框架讲清楚之前，我们尽量避免引入我们自己对宠物的看法，并且尽最大努力避免去操控环境，使它变为我们想要的那样。从事情的本质看，在某种程度上我们很可能在此方面并不合格——毕竟很难成为一个“中性的工具”，但是事实是 16 年后到写作此书时，我们依旧在场，仍与 ATCP 保持积极的关系，这表明居民感到他们得到了足够多的他们想要的东西。

满载着从会议得到的信息及来自随后的展览中的反馈，下一步就是准备一份问卷发放给住区所有的房屋拥有者。问卷的产生经过了与一个有偿服务的居民小组的讨论，他们来自不同利益团体，在过程中一直起到了积极作用，和 URC 一起在讨论的基础上形成草案。这些草案经过了冗长而有时也是妙趣横生的修改过程，大部分时间都用在了把居民所称的“牛津多语”（Oxford Polyspeak）转变成他们感到能够被预期的问卷填写者理解的语言。我们必须共同达到在精确和可理解性之间的平衡，这不是个容易的任务。

对那些总体上监管咨询过程的兰贝斯议会的专业人员来说，问卷的最终形式呈现出某种挑战，因为其设计会引起居民对特定设计提案和总体设计原则的反应。议会自己的建筑师和景观设计师感到这将减弱他们运用自己的创造力更好地为居民服务的可能，同时他们也希望获知问题，而不是被引向答案。另一方面，居民则担心这将使议会的专家把他们自己的议程引入设计过程中：这正是设计本咨询过程来避免的问题。正如居民看到的，问卷的目的是形成一个设计大纲，它（不可避免地）需要大量详尽的设计说明，但在场地布局、建筑与开放空间的关系、住户的进出、功能布点等等关键问题上应尽可能符合惯例。这种分歧愈发加深，并从未妥善解决：最终在我们的帮助下，居民只是以他们的方式去做；但其代价是 ATCP 和相关议会官员的交恶。

当问卷被 ATCP 批准后，由工作小组的成员来管理，他们曾参与问卷设计，因而帮助调查对象填写时处在最有利位置。尽管议会的经费缩水了，这意味着我们不能接触到所有的业主，此项目的关注程度可以通过这些复杂问卷的回收率来考量，完成问卷大约需要一小时，在一个街区回收率高达 70%。

分析下来，结果显示出对街道导向的周边式街廓布局模式的明显偏爱，与布莱克斯顿周边地区的明确联系减轻了当前布局的“隔离区”（ghetto）效果：也是一个“特色纲要”（我们现在可以称之为认同纲要）的要素。简单重述一下，认同纲要不仅需要与布莱克斯顿有更多空间上和知觉上的融合，以打破对“隔离区”的感知，还需要一个非体制的“居家”形象和“现代”的特点来鼓励将安吉尔镇视为面向未来的

图 9.8 （a）安吉尔镇：一个“大街廓”转变为一系列住宅；（b）重新激活的地面层

人的家园。此外，与居民密切合作的好处也从此显现出来：这种经验使我们看到场所－认同和社会认同之间联系，这以前对我们还很模糊，并很可能长期如此，如果我们一直独自在我们自己的设计文化隔离区中思考建筑意向。

这个过程的第一个物质结果是一个 43 栋住宅的先发项目，由伦敦建筑师 B · F · 费希尔（Burrell Foley Fischer）与我们一起设计，我们作为“业主专家”协助来帮助阐述与支持社区项目（Community Project）的看法。这个先发项目再次证明了移除诸如步行桥等“消亡”空间的好处。在积极的建筑正立面所界定的公共空间中，地面层的正门取而代之（图 9.8a）；这样使建筑再次扎根于备受欢迎的当地先例，并使它们能够界定公共空间——作为一个构建“自属感”的舞台——既在使用化层面，也在文化含义的层面。

通过将先前死板的车库墙替换为新的店铺、美发店、洗衣店和作坊等，在使用层面进一步强化了公共空间的活力和社群赋权感的培育。尽管仔细考虑到财政的可行性，并非所有这些冒险在经济上都是成功的。然而它们中间足够多的能够生存、改变与兴旺，产生了充足的收益，使 ATCP 面对当地政府削减津贴还能生存下来，带来了一定程度的独立性，这在 ATCP 继续作为发展享有权利的社群团结感的中心方面是至关重要的，一种进步的“自属感”（而不是怀旧）最终必须依赖于此。

在意义层面，非常微小的物质变迁也被用来强化“小事也重要”的寓意。尤其是居民们最终惊讶地发现他们自己也认为隐藏在住区最初的建筑中的雨水管的表现，在使“一个大街区”转变为“一系列住宅”时产生了重要影响（图 9.8b），而个人的屋前花园取代了毫无用处的市政绿地，带来较大的个人化发展空间，具有可观的公共影响（图 9.9）。

总之，先发项目作为我们与 ATCP 共同形成的理念的试验田是非常成功的，但

图 9.9　安吉尔镇：个人化的屋前花园

也显示出其花费比新建的要多很多。长话短说，C·S·特里默（Calford Seaden Trimmer）拟定了总体规划，具体化了 ATCP 版本的响应环境的设计原则，即沿联系良好的街道布置活跃的建筑正立面；通过不同范围建筑师的实施，避免陷入“总体艺术作品”设计方法的危险。在三个不同的住房机构参与下，实施资金也分解到尽可能最小的规模，再一次减少了特征单一的危险，而人们担心任何单个的资金机构会导致这种情况。

B·F·费希尔在总体规划下设计的新住宅展现了一条在实践中从事“认同纲要”的创造性方法。在设计的最大尺度上，总体街道 / 街廓布局和头顶上的“天桥”与布莱克斯顿中心区产生了知觉上的联系，有助于打破任何飞地、“隔离区”中的分离感（图 9.10a 和图 9.10b）；同时居民从安吉尔镇值得庆祝的历史事件中选择名称，进一步强化将新的公共空间作为积极的“形象”来阅读的能力，从而进一步支撑了“我们”的感受。在更小一点的尺度上，黄砖的“别墅”街区的体量与附近广受喜爱的早期上层地位的住宅产生共鸣（图 9.11a 和图 9.11b），同时格板式的抽象立面尽管带有木材更为“居家”的注记，但与主流设计文化中“得体的建筑”的现代主义语汇产生了联系。其结果具有一定的跨文化性，

图 9.10 （a）布莱克斯顿中心特征性的天桥；（b）新住宅中的天桥

图 9.11　（a）附近人们喜爱的别墅；（b）新住宅中的别墅样式

需要合度地沟通建筑师的专业文化和居民自身的文化。

场所－认同的问题也涉及室外空间的详细设计，尤其体现在一个由景观建筑师团体 Planet Earth 设计的公共花园中。花园为纪念深受爱戴的社区领导者多拉·博蒂玛（Dora Boatemah）而建，认真处理了我们的场所－认同议程中的所有议题。

多拉·博蒂玛在她自己的生活和工作中，将跨文化性和赋权感具体化到了超乎寻常的程度。多拉出生于加纳，大部分时间在布莱克斯顿长大，她辛勤工作，很多年来成功地在文化上有巨大差异的居民之间，以共同的目标帮助构建跨文化的赋权感。纪念公园的真实存在鼓励人们记住多拉，加强对她毕生从事的跨文化赋权感的关注，通过许多物质的设计要素来强化并扩展这种关注。

这些要素中的关键是一系列矮墙，用从住区拆毁的 20 世纪 70 年代建筑中抢救出来的碎料筑成，用钢丝筐在一起，形成的体块称为石笼（gabion）（图 9.12）。这些墙体所表达的含义是很复杂的。一方面，他们庆祝社区战胜了令人厌恶的已死亡的原有建筑，它们现在被压碎，装在新的设计中。但这儿总体的意义模式更为微妙：以石笼的形式对旧材料的创造性使用——在第三个千年早期的环境中是一种最新的，甚至是“前瞻性的”材料——也使人想起乐观、赋权的寓意，即使最负面的体验也不能仅仅被克服，而甚至会转向积极的、面向未来的有利方面。

图 9.12 安吉尔镇：纪念花园

这些赋权的意味通过花园关键的纪念性焦点与一种放大了的对跨文化性的关注相联系。这决定了树的形式：一个纪念物，其本身有生命的特征就使人想起多拉为人所忆及的对跨文化赋权感的关注，不仅仅牵涉人类领域，还与更广阔的生物社区有关。为纪念园选择的特定树的类型表明了更深入的跨文化意义。一方面它是棕榈树的一种，暗示了多拉的非洲根源；而另一方面它也是英国气候中能够枝繁叶茂的树种，并深深扎根在布莱克斯顿的土壤中。

自 20 世纪 90 年代初以来，响应环境的方法本身开始有意识地寻找一种设计途径，来培育更广阔生物圈组成部分的感受，首先在理论层面，[14] 然后也转入实践。我们在使用与意义的层面上都发现了设计的含义。使用层面所关注的是设计决策，它支撑的不仅仅是仍非常重要的人类选择，还有更广阔生态系统在总体上的积极发展，人类构成了其中的一部分。在意义层面上，我们需要设计来展示这些和谐共生是如何起作用的。

最初令我们惊讶的是，拓宽我们的关注点在基本的响应环境的方法上似乎只需要很少的概念修正。例如我们发现，我们的渗透性、多样性、适应性以及可读性的核心品质依然提供了有效的概念框架：我们只需更广泛地思考其含义，联系到更为广阔的生态系统而不单单是人类生活；设计决策的总体目标是尽我们所能使两者均有利。例如，我们应不仅从支撑人类的移动方面来考虑渗透性，还有野生动物、水、空气与太阳能量的流通。我们只需要在一个领域中扩展我们的概念框架。为了特别关注于人类活动和更广阔的生态系统之间的负面相互作用，例如全球变暖或污染中显示出来的，我们表述了资源－效率的附加品质。

我们的研究生 Mariana Castaños[15] 在惠特尼的 Oxfordshire 小镇进行的工作揭示了这种拓宽的途径如何在实践中起作用。第一步就是超越人类领域去考虑渗透性，形成了绿色廊道系统，将特定项目场地连接到更为广阔的惠特尼地区的生态系统。正如对于人类的联系一样，工作必须从考虑特定场地本身更广阔的环境所能提供的绿色联系的现状潜力开始。这涉及利用地图和航片来识别场地周边的土地斑块，它们具有重要的本地或区域的生态支撑作用（图 9.13）。在英国，这类信息时刻都可以得到，但对旧地图的研读可以作为补充，例如识别那些可能长期都有密集植被的地区，它们具有重要的生态意义。

一旦这些重要的环境斑块被识别出来，Mariana 的下一步就是在它们之间标示出概念上想要的连线，可能有助于将斑块连接到整个绿色的连接系统中（图 9.14）。然后，对场地及其环境的航片的更深入研究揭示出在这些线条上或者线条附近的现状绿色斑块，例如沿着现状后院的底部或者沿着河道。反过来，这些分析也提出了穿越设计场地本身的绿色廊道的最佳位置，以便将它与这些更广阔的潜力联系起来，越紧密越好（图 9.15）。

这儿的最终目标是将植物区域和水体连接并延伸到“绿色格网”中，提高非人类生活领域的可渗透性。与人类的渗透性不同，这种自然的渗透性较少受到格网几何形态影响。因而绿色格网的强化可以推迟到后来的设计过程中，根据公共空间网络的几何需求来定位。所以，下一步就是落实公共空间网络本身，尽可能融入到与场地的现状联系中。

这些更加地方化联系的布局斡旋于三

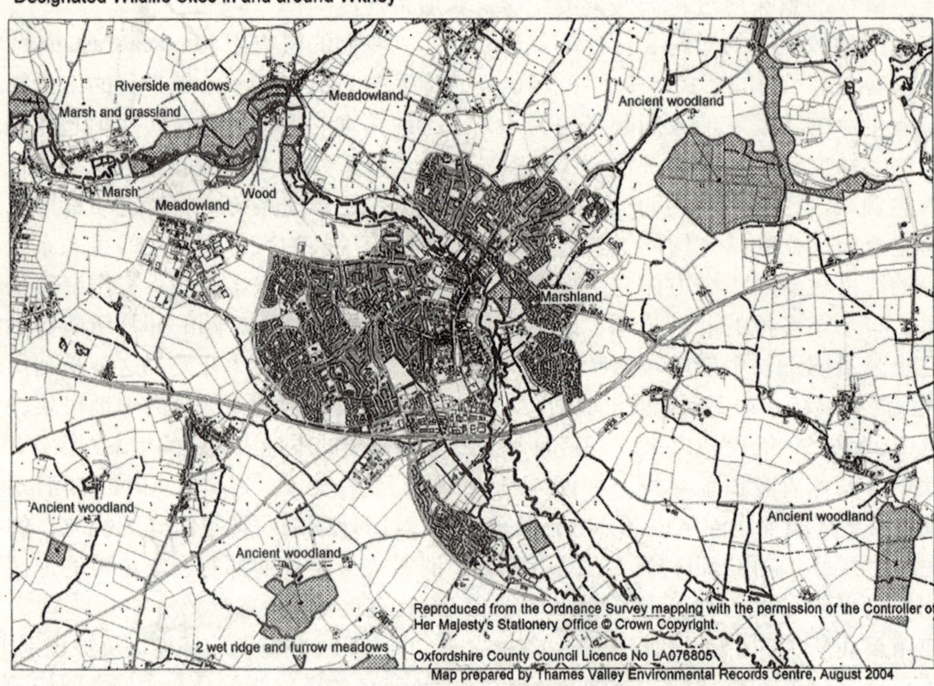

图 9.13 惠特尼：生态支撑的潜力

个关键目标之间。首先，从人类和谐共存的角度看，人类的联系应尽量少干扰“绿色格网”。其次，为了加强资源的有效利用，网络的总体肌理最多偏东或偏西 30°，这很重要，这样使尽量多的沿街建筑能够得到很好的日照朝向。第三，联系场地内部及邻近公共空间系统的人类渗透性应尽可能整合。图 9.16 显示了调和这三种考虑因素的总体公共空间结构。

设计下一阶段的注意力转回到水体及其生态作用上，公共空间网络和建筑的排水按照一个可持续的城市排水系统来构思。设计使中水可以循环使用，污水用芦苇滩来净化，地表水通过洼地沼泽和池塘尽可能逐步地渗透到地下。最终，整个排水系统反过来强化并充实场地最初的生态支撑系统，我们的设计过程曾从那里开始(图 9.16)。

迄今所有设计决策都企图在使用层面强化人类和更广阔的生态系统之间的和谐共生。然而文化意义层面的和谐共生也很重要。我们尽可能地“展示”我们所作的设计决策，帮助使用者在他们的日常生活中理解共生的过程。例如影响了场所总体可读性的路径、道路、边界、标志和区域的结构，通过种植，通过水系，也通过建筑形式来明确与强化。在更小的尺度上，排水系统的洼地与池塘应也布置在清晰可见的位置，以便使用者能够看见并理解系统的运作。

在这一阶段，我们有了一个总体的城市设计结构，它考虑了对人类和更广阔生态系统的共同关注。在场所－认同方面，我们希望居住的日常体验和场所的意义能

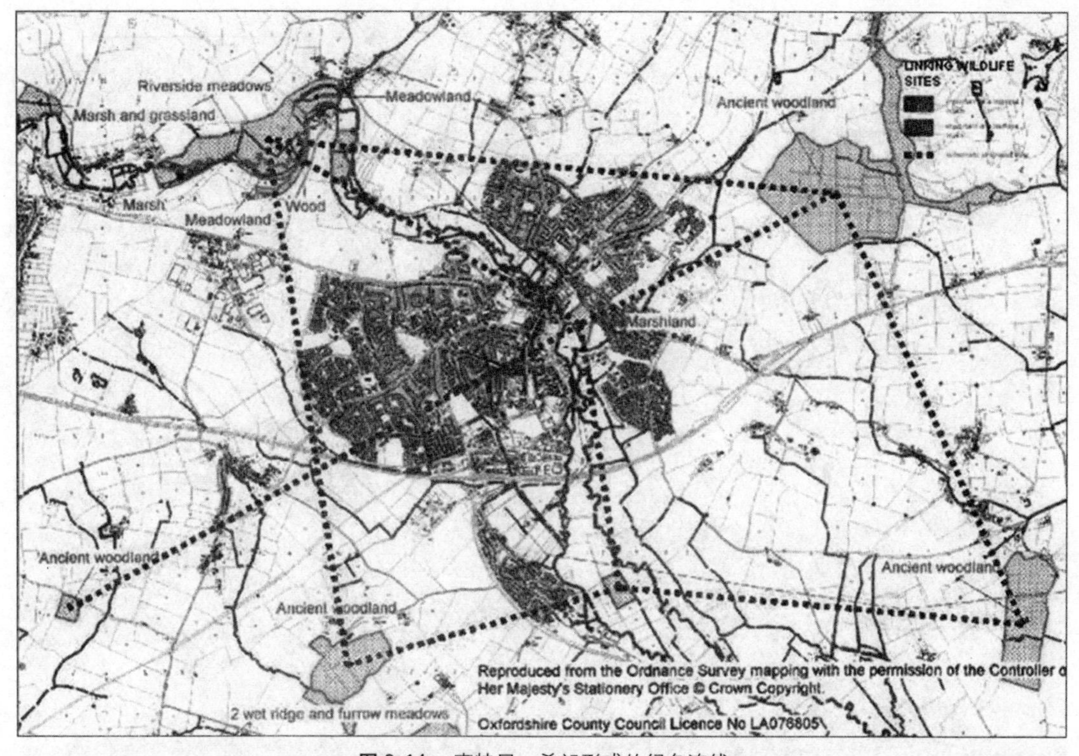

图 9.14　惠特尼：希望形成的绿色连线

够有助于人们在共生方面自我认同。在设计过程中，我们发现了各种冲突，并在我们寻求的不同设计品质之间做出了各种平衡。没有任何一种“正确”的方法来判断某种平衡是否正当。我们努力使设计决策透明化，就像 Fobney 街、安吉尔镇和惠特尼的三个截然不同的项目所说明的，使之成为促成这些讨论的有力支援。

综上所述，我们从对响应环境的方法形成过程的仔细研究中学到了什么？在最普遍的层面有两点最为突出。首先，响应环境的方法在场所－认同的问题上基本是积极的，尽管它并不直接处理这些问题。这令人振奋，但根本不奇怪。毕竟这种方法聚焦于支撑使用者的选择，而选择从根本上说显然包括一个人选择想要成为什么样的人。其次，响应环境的方法至少在某种程度上是系统化的。而在那种程度上人们可以使它透明化，这样就能在创造文化景观时向讨论敞开，向使用者等“非官方”的设计者敞开。此外，我们的案例研究已经在设计的更详细、更具体的层面上形成了有用的经验。现在我们就联系到场所－认同的四个关键议题来研究。

首先，我们学到了哪些有用的设计经验来强化想象社群的归属感呢？在此处，理解跨越了使用和意义两个层面的体验。在使用层面，响应环境把前几章的案例研究联系在一起，为一体化的公共空间网络设计提供了实用的技术，特别是在空间句法的辅助下，使其能够预测在总体系统的不同空间中人们相遇的可能程度。另外，

图 9.15　惠特尼：穿越设计场地的绿色联系

它还带来了一种丰富混合使用肌理的结构性方法，从而进一步促进了人们在更广的范围内相互遭遇；它还表明在实践中如何通过理解怎样检验经济可行性来提高实现这一目标的机会。在意义层面，这种方法显示了如何通过心智地图来探索一个地区的可读性，以及这些不同类型的地图实验结果如何在设计中使用：例如在 Fobney 街使用“深入人心”的地标，或者在安吉尔镇的新建筑中利用现有地区特色中最受喜爱的方面。

随着时间的过去，响应环境的方法也在发展中带来了强化与其他社区成员和谐生存的有用设计经验。在使用层面，跨文化的和谐共生至少需要面对“他者”的最低限度可接受的安全感。这种方法说明了如何通过由积极的相邻建筑界面界定的高度集成的公共空间网络，打造公共空间中安全感与“生活痕迹”之间的联系，是一种积极的方法。在意义层面，响应环境表明了一种走向“共同基础”的跨文化意象的工作方法，通过系统地考虑建筑形式的重要元素如何设计来满足不同行动者的利益。例如费希尔在安吉尔镇的作品显示出

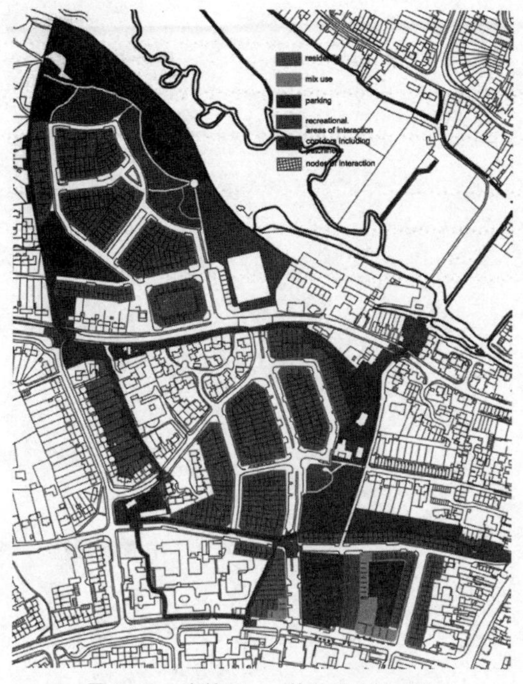

图 9.16　惠特尼：一体化的交通网络

这些问题如何处理，以产生跨越专业 / 非专业划分的共鸣图景。

响应环境相较于我们迄今研究的其他案例还有一个特殊优势，即在设计中强化使用者的赋权感，因为这正是此方法通过支持使用者选择的特质特别关注的地方。渗透性和多样性的品质、提供路径与活力的选择是使用层面的核心；而空间句法技术和经济可行性研究再次成为有价值的设计辅助手段。

最后，响应环境能够在设计上为强化与更广阔生态系统的和谐共生感带来什么呢？ Fobney 街等早期项目，就像前面章节中的案例研究那样，很大程度上关注聚焦于意义层面：例如 Fobney 街开放的城市水路系统仅仅提出了“水系也是有用的”。然而在更深层次的使用上，这种正在完善之中的方法还带来了更多东西。从惠特尼项目中可以汲取出试验性的指引，它在设计上强调支持使用者的选择和地区生态结构的生存能力，并把相应的文化景观的生态机能展示给人类使用者，越清晰越好。尽管目前它暴露出的问题多多，但这种方法的最新进展的确孕育着无限可能。

总的说来，响应环境在场所 – 认同方面贡献良多，与其说是因为它本身产生了许多惊人的新看法，不如说因为它有助于我们将先前章节中的观点集成到一个综合的总体结构中。然而，我们自己对前面章节的使用方式决没有穷尽它们对于激励新设计方法的潜力。不同的使用者与设计者，来自不同的文化背景，在不同的地方，有不同的条件，对前面章节中包含的原始文化素材有不同的使用方式。然而，我们的确感觉到还有更多的普遍经验可以总结，这就是我们在接下来的最终结论中将要阐述的。

注释

1 Cullen, G., 1971.
2 Lynch, 1960.
3 Rossi, 1982.
4 Bentley, I. et al., 1985.
5 Zeisel, 1981.
6 Ian Bentley was, at the time, a partner in the urban design practice Bentley Hayward Murrain Samuels which won the competition to develop this site in 1986.
7 For an exploration of Hillier's work, see Hillier and Hanson, 1984.
8 For a detailed exploration of these pressures, see Bentley, 1999, Part 2.
9 For discussion, see Downs, 1977.
10 Lynch, 1960.
11 Vasak, 1989.
12 Cited in Bentley, 1993.
13 Ibid.
14 See, for example, Bentley, 1999, Part 3.
15 Castaños, 2005.

结　论

在结束章中，我们的目标是把案例研究中的有用经验提取出来，协助设计者在其作品中处理场所－认同感的问题。简单概述一下，我们了解到五个需要设计者关注的关键问题。首先，建成形式如何最大限度地支持我们日常生活中的开放选择；如果我们在实践中利用这些契机，它如何促进我们形成我们所需的赋权感？其二，设计如何支撑想象社群根源感的建立，来驱散无根的孤独感？当选择变为我们很多人生活中的至高品质时，孤独感会如此轻易地滋生出来。第三，这种对想象社群的支撑如何实现，并避免滑入知足常乐的怀旧文化之中？它使我们害怕和其他想象社群的人一起生活。第四，这种共同生活的能力如何通过跨文化、包容性的设计来积极推动？第五，最后，建筑形式如何帮助我们为人类是其一部分的更广泛的生态系统做出积极贡献？

从我们的不同案例研究中，已经发展出洞见这一切议题之间关联的复杂纠葛。然而当我们在案例研究中对其一一遭遇时，它们并没有自动产生任何清晰的总体模式以供设计者在工作中使用。本章的结论中，我们将跨越所有的案例研究，把这些想法汇聚在一起，来建立这样一种模式。我们怎么开始最好呢？

贯穿案例研究，我们已了解到局部和整体的关系在场所－认同感方面的重要性。例如在布拉格，我们看到“整体艺术品”设计方法的内在危险，每个个体的细节都要屈从于一个总的支配性的整体，助长了斯大林主义设计中的那种个人淹没于集体中的感受。相反，普雷尼克在卢布尔雅那的项目中，我们了解到建立于各个自治部分上之整体的象征潜质，潜在地增进了一种“人人关心”的解放感。无论人们在任何特定设计条件下做出什么决定，非常清楚的是局部/整体的关系与赋权感有重大关联。因此在所有有形的尺度上，设计的决策应当至少部分联系到它们所构成的次级最大的“整体”。因而任何有用的设计过程都将为了有助于设计者始终瞄准局部/整体的关系而构筑。

在第5章和第6章研究的“城市形态学”方法中，我们找到一种非常成形的有效途径来形成部分与整体的概念。然而在其意大利的最初形式中，它仅仅涉及人类对文化景观的贡献；但我们通过研究响应环境的设计方法，看到如何拓展城市形态学来连接人类与非人类领域。在它们两者之间，城市形态学和响应环境的研究在不同物质尺度上识别出一系列“形态分层”，每一层都具有相对的自治程度，在时间中以不同速度变化，各有其自身特点。

在最根本的层面上，变化得最缓慢的是下垫面地形的地质与水文结构。这种地形被人类与非人类使用所占据，形成了总体文化景观，可相应地在一系列不同的形态学层面上思考，通常服从于更加迅速的变化。

在最大的尺度上，以最慢的速率变化的，是联系空间（linkage spaces）的网络，没有它们，人类或非人类系统就无法运行或再生产。在人类方面，我们介入的是街道、广场等公共空间网络，它们类似于非人类领域中的野生动物走廊。这些联系网络在其空隙处产生空间，以与网络自身同样的速度变化。在人类领域，这些间隙空间形成街区，其非人类等同物是斑块。

街区通常再细分为更小的土地面积，特定的个人或群体享有法定的或按照惯例的占有权。这些更小的空间就是产权地块，我们在博洛尼亚的案例中已见其重要性。它们倾向于比它们所构成的整个街区变化得更快。局部或整体上，当被人类或非人类使用者为自己的特定用途而占据时，在形成更小而通常更为不持久的形态要素过程中，地块和斑块还会进一步改变。对于非人类领域，这种占据主要通过建造非人类的遮蔽物而产生，例如鸟巢、洞穴等等。追求比空地块本身所能提供的更大的遮蔽物也激发了人类更多地占有，产生了建筑及其相关的室外空间。

正是这些形态要素——地形与水文、联系网络、街区 / 斑块、地块与建筑 / 遮蔽物——局部与整体的基本原始素材，文化景观由此通过设计而形成。在场所－认同感方面，设计者的任务是组织这些要素和关系以及它们之间的界面，以培育对我们的场所认同感议程的积极支持：为了尽可能多的使用者使选择最大化，建立想象社群的根源性，克服怀旧，强化跨文化的包容性并与更广泛的生态圈共存。利用这些想法，我们可以扩展我们的案例研究，提取一种有用设计原则的模式，跨越所有的形态学尺度，既在场所如何使用的实践层面上，也在其意义的象征层面上，促进设计者为积极的场所－认同创造可能。

然而除了关于设计在每个层面上的物质产品外，我们的案例研究也对设计的技术提供了有价值的洞见，涉及不同的形态尺度，很可能有助于形成积极的场所－认同的成果。因而我们在各尺度上抽取其原则时，应当回顾这些设计过程以及有形的设计理念本身。但作为开始，我们有可能使用几个关于这些经验的警示词。

首先，局部 / 整体问题的重要性意味着我们不应短视地把设计注意力放在任何单一的形态学层面。相反，我们在做出每个特定层面的决断时，应努力在头脑中浮现整体的形态。第二，没有任何一套设计原则可以形成一个“好的设计”的傻瓜诀窍。从案例研究本身来看，已经清楚的是，场所－认同视角的设计充满了内在的复杂性和矛盾性：没有单一的“正确答案”，虽然可能有很多不恰当的。因而我们可以从经验中学到的仅仅是对于设计决策的兼收并蓄，对于评价不同设计理念的正反两方面有所助益。我们要把法则看做为创造性设计塑造跳板，而不是一件规定了“怎么做”的刻板的紧身衣。

尽管当我们设计时要求跨越形态层级进行广泛思考，但也有决定最好从哪里开始这一完整过程的实际需要。为了避免卷入场所－认同的肤浅的“图像制造”方式，存在一种支持从“最深”的形态层级开始的强烈假定，首先考虑地形和水文的基本结构，它们构成了任何文化景观的根基。

甚至这些基本结构也不必为设计者形成一个完全固定的，一成不变的“给定”模式：例如我们在波士顿的案例中看到，它们可以产生根本改变，以适应特定想象社群的关于“他们的场所”应是怎样的想法，同时伦敦地铁的案例研究了一个全新而相似的地形的产生。无论如何，下垫面的地形总是“最深的”形态要素，最为稳固不变，大部分将其用来建构场所－认同感的努力都包括通过艺术及其他媒介的再现来塑造其意义，而不是在物质上彻底改变其物理特征。在我们的许多案例研究中，已看到这种占用与演绎的实施，来促进各种想象社群的建构。在最显著的层面，从布拉格到波士顿，我们看到了场所命名与重命名的力量与危险，但很多例子更为复杂。例如以非常不同的方式，B·斯美塔那利用音乐“我的祖国”来支持捷克的国家地位，而E·拉夫尼卡对特利格拉夫山的图解表达——最初作为反法西斯运动的符号，然后用来给共产主义和后共产主义的行政部门提供象征的支撑——均显示了这种通过艺术来明确表达与使用特定地形的独特性潜在的力量与范围。

然而在建筑形式本身的层面，我们必须从通过联系空间设计改变下垫面地形的方式开始，联系空间构成了我们形态要素略小一些的尺度。由于这些空间最直接地影响了人们如何与陌生的人类和非人类相遇，因而对跨文化的包容性，对人类想象社群的建构以及更广泛的生态社群感来说至关重要。直到最近，大多数设计者设计联系空间时几乎是排外地把注意力集中于人类。这种短视的生态结果显然是负面的：为了公平处理，我们应从考虑非人类联系的空间开始。

这儿关键的场所－认同感问题涉及人类与更广泛的生物圈之间的共存：我们怎样设计野生动物廊道来优化它？如我们在响应环境的章节（第9章）的中惠特尼Mariana Castanos的作品中所见，我们可以通过识别与我们自己的设计场地有关的周边非人类联系系统中的关键要素来建立一个坚实的基础。对小型项目来说，这大概就是直接按照常识在邻近的地区识别野生动物廊道的潜在可能——或许由现有的灌木树篱或排水沟，或者是邻近的私人花园低处的相对未修剪区域构成——然后确认新的方案布局把这些延伸得越远越好。对于大型项目，它不可避免地对生物联系系统产生了更大的影响，设计者的网应该撒得更宽些，可能到达了距设计者特定场地一定距离外的主要野生生物斑块，正如我们在惠特尼，以及在波士顿与博洛尼亚的总体规划中看到的。

在这种大尺度下，确定网到底撒多大并非易事。在某些条件下，像惠特尼的例子那样，可以利用当地、区域或中央政府的关于不同斑块相对的生物重要性的有用信息。其他条件下，对当地老地图的研究可以有助于识别当前斑块相对的存在时间，根据它们可能的生态价值给出指导，而博物学家和景观建筑师参与到直接的场地踏勘工作中也能提供有价值的指引。任何情况下，记住要考虑生物的联系而不是像多数设计者通常所做的那样对此茫然不知，这是对场所－认同感问题做出更好的设计决策的先决条件。设计目标在任何尺度上都是同样的：让新的方案尽可能多地为总体的非人类联系系统做出贡献。

一旦我们对野生生物廊道的布置做出试验性的决定，注意力就可转向人类的公共空间网络。我们所有案例研究的主旨一直是在场所－认同方面利用多种有利条件，把公共空间塑造为高度关联的网络，而不是设计一系列相对独立的飞地（enclave）。空间系统的关联越紧密，经过它的路径选择就越多，因而在日常生活的正常运转中，就有更多的机会遇见来自其他想象社群的人，相应地就具有跨文化的包容性。

然而这不是说联系的数量就是一切。如我们在波士顿和吉隆坡所见，高速的区域联系会造成与更为局部联系的可怕障碍，并且任何尺度的人类联系都会阻断非人类的联系。记住这些告诫，依我们的看法，就会有支持高度连接的网络，而不是更像飞地的公共空间结构的一般推断。

在联系空间的日常生活使用方面，急需培育公共交通的可用性和吸引力，既为没有私人轿车的人增加选择，也为与自然共存而减少碳的排放。因而为了减少对私人轿车的依赖，有必要加强公交使用者新的想象社群的建设。相应的联系空间的设计就具有重要作用：伦敦地铁联系空间从街道到站台的处理有助于克服早先对地下旅行的抗拒，对我们大有裨益。

对任何有斜坡的场地，公共空间网络与土地形式本身的关系在场所－认同方面也可能很重要。在使用的层面，这种关系影响到街道坡度，因而也影响到在当地移动的日常身体经验：一经确立，这种经验的典型模式就变成了“根源”的一部分，想象社群就在此之上成长。罗西在佩鲁贾的作品为这一模式如何运用于新的设计中带来了惊人的范例。

在考虑总体公共空间系统的同时，同样重要的是调查是否存在任何“特殊”空间的主题模式，它们用于新的方案中，强化当地的独特性，尤其是在包含了现存居民点的大型项目中。布莱克斯顿两座桥之间的空间被重新利用来把安吉尔镇的知觉联系到更为宽广的布莱克斯顿的场景之中。而普雷尼克的“可居之桥”已成为卢布尔雅那的一个强有力的特征，这两者都是贴切的例子。

在使用的层面，大多数非人类物种都受益于和公共空间分开，因此最好让人类与非人类的联系网络离得越远越好。所以对连接系统布局的最初想法可能产生于将公共空间网络布置在绿带的空隙处，以形成我们在惠特尼看到的“交织格网”(tartan grid)，使公共空间网络尽可能以最大的比例在大约20级东西向轴线内延伸，在生态学上达到良好的节能效果。

我们的案例研究中有很多也显示出公共空间细部设计的重要性。在使用者的选择方面，这些公共空间的细部既影响到空间可能被赋予的用途，也影响到对其使用者的意义。在使用层面，细部的设计能够影响到产生不同用途的潜力，使其更加容易或较为不易，例如供人游戏、参加社会活动或开车。在意义的层面，公共空间的细部也可以通过使场所更为清晰可读来强化使用者的选择。J·普雷尼克对街道家具的使用——当靠近城市中心时，其风格从乡村变得正规——就是一个恰当的例子。

在增进公共空间增强想象社群的寄托感方面，细部设计利用本地已为大家接受的材料与种植有助于形成地方独特性的历史深度——我们的很多案例研究证实了这些例子——或者通过赞美对相关想象社群具有重要意义的人或事的公共艺术作品，或者通过真实的再现，就像布拉格旧城广场上J·胡斯的雕塑，或者通过更为概念化的暗示，就像波士顿翡翠项链上的中国花园，或是安吉尔镇纪念D·博蒂玛的棕榈树那样。

公共空间的细部亦可用来帮助打断对特定想象社群有负面影响的意义结构。我们可以从案例研究中得出的原则是使人们关心某些具有负面影响的符号，设法鼓励人们视其为有害的。此处的一个重要策略涉及幽默的使用：让人们嘲笑曾恐吓他们直至屈服的事物。公共艺术领域中的一个重要而生动的例子是用充气的迈克尔·杰克逊来取代布拉格的斯大林纪念像；或者在较小而温和的尺度上的粉红坦克，把军用的卡其布色重漆为娇媚而“女性化”的粉红色，颠覆了暴力与统治的象征意义。或者，在更小的尺度上，有安吉尔镇纪念公园中的石笼，它们的笼状结构禁锢了可恨的早期建筑的残留碎片。

假定公共空间是来自不同想象社群的人自然的会面之所，那么极端重要的是其细部对发展一种跨文化的包容感也起到了一定作用。在使用层面，包容广泛的细部设计必须发展公共空间的容量，以支持对文化特殊性行为模式的选择。把我们案例研究的线索汇集在一起，一个有用的设计过程的轮廓就显现出来。第一步是描绘出有可能使用相关空间的想象社群的范围：当地公共部门的参与是很有帮助的，但总的来看，我们的案例研究提出年龄、阶层、性别和种族应包括进来。在确立谁将有可能使用这一空间之后，下一步是调查这些社群所使用的公共空间的典型模式：就像在波士顿的案例中看到的，公共部门的参与将会再次有所助益。在确定设计要支持哪种使用模式后，最后一步是决定如何最好地满足这些模式，并最小化它们之间负面相互作用的可能。

在更大的尺度上，支持跨文化包容性的公共空间细部设计原则，在意义的层面就是跨越一系列不同社群来连接具有重要文化意义的形式。我们案例研究中的例子包括布拉格的圣瓦茨拉夫雕像，统一了基督教和民族主义社群（但很危险地把犹太人排除在外）。或者在较小尺度上却具有更广泛的回响，想一下 E. 拉夫尼卡的斯洛文尼亚涂鸦，把特利格拉夫山的形式及其“斯洛文尼亚民族”，和共产主义的晨星联系起来：一个迄今 60 余年，历经极端不同的政治信念，在斯洛文尼亚的图像学中生存下来的符号。虽然伦敦地铁中的招贴与其他图像之战产生于更为商业的理由，但仍有很多值得学习，它用主题和图像风格的选择指出了系统的潜力，它们为了与各种旅途中的公众交流，并通过试销中使用者的参与而形成。

最后，公共空间的细部设计也可用来促进一种积极的与自然的共生感。我们案例研究中的理念显示了认同感的这一方面如何通过设计在使用和意义两方面来提升。

在使用层面，公共空间的种植形成了某种程度上对非人类系统的额外支持。然而就像我们在响应环境的章节中看到的，从实际操作的角度看，公共空间和野生动物廊道最好保持分离，越远越好；因此细部设计的一个重要方面关注的是即便如此，它们也无可避免的会有交会点。关键是公共空间设计使人类在该点上的使用尽量不妨碍野生动物的穿越，例如用交通障碍物降低交通速度，减少马路杀手。

在意义的层面，关键点是使人类意识到总体设计在实践中促进共存的途径。我们已经了解到细部设计如何以各种方式起作用。例如卢布尔雅那普雷尼克设计的鞋匠桥上的咖啡平台，鼓励人们闲荡与感受河流的自然系统而毫无负面妨碍，因为人类和非人类的空间在等级上分开了。在意义的更深层面，特尔诺沃教堂外桥的细部设计打造了区域与自然之间的象征联系，进一步强化了共存的含义。在更为平实的层面，对招牌的阐释同样能够有助于公众意识到这一点。

在这种条件下所用树种的选择在场所－认同方面非常重要。在特定地区早已确立的树木和其他植物品种可用来增大新开发项目的根源感，就像墨西哥章节（第3章）中的Zicattella和林倬生在马来西亚的作品。另外，完全“外来的”人也可以很好地适应特定环境，例如波士顿的中国花园，或在安吉尔镇用来纪念D · 博蒂玛的棕榈树的特殊文化共鸣。

关键的联系系统布局一旦确定，至少设计的注意力就可以暂时转移到下一个级别的形态层次：在公共空间网络的间隙中形成的开发街区。这些街区对场所－认同的重要性体现在一系列互补的方式上。

首先，在任何特定的场所，街区的尺度和形状的图形结构本身就具有主题性的特征。假定如此，这同样可能成为地方独特性的一个重要方面。因而在新的开发项目中，对街区的维持就会通过历史延续性强化根源感，就像博洛尼亚案例中那样，就会强化已经围绕着这种历史延续性而确立的想象社群。

街区尺度还具有超出历史延续性问题之外的重要性，因为这一维度影响到私人/公共之间的关系在空间上调和方式：一个场所－认同方面的重要问题。我们的几个案例研究，从博洛尼亚历史核心区的复兴，到布拉格现代主义的巴巴住宅区再到雷丁和安吉尔镇的响应环境的作品，我们已了解到街区设计的重要性，它们大到足以允许开发建设面对周围的所有公共空间，同时在其背后具有私人空间的发展潜力。

背街的私密性只有在街区相对的两排建筑背面留出一定的距离才能实现，距离根据不同文化而不尽相同。街区如果让这一距离过小，就会在场所的认同感方面具有一些不利因素。首先，某些建筑必须背靠公共空间。这种情况下，保持私密性的要求意味着在实践中它们只能带给空间本身一个相对“呆板的”边缘，并相应地缺乏监控。就像我们在安吉尔镇看到的，它减少了人们使用公共空间的安全感。尤其是在承受压力的社区，这将增进关于恐惧的负面文化的发展，对“他者”的不信任日益增长，降低跨文化的潜力。

非人类使用的领域也受到街区长度与宽度的很大影响。较宽的街区允许较长的产权地块，这将潜在地增加地块尽端离建筑背面最远处缺乏修整的室外空间面积。反过来，这些缺乏修整的区域又增加了形成野生动物廊道的可能性，它们与公共空间分开，因而也相对较少地受人类干涉。较长的街区显然也有这样的潜质，允许腹地的野生动物廊道在被相交的街道打断之前延伸得更远些。总之，从人类和非人类角度看，较大的街区具有明显的优势，强化了跨文化性和共存的可能，虽然不得不进行折中来平衡可能带来的渗透性的减少。

在街区内部，地块的尺度和形状也对场所识别性有重要影响。从其本身来看，对于与更广泛的生物圈共存，对于跨文化，以及对于地块对建筑类型所施加的制约因素而导致的选择，地块具有源自当地的独特含义。

正如我们在博洛尼亚所研究的那样，邻接任何特殊公共空间的地块宽度的特定模式是影响公共空间本身视觉特征的最重要因素之一。有两个重要原因：首先，重要性产生于地块宽度和建筑类型之间的相互作用影响到公共空间已建或未建成的临街面的比例。这反过来又影响了公共空间本身的平面围合程度，从而影响了“形象”品质的可能。其次，地块宽度的模式影响了界定公共空间的墙面的基本视觉组织，这在地方独特性方面是如此重要。例如在布拉格的章节（第1章）中，我们看到为了与全新而陌生的捷克立体主义建筑相平衡，维谢赫拉德已牢固确立的地区特点如何通过延续地块细分的深层结构而得以强化：一个复杂的案例，在其地块结构上深植于场所，但没有陷于其建筑表现。这似乎是一种更有希望的平衡，远远超过经常实现的反向策略，我们在这些年中时常见到：迪斯尼风格的用表面化的细节来实现根源上延续性的尝试，但在更深的层面上与一种不一致的地块结构相冲突。

地块临街面的模式对跨文化性也有重要影响，因为它影响到沿公共空间一段给定长度上的建筑出入口数目。正如我们在安吉尔镇了解到的，这反过来影响了关于公共空间本身的社区安全性的感知，因而支撑了减少对“他者”的恐惧的信赖感，从而促进了跨文化性。

关于与更广的生物圈和谐共处，地块的方向和临街面影响到在生态上积极使用太阳能的能力。这为在不同的街道走向上发展不同的地块结构提供了可能：东西向街道上有较宽的临街面，其他地方较窄，产生了可识别“共存”模式的新类型，我们在响应环境的章节（第9章）中已看到这些。

最后，地块细分模式对场所－认同同样重要，因为它限制了一个地方可以容纳的建筑类型。我们的案例研究在使用和意义层面提供了很多经验，关于这些建筑如何对场所－认同的选择范围，根源感，跨文化性和与更广泛的生物圈共存产生影响。

通过建筑的使用来开始讨论选择，很显然人们日常生活中的选择受到混合功能特点的极大影响，它的可达性不依赖于私人机动车交通。反过来，这一特点又受到建筑设计的两个关键方面的影响。首先，从短期看，它依赖于具有足够广泛的建筑类型范围来容纳全部的建筑功用，在特定时间与地点下，这在经济上是可行的：如我们的很多案例研究所显示的，在实践中并非易事。从长远来看，它依赖于让建筑随时间而具有足够弹性，当需求和经济可行性改变时，以适应新的功能，正如我们在博洛尼亚、波士顿和吉隆坡的宅店；因而一个地区作为整体可以至少是潜在地提高其拓展使用者选择的能力，而不是让其缩小。

这种弹性在跨文化性方面也是非常积极的。适应性强的房间尺寸与形状，通过适应性强的交通与服务系统相联系，允许其最初的设计者永不可能预见的使用模式，从而使建筑向具有不同文化习惯的使用者开放。

建筑和相邻公共空间之间的界面在跨文化性方面同样至关重要。如我们在安吉尔镇所见，“大鼻子邻居”的监控层面对正在形成的跨文化性所依存的社区安全感如此重要，受到公共空间边缘比率的影响，它通过建筑门窗的存在带来了“生活的标志”。反过来，这一比率依赖于建筑本身的内部组织。如安吉尔镇的例子所示，生动的公共空间界面只能通过把那些需要最少私密性的内部活动布置在正面的底层，例如起居室或办公室，而不是安吉尔镇最初曾如此充分赋予地位的盥洗室或车库。

建筑和公共空间之间有活力的界面的好处提出了设计新的复合建筑类型可能：给那些本身没什么创造积极界面能力的建筑类型装上套子，至少在正面的底层添加更为活跃的节目元素。伦敦地铁站探索的设计理念用商业设施套上否则将会很不活跃的外墙，对此教益多多。

在建筑层面考虑设计，更加直接地关注意义问题非常重要。我们的案例研究很充分地显示了建筑设计如何为各种想象社群的根源感作出贡献。可能最为显著的是博洛尼亚城市中心的复兴，其中整体地修复了旧建筑，众多直接相关的社群参与其中。作为相反的例子，我们看到了安吉尔镇的现存建筑——它们曾招致疏离与绝望的寓意——如何被毁坏或极大地改变，这同样伴随着社区的积极磋商，来帮助当地居民以新的前瞻的方式重新想象他们的社群。

从这些案例中，我们可以再次提取一些有用的设计原则。第一步是尽可能清楚地识别哪一个想象社群与正被讨论的项目相关联。这要求在资源允许条件下让尽可能多的社群参与：博洛尼亚、波士顿和安吉尔镇的研究均在不同尺度上对此有所洞见。作为这一过程的一部分——实际上是揭示在场所－认同感方面与哪些社群相关的主要辅助手段——我们必须识别项目中的任何对各社群有重要性的现存建筑，无论在积极还是消极方面。那些被高度评价的建筑就应被保留，并尽量给它一个未来相关社群的陈列窗的角色；同时那些具有负面含义的就作为拆除的首要候选，如果经济上允许，或者至少为了使图像有根本改变。

我们的案例研究也显示了新的建筑类型如何形成与定位，以培育一种寄托感。例如从布拉格到墨西哥城，我们看到了博物馆如何发展为陈列窗，诠释社群过去的成就，并把它们的实用性带到当前环境中。在伦敦地铁的案例中，我们看到新的实践问题如何需要新的建筑类型，它们的设计促进了对一个新的前瞻性的出行社群的归属感。

伦敦的交通建筑，如我们所见，同样为了增进一种跨文化的包容感而设计，如果不仅仅是为了商业的理由。在这两者之间，很多其他的案例研究也展示了有力支持了这一点的一系列设计手段。

如我们所见，有一条重要的设计策略，包括扎根于过去但不囿于过去。这一策略的一个有力版本通过使用“深层”建筑类型来实现“根源”——集合的以及关键的空间结构类型，他们根植于地方传统，然后却在更为详细的设计层面，在特定的相关时间和地点，使用无论哪一种被认为“前瞻性”的设计语汇。我们研究的布拉格捷克立体主义建筑，巴拉干和莱戈雷塔在墨西哥，罗西在佩鲁贾和林倬生在马来西亚的作品，都是强有力的实例。

布拉格的立体主义建筑在其详细的形式语言内部，也实现了一种更深层的“扎根于但不囿于过去”的设计。在这儿，立体主义的语汇本身就一方面在“最新艺术理念”，另一方面在当地独特的波西米亚巴洛克哥特式的根源之间充当了跨文化桥梁的作用。在布拉格的其他地方，巴巴住宅区项目通过同样的策略实现了一种类似的“扎根于但不囿于过去”的形象，这次使用了根基扎实的“花园别墅”(villa in a garden) 形态，以及后世的向前看的设计语言——这次是现代主义先锋派，作为它的详细设计语汇。而远在伦敦，C·霍尔登为伦敦地铁所做的工作追求着类似的策略，把最新的现代主义图像和英国的传统材料融合在一起；同时普雷尼克在卢布尔雅那的条顿骑士修道院文化中心显示了相似的“扎根于但不囿于过去”的设计方法，这一次采用了古代的形式类型——罗马的天幕屋顶——但用当时最新的张拉技术来演绎。

从所有这些不同例子中，我们可以提取单一的整体设计原则。建筑被作为不同子系统的具体化来构想，它们并存于总体形式的不同“深度”中——整体,空间结构，技术体系或表皮语汇。在实践中，这些子系统在相互关系上常常具有某种有限的自治，使它们能够在这种“扎根于但不囿于过去”的设计方法中起到不同作用。某个层面（通常是在文化方面“最深”的层面：基本空间类型，而不是技术或表皮设计语汇）用来实现根源感,同时其他更为“表面”的层面就用来赋予“前瞻性”的角色。

普雷尼克在卢布尔雅那的作品，以及我们的墨西哥与马来西亚的例子，通过把不同社会团体的形式语言——农民、中产阶级和知识分子——整合为一种单一的形式语言，把这种综合的设计手段在增进跨文化的包容感上向前推了一步。正因为这种形式语言受到跨越社会边界的深情注视，最终逐渐构成这些场所独特性的一个主要部分。

鉴于在最近的两代人中，很少有设计者在作品中关注此类问题，因而在20世纪80年代的许多“后现代古典主义者”中，某些研究这种跨文化主题的人很少在这个艰难的领域获得初步成果，并很快被主流设计群体所抛弃就不足为怪了。然而令人振奋的是，看到主流群体中的设计者，如B·F·费希尔在安吉尔镇的项目中，找到了把创造性工作围绕一个跨文化的认同感统一起来，形成他们自己的现代主义设计文化的途径，具有来自多元文化终端使用者的积极反应。

建筑也在与自然共存方面影响到场所－认同。节能建筑设计为此做出了主要贡献，减少了能源消耗和碳的排放，如我们在马来西亚和Zicattela的案例中看到的。另外，建筑也具有为城市野生动物提供居所的可能，例如绿色屋顶和林倬生的吊脚住宅允许野生动物从下面穿过。虽然我们在卢布尔雅那章节（第2章）中讨论的普雷尼克的有树的特尔诺沃桥本身严格来说不是建筑，但也可以用作在建筑层面的创造性设计理念的出发点。

“小事也要紧”（small things matter）的赋权思想也可以通过建筑设计来养成（或驳斥）。例如普雷尼克的卢布尔雅那“共同屋顶下的住宅”戏剧性地表现了单体建筑之间的关系，以培养个人与家庭与更广阔的社会集体的关联感。这里的原则包括为社会组织更小的尺度找到一种建筑表达，任何大型建筑或建筑综合体实际上都必须仰赖于它。

我们也了解到许多例子，在更详细的设计尺度上发扬了小事也要紧的思想。例如普雷尼克的卢布尔雅那国立大学图书馆直接通往这种范例，当单块的石头组成了纪念性的外墙，每一块都作为设计要素，按其自身的样子被强烈地表现出来。这儿的设计原则似乎是在每一个更大的尺度上，无论什么被视为“局部”的事物都在更小而更为近距离的方面是一个“整体”。例如一幢建筑远距离看来是一个整体的体块，窗户是从属的部分，而在近距离，每扇窗户都可以视为一个整体，玻璃窗格是局部。反过来，在更近的距离，每个窗格都可以视为一个整体，具有光影模式，由模制的断面轮廓形成，它们被视为组成部分。

如我们所见，普雷尼克的作品特别采用了这种“整体与局部”的设计方法，它通过间或设置部分与它所置身的整体之间矛盾的“谜语”，形式轻微但意图清晰，还具有进一步赋权的潜力。因为试图理解矛盾是人类条件的一部分，也因为在这些例子中根本没有“正确的”理解，每个使用者都有被授权以自己的方式来理解场所的感觉，而不是消极地“阅读”些设计者预先确定的什么。

在更为详细的层面，同样的目的可以通过建筑设计来促进使用者的个人化来操作。林倬生的Precima住宅是一个明显的案例，但或许我们的案例研究中最彻底的版本在伦敦地铁站中出现过，在那儿站台空间的永久性墙体形成了一种“可调整的建筑”，利用框格来把不断变化的图绘结合进建筑本体，而不是把它们仅仅作为贴在上面的附加物处理。虽然这个特殊案例主要是为了商业用途而设计，而不是更广泛的社会原因，但个人化的固定“框格”的设计策略本身在场所－认同方面具有远为广阔的潜力。

总之，我们的全部案例研究与回顾带来了广泛的经验，可以鼓励从最大到最小尺度上的设计争论。然而和任何人一样，设计者也需要感到他们自己是某个更大的想象社群的一部分，并且对很多主流设计者来说，这依赖于他们把自己想象为现代主义者、改革者、专家和/或艺术家。这有两个问题：就像当前主流中所设想的那样，这种想象产生了对所有层面上的场所－认同感的争论的强力压制。

例如在详细设计的层面，现代主义已确立的概念作为一种特定形式语言的暗示，阻挠了争论的进行。在更深的形式层面，争论被一种革新的想法抑制了，它使许多设计者怀疑任何不能被视为“新”的形态模式。而在设计过程的最深层，争论被久已形成艺术家和专家的观念打断了，它总是鼓励太多设计者把使用者参与设计视为无聊的想法。

因而为了推进争论，这些主流思想必须以某种方式发展到更为完备的层次。它无法通过外部攻击达到：鉴于它们对想象社群的重要程度，这种攻击只会导致一种紧密团结，进一步使概念本身僵化。由此看来，唯一可行的途径似乎是使这些观念面向其自身。换句话说，使我们的现代主义观念适应现代需要，我们必须逐步形成更为创新的创新观念，我们必须利用反叛艺术家的创造性来脱离既定艺术观的束缚，我们必须利用我们的知识来更深地理解自然本身的知识。

在现代主义的现代化方面，我们必须澄清“现代主义”在设计中意味着什么：利用最可用最新的知识来建设一个更好的世界，不止步于旧习俗。从真正的现代主义角度来检验新的形式是否好于旧的，是它们在多大程度上有助于形成更好的世界，而不是它们到底有多“新”。想要忘掉这种简单而彻底的检验，如许多设计者所做的，将设计品质与一种特定的现代主义风格的惯例相等同来排除争论，仅仅是想象社群陷入“困境”的一个例证：既然这样，在对“新”的怀旧之中，导致了一种知足常乐的恐怖的设计文化，就像任何其他形式的怀旧所做的。相反，真正的现代主义要求我们用最好的知识来面对当前设计的挑战——当然也包括场所－认同的问题，有信心朝所导致的任何方向前进，无论它在人们自己的现代主义社群中的其他成员看来多么负面。

同样，在创新方面，我们必须记得在设计中对其进行评价的重要性，就是最佳方式投入当前的问题，而不必依赖于直接的先例或传统的处事方式。如果创新阻挡了对当前问题的处理，不管我们的案例研究已显示出的优势，例如高度连接的公共空间网络或积极的建筑界面等，仅仅因为它们是具有久远历史谱系的先例而阻止使用，就根本不是真正的创新。仅仅变成了一个刻板的形式主义并最终是反创新的传统——一种怀旧的“新”的传统，出于自己的兴趣永无休止地寻找新鲜事物，束缚了设计者而不是给他们自由。相反，我们需要创新的创新观，把我们从这种沉闷的传统中解放出来，不会去排除任何有助于建设一个更好世界的东西。

在最深层的设计过程层面，当前对于专业技术的观念也需要彻底检查，因为它们致使“专家”设计者很难在设计决策过程中认真考虑“外行”使用者的参与。这时，我们需要再次记住对专业技术的要求是帮助设计者建设更好的世界。今日的世界日益文化多元，其文化多元性正在全球经济与气候变化中的每一种当前力量作用下日益增长，一个专业设计者能理解的或能与之心领神会的，顶多是特定场所的使用者所属的想象社群的一个片段。在这种情况下，不可思议的是，当目前关于专业技术的主流观念在19世纪逐步形成之时，无论做起来有多困难，不在尽可能广泛的想象社群范围内采用普通百姓的本土技术将是无望而低效的。追求效率是专业技术的要点，要求我们进一步发展技术来完成。

许多设计者，尤其是建筑师，同样感到他们从属于艺术家的想象社群。这种作为一个艺术家的感觉在以激进的方式面对新问题时具有很多积极的潜质。就像我们的很多案例研究所显示的，艺术可谓具有在已确立的传统中撕开裂口的能力，为新观念打开空间，提出新的场所－认同问题。然而，当前主流设计专业中的艺术观念倾向于在场所－认同方面驱散这种潜质。问题在于第二个千年晚期的艺术至少在西方文化中变得极端个人主义，因此艺术的质量即使现在也常常被认为几乎完全取决于个人天赋。这使得如果设计者认同这种艺术社群，他们就既不愿也不能认真考虑在工作中与使用者合作的想法：这种合作显然被视为在艺术质量上某种胆小的背叛。在实践中，这种感受和那些我们已描述过的专业技术相关方面具有同样负面的暗示。这意味着关于建筑形式的主流艺术观念已开始背离现代主义艺术在根本上对剥去传统面纱的关注，它阻止我们了解与领会自己的当前状况，因而阻止我们采用激进的行动去改进。实际上，过多“艺术的”建筑形式已经将其焦点收缩为仅仅关注“美丽”、“有趣”甚或“崇高”的场所的生产，仅仅是玩味。这样的艺术已成为风格训练，在场所－认同感方面严格说来就是肤浅。

如果场所－认同感在我们的时代真正是中心问题，那么重建艺术与它们的联系就至关重要。我们论题的逻辑相当强烈地提出了只有在艺术家邀请使用者作为演员参与到积极共创的工作关系中，这才有可能发生。当然这在艺术作品的其他领域是习以为常的，比如音乐和舞蹈。加入第三个千年的文化景观艺术将创造性地面对场所－认同问题，就必须向这些领域多多学习。建筑必将成为一种全新感受中的凝固的音乐。

最后，我们在本书中已经研究的案例打开了推进设计思考的思想宝库。它们相互协力，有助于在设计文化自身之中描绘出新的想象社群的边界，能够带给我们所需的支持与方向感，如果我们想创造那些帮助我们面对第三个千年最终设计挑战的场所：设计文化景观来帮助我们重新设计我们自己。

参考文献

http://www.masspike.com/bigdig/parks/wharfparks.html (accessed December 2005). Anon.

Abel, C. (1991). *Foreword.* In CSL Associates, 1991.

Abel, C. (2000). *Architecture and Identity – Responses to Cultural and Technological Change.* Oxford: Architectural Press.

Accame, G. H. (1974). *Conoscenza e coscienza della città.* Bologna: Galleria d' Arte Moderna.

Adjami, M. (ed.) (1994). *Aldo Rossi – Architecture 1981–1991.* London: Academy Group Ltd.

Alić, D. and Gusheh, M. (1999). Reconciling national narratives in socialist Bosnia and Herzegovina: The Baščaršija Project, 1948–1953. *Journal of the Society of Architectural Historians,* 58(1), March 1999, 6–25.

Åman, A. (1992). *Architecture and Ideology in Eastern Europe During the Stalinist Era: An Aspect of Cold War History.* Cambridge, MA: MIT Press.

Anderson, B. (1983). *Imagined Community, Reflections on the Origin and Spread of Nationalism.* London: Verso.

Anderson, S. (1999). Memory without monuments. *Traditional Dwellings and Settlements Review,* XI(1), Fall 1999.

Anon (1940). Without comment. In De Profundis, *Organ of the Air Raid Shelterers at Swiss Cottage Station,* September 1940.

Anon (2001). *New Connections: New Architecture, New Urban Environments and the London Jubilee Line Extension.* London: Royal Academy of Arts.

Antliff, M. (1992). Cubism, celtism and the body politic. *Art Bulletin,* 74, December 1992, 655–668.

Antliff, M. and Leighten, P. (2001). *Cubism and Culture.* London: Thames and Hudson.

Appleyard, D., Lynch, K. and Myer, J. R. (1966). *The View from the Road.* Cambridge, MA: MIT Press.

Aristides, M. and Karaletsou, C. (eds) (1992). *Proceedings of IAPS 12 Conference,* Thessalonika, Commission of the European Communities.

Ayala, E. (1996). *La Casa de la ciudad de Mexico. Evoluciones y transformaciones.* Mexico, D.F.: Consejo Nacional para la Cultura y las Artes.

Bain, J. S. (1940). *A Bookseller Looks Back,* cited in Meade and Wolff (1996).

Bakhtin, M. (1981). *Epic and Novel,* in Holoquist (ed.) (1990).

Ballantyne, A. (ed.) (2002). *What is Architecture?* London: Routledge.

Bandarin, F. (1978). The Bologna experience: planning and historic renovation in a Communist city. In Appleyard, D. (1979), pp. 178–202.

Bandolini, S. (1996). Introduction. *Rassegna,* XVIII(66), 5.

Barman, C. (1979). *The Man who Built London Transport.* Newton Abbot, David and Charles.

Barnes, J. (1981). *Metroland.* London: Jonathan Cape.

Barton, H. and Guise, R. (2003). *Shaping Neighbourhoods: A Guide for Health, Sustainability and Vitality.* London: Spon.

Baudrillard, J. (1990). *Cool Memories.* London: Verso.

Bauman, Z. (1992). *Intimations of Postmodernity.* London: Routledge.

Bauman, Z. (1995). *Life in Fragments: Essays in Postmodern Morality.* Oxford: Blackwells.

Bauman, Z. (2000). *Liquid Modernity.* Cambridge: Polity Press.

Beck, U. (1998). *Democracy without Enemies.* Cambridge: Polity Press.

Bell, V. (ed.) (1999). *Performativity and Belonging.* London: Sage.

Belletini, P. (1995). *Bologna – the Oldest University in Europe – "Bologna the learned".* Paris: Gallimard Guides.

Belletini, P. (1995). *Bologna – The University District.* Paris: Gallimard Guides.

Belodi, N. (1999). *Bologna and the Rehabilitation Programme.* Unpublished Conference Paper, Lisbon.

Benedikt, M. (2002). Environmental stoicism and place Machismo. *Harvard Design Magazine*, Winter/Spring 2002.

Bentley, I. (1981a). *The Owner Makes His Mark*. In Oliver, Davis and Bentley (1981), pp. 136–154.

Bentley, I. (1981b). *Individualism or Community*. In Oliver, Davis and Bentley (1981), pp. 104–121.

Bentley, I. (1993). *Community Development and Urban Design*. In Hayward and McGlynn (eds) (1993), pp. 72–82.

Bentley, I. (1999). *Urban Transformations: Power, People and Urban Design*. London: Routledge.

Bentley, I. and Gržan-Butina, D. (eds) (1983). *Jože Plecnik*. Oxford: Joint Centre for Urban Design.

Bentley, I. et al. (1985). *Responsive Environments: A Manual for Designers*. London: Architectural Press.

Bernik, S. (1990). Slovene architecture from secession to expressionism and functionalism. *Journal of Decorative and Propaganda Arts*, 17, Fall 1990, 43–53.

Bideleux, R. and Jeffries, I. (1998). *A History of Eastern Europe: Crisis and Change*. London: Routledge.

Birnbaum, H. and Vryonis, S. J. (eds) (1972). *Aspects of the Balkans, Continuity and Change*. The Hague & Paris: Moutan.

Blakstad, L. (2002). *Bridge: The Architecture of Connection*. London: August Media.

Blau, E. and Troy, N. J. (1997). *Architecture and Cubism*. Cambridge, MA: MIT Press.

Blokland, T. (2003). Trans. Mitzman, L. K., *Urban Bonds*. Cambridge: Polity Press.

Blumenfeld, R. D. B. (1930). *RDB's Diary 1887–1914*. In Meade and Wolff (1996).

Boston Redevelopment Authority (1990). *Boston: A Plan for the Central Artery*. Progress Report. Boston: BRA.

Boston Redevelopment Authority (1997). *Toward Boston 2000 – Realizing the Vision*. Boston: BRA.

Bourne, L. S. (1972). *The Internal Structure of the City*.

Bown, M. C. (1991). *Art Under Stalin*. Oxford: Phaidon.

Breveglieri, W. (2000). *Bologna 1950–2000*. San Giorgio di Piano: Minerva Edizioni.

Brooke, M. (1996). *Boston*. Singapore: APA Publications.

Brubaker, R. and Cooper, F. (2000). Beyond "Identity". *Theory and Society*, 29, 1–47.

Büchler, P. (1997). *Stalin's Shoes (Smashed to Pieces)*. In Harding (ed.) (1997).

Burckhardt, F. (1992). *Czech Cubism Today*. In von Vegesack, A. (ed.) (1992).

Burckhardt, F., Evens, C. and Podrecca, B. (eds) (1989). *Jože Plečnik Architect: 1872–1957*. Cambridge, MA: MIT Press.

Burks, R. V. (1972). *Nationalism and Communism in Yugoslavia: An Attempt at Synthesis*. In Birnbaum and Vryonis (1972).

Butina Watson, G. (1999). *Shaping Places: The Politics of Urbanism*. Ljubljana: UPIRS.

Caniggia, G. (1983). Discussions with Georgia Butina Watson, Oxford.

Castaños, M. (2005). *Wildlife Corridors in Urban Design*, unpublished MA thesis, Joint Centre for Urban Design, Oxford Brookes University.

Castillo, F. F. (1987). *Apuntes Para la Historia de San Angel y sus Alrededores: Tradiciones, Historia, Leyendas*. Mexico: anon.

Cataloli, G. (2003). From Muratori to Caniggia: the origins and development of the Italian school of design typology. *Urban Morphology*, 7(1), 19–34. Birmingham: ISUF.

Cervellati, P. L. (2001). Interview with Georgia Butina Watson, Bologna.

Charvat, P. and Prosecky, J. (eds) (1996). *Ibrahim ibn Yaqub at-Turtushi: Christianity, Islam and Judaism Meet in East-Central Europe, C. 860–1300 AD*. Prague: Academy of Sciences of the Czech Republic.

Chay, P. (1989). *Kuala Lumpur – Minarets of Old, Visions of New*. Kuala Lumpur: Foto Technik Sdn.Bhd.

Cherry, D. (2000). *Beyond the Frame: Feminism and Visual Culture, Britain 1850–1900*. London: Routledge.

Church, R. (1928). *Mood without Measure*. London: Faber and Faber.

Cohen, S. (2001). *States of Denial: Knowing About Atrocities and Suffering*. Cambridge: Polity Press.

Corcuera, M. P. C. (1994). *Mexico: Casas del Pacifico*. La Jolla, CA: Alti Publishing.

Cottington, D. (1997). *The Maison Cubiste and the Meaning of Modernism in pre-1914 France*. In Blau and Troy (1997).

Courmont, V. (2001). Poverty, a few definitions. *Villes en Developpement*, 53, September 2001, 4.

Craven, D. (2001). Post colonial modernism in the work of Diego Rivera and José Carlos Maviátegni – or new light on a neglected relationship. *Third Text*, Spring 2001.

CSL Associates (undated). *Projects Catalogue*. Kuala Lumpur.

CSL Associates (undated, unpublished). *Extracts – 1989–1991. The Works of Jimmy Lim and CSL Associates*, Kuala Lumpur.

Cullen, G. (1971). *The Concise Townscape*. London: Architectural Press.

Danto, A. (1981). *The Transfiguration of the Commonplace: A Philosophy of Art*. Cambridge, MA: Harvard University Press.

Davis, M. (1990). *City of Quartz*. London: Verso.

De Anda Alanis, E. (1989). *Luis Barragán-Clasico del Silencio*. Bogota: Escala.

De Angelis, C. (1995). *Bologna – Architecture*. Paris: Gallimard Guides.

De Bruyn, G. (2000). *Luis Barragán – The Quiet Revolution*, Barragán Foundation, Vitra Design Museum.

Delanty, G. (1995). *Inventing Europe: Idea, Identity, Reality*. London: Macmillan.

Djilas, M. (1985). *Rise and Fall*. New York: Harcourt Brace Jovanovich.

DoE (1996). Analysis of responses to the discussion document. In *Quality in Town and Country*. London: HMSO.

Dolbani, M. (1997). *Responsive Public Open Spaces in Kuala Lumpur*, unpublished PhD thesis. Oxford: JCUD.

Donald, J. (1996). *The Citizens and the Man About Town*. In Hall and de Gay (eds), 1997.

Douglas, H. (1963). *The Underground Story*. Newton Abbot: David and Charles.

Dovey, K. (1992). *The Bond and Bondage of Place Attachment*. In Aristedes, M. and Karaletsou, C. (eds) (1992).

Downs, R. M. (1977). *Maps in Minds: Reflections on Cognitive Mapping*. London: Harper and Row.

Du Gay, P., Evans, J. and Redman, P. (eds) (2000). *Identity: A Reader*. London: Sage.

Dyos, H. J. and Wolff, M. (1973). *The Victorian City*. London: Routledge and Kegan Paul.

Edwards, D. and Pigram, R. (1986). *London's Underground Suburbs*. In Meade and Wolff (1996), p. 7.

Efimova, A. (1992). Review of the Total Art of Stalinism. *Art Bulletin*, 74(4), December 1992.

Efimova, A. and Manovich, L. (eds) (1993). *Russian Essays on Visual Culture*. Chicago: Chicago University Press.

Eggener, K. (1999). Postwar Modernism in Mexico – Luis Barragán's Jardines del Pedregal and the International Discourse on Architecture and place. *JSAH*, 58(2), June 1999.

Eisenman, P. (1986). *Preface*. In Rossi, 1986.

Facaros, D. and Pauls, M. (2000). *Bologna and Emilia Romagna*. Cambridge: Cadogan.

Facaros, D. and Pauls, M. (2002). *Umbria*. London: Cadogan Guides.

Fanti, M. and Susini, G. (1995). *Bologna – History*. Paris: Gallimard Guides.

Felshin, N. (1995). *But is It Art? The Spirit of Art as Activism*. Seattle: Bay Press.

Flores, S. (2001). Interview with Georgia Butina Watson, Mexico City.

Fortier, A.-M. (1999). *Re-membering Places and the Performance of Belonging(s)*. In Bell, V. (ed.) (1999).

Forty, A. (1986). *Objects of Desire: Design and Society 1750–1980*. London: Thames and Hudson.

Frampton, K. (1985). *Modern Architecture – A Critical History*. London: Thames and Hudson.

Franklin, A. (2002). *Nature and Social Theory*. London: Sage.

Fraser, V. (2000). *Building the New World – Studies in the Modern Architecture of Latin America 1930–1960*. London: Verso.

Freeman, A. (2003). Above the cut. In *Landscape Architecture* (3).

Freshman, P. (ed.) (1993). *Public Address: Krzysztof Wodiczko*. Minneapolis: Walker Art Center.

Furedi, F. (2002). *Culture of Fear: Risk-taking and the Morality of Low Expectation*. London: Continuum, Revised edition.

Gans, H. (1962). *The Urban Villagers*. Glencoe: Free Press.

Garland, K. (1996). Henry C Beck and the London underground diagram. *Rassegna*, XVIII(66), 16–23.

Gartman, D. (2000). Why modern architecture emerged in Europe, not America: the new class and the aesthetics of technocracy. *Theory Culture and Society*, 17(5), October 2000, 75–76.

Gavers, R. (1997). *Discussion with Georgia Butina Watson*. Boston City Hall.

Gellner, E. (1998). *Culture, Identity and Polities*. Cambridge: CUP.

Giddens, A. (1984). *The Constitution of Society: Outline of a Theory of Structuration*. Cambridge: Polity Press.

Giles, R. (1999). Letter from Kuala Lumpur. *Architectural Review*, 1232, October 1999, 41.

Gillcott, J. and Kumar, M. (1995). *Science and the Retreat from Reason*. London: Merlin.

Gilroy, P. (1997). Diaspora and the detours of identity. In Woodward (1997), pp. 299–346.

Goldblatt, D. (2002). The dislocation of the architectural self. In Ballantyne (2002), pp. 153–172.

Goldstein, R. J. (1989). *Political Censorship of the Arts and the Press in Nineteenth-Century Europe*. New York: Palgrave.

Gonzalez de Leon, T. (2000). Interview with Georgia Butina Watson, Mexico City.

Grabrijan, D. (1957). Lik Plečnikove Ljubljane. In *Naši Razgledi*, No. 4.

Grabrijan, D. (1968). *Plečnik in njegova šola*, Maribor.

Grabrijan, D. and Neidhardt, J. (1957). *Arhitektura Bosne i Put u Suvremeno*. Ljubljana: Anon.

Gray, R. (1978). *A History of London*. London: Hutchinson.

Griffin, W. (2002). Laibach: The Instrumentality of the State Machine, http://www.artmargins.com/content/feature/griffin1.html

Groys, B. (1992). *The Total Art of Stalinism*. Princeton: Princeton University Press.

Groys, B. (1993). Stalinism as aesthetic phenomenon. In Efimova and Manovich (1993).

Hall, R. (1994). On values and role models: the making of a planner. In *Regenerating Cities*, No. 7.

Hall, S. (1997). The question of cultural identity. In Hall, S., Held, D. and McGrew, T. (eds), *Modernity and Its Futures*. Cambridge: Polity Press.

Harding, D. (ed.) (1997). *Decadent: Public Art: Contentious Term and Contested Practice*. Glasgow: Foulis.

Hassan, A. K. M. et al. (1990). *1890–1990 – 100 Years of Kuala Lumpur Architecture*. Kuala Lumpur: PAM.

Haufe, H. (1991). *The Modern University City*. In Schütz, 1991.

Havel, V. (1989). *Untitled Speech in Acceptance of a German Peace Prize*. London: The Independent, Weekend Section, 9 December 1989.

Hayward, R. and McGlynn, S. (eds) (1993). *Making Better Places: Urban Design Now*. Oxford: Butterworth Architecture.

Hetherington, K. (1996). Identity formation, space and social centrality. *Theory, Culture and Society*, 13(4), 1996.

Hillier, B. and Hanson, J. (1984). *The Social Logic of Space*. Cambridge: Cambridge University Press.

Hillier, J. and Rooksby, E. (eds) (2002). *Habitus: A Sense of Place*. Aldershot: Ashgate.

Hinrichs, N. (1995). *Bologna*. Paris: Gallimard Guides.

Holquist, M. (ed.), 1990 (1981). *The Dialogic Imagination*. Austin: University of Texas Press.

Hough, M. (1990). *Out of Place: Restoring Identity to the Regional Landscape*. New Haven, London: Yale University Press.

Howard, E. (1898). *To-morrow: A Peaceful Path to Real Reform*. London: Swan Sonnenschein.

Hueffer, F. M. (1907). *England and the English: An Interpretation*. In Meade and Wolff (1996).

Inglis, F. (1993). *Cultural Studies*. Oxford: Blackwells.

Institute of Contemporary Arts (1983). Exhibition *Aldo Rossi, Architecture Projects and Drawings*. London: Institute of Contemporary Arts.

Ivanšek, F. (1995). *Edvard Ravnikar – Publicist*. In Ivanšek (ed.) (1995).

Ivanšek, M. (1995). *Youth in the Shadow of St. Joseph's Bell Tower*. In Ivanšek (ed.) (1995).

Ivanšek, F. (ed.) (1995). *Hommage à Edvard Ravnikar, 1907–1993*. Ljubljana: Ivanšek.

Jacobs, J. (1961). *The Death and Life of Great American Cities*. New York: Penguin Books.

Kettenmann, A. (1997). *Diego Rivera – A Revolutionary Spirit in Modern Art*. London: Taschen.

Kim, K. K. (1996). *Kuala Lumpur – The Formative Years*. Kuala Lumpur: Verita Publishing SDN, BHD.

Ko, A.K.P. (1999). *Feng Shui and Urban Design*, unpublished MA thesis, Joint Centre for Urban Design, Oxford Brookes University.

Kotera, J. (1900). O Novem Umeni. In *Volny Smeri*, Vol. 4, p. 92.

Krečič, P., Murko, M. and Zavašnik, M. (1975). *Ljubljana*. Ljubljana: ČGP Delo.

Krečič, P. (1990). Jože Plečnik and Art Deco. *The Journal of Decorative and Propaganda Arts*, 17, Fall 1990, 27–35.

Krečič, P. (1993). *Plečnik: The Complete Works*. London: Academy Editions.
Kristeva, J. (1991). *Strangers to Ourselves*. Trans. Roudiez, L. S. New York: Columbia University Press.
Kubová, A. and Ballangé, G. (1986). *Plečnik et la ModernitéTcheque*. In Burckhardt, F., Evens, C. and Podrecca, B. (eds) (1989).
Kundera, M. (1984). *The Unbearable Lightness of Being*. Trans. Heim, M. N. New York: Harper and Row.
Kundera, M. (1992). *The Joke*. London: Faber and Faber.
Kundera, M. (1996). *The Book of Laughter and Forgetting*. London: Faber and Faber.
Lanzarini, V., Piombini, G. and Renzi, R. (1995). *Bologna*. Paris: Gallimard Guides.
Lash, S. (1999). *Another Modernity, A Different Rationality*. Oxford: Blackwell.
Latour, B. (1993). *We Have Never Been Modern*. New York: Harvester.
Lawrence, D. (1994). *Underground Architecture*. Harrow: Capital Transport.
Leach, N. (2002a). *The Dark Side of the Domus*. In Ballantyne (2002).
Leach, N. (2002b). *Belonging: Towards a Theory of Identification with Space*. In Hillier and Rooksby (2002).
Leboff, D. (1994). *London Underground Stations*. Shepperton: Ian Allan.
Legorreta, R. (2001). Interview with Georgia Butina Watson, Mexico City.
Leśnikowski, W. (ed.) (1996). *East European Modernism: Architecture in Czechoslovakia, Hungary and Poland Between the Wars*. London: Thames and Hudson.
Leśnikowski, W. (1996). *Functionalism in Czechoslovakian, Hungarian and Polish Architecture from the European Perspective*. In Leśnikowski (ed.) (1996).
Lim, C. S. (1989). Interview with Georgia Butina Watson, Kuala Lumpur.
Lim, C. S. (1991, 1993, 1998, 2001). Interviews with Georgia Butina Watson, Kuala Lumpur.
Lim, J. C. S. (2000). The Rites of the Tropics. In Leng, T. K. (ed.), *Asian Architects*. Singapore: Selected Books.
Lim, J. Y. (1987). *The Malay House – Rediscovering Malaysia's Indigenous Shelter System*. Pulan Pinang: Institut Masyarakat.
Lippard, L. R. (1997). *The Lure of the Local: Senses of Place in a Multicentred Society*. New York: New Press.
Lobo, C.G. (1992). Luis Barragán. In *MIMAR, Architecture and Development*, Vol. 12, June 1992. London: Concept Media.
Loos, A. (1900). *The Story of a Poor Rich Man*. Trans. Meek, H. In Münz and Künstler.
Lunghi, E. (1991). *Umbria*. Florence: SCALA.
Lynch, K. (1960). *The Image of the City*. Cambridge, MA: MIT Press.
MacCormac, R. and Stevens, M. (2002). *New Connections: New Architecture, New Urban Environments and the London Jubilee Line*. London: Royal Academy of Arts.
Mancini, F. and Casagrande, G. (1982). *Perugia*. Milan: Pellegrini.
Margolius, I. (1979). *Cubism in Architecture and the Applied Arts*. Newton Abbot: David and Charles.
Martinez, A. R. (1996). *Luis Barragán – Mexico's Modern Master, 1902–1988*. New York: The Monticelli Press.
Martinez, C. and Juarez, L. G. (1994). *Mexico City*. UNAM.
Marx, K. and Engels, F. (1848). *Manifesto of the Communist Party*. In Marx and Engels (1975), Vol. 6.
Marx, K. and Engels, F. (1975). *Collected Works*. London: Lawrence and Wishart.
McLeod, M. (1986). *Book Review*. In Rossi, 1986.
Meade, D. and Wolff, T. (eds) (1996). *Lines on the Underground: An Anthology for Circle Line Travellers*. London: Cassell.
Miller, E. (1986). *The Art of Mesoamerica*. London: Thames and Hudson.
Monroe, A. (2000). Twenty years of Laibach, twenty years of ...? *Central Europe Review*, 2(31).
Morris, M. (1997). *Boston*. New York: MacMillan.
Moscovici, S. (1990). Questions for the Twenty-first Century. *Theory, Culture and Society*, 7(4), 1990, 1–20.
Moudon, A. V. (1997). Urban morphology as an emerging interdisciplinary field. *Urban Morphology*, 1, 3–10.
Münz, L. and Künstler, G. (1966). *Adolf Loos: Pioneer of Modern Architecture*. New York: Praeger.
Mušić, M. (1981). *Jože Plečnik*. Ljubljana: Partizanska Knjiga.

Mutlow, J. V. (1997). *Legorreta Arquitectos.* Rizzoli International Publications, Inc., Mexico, Naucalpan.

Nedushivin, G. (1938). Monumentalnoe Iskusstvo v Strane Sotsializma. In *Tvorchestvo*, 11/38, 28.

Nietszche, F. (1974). *The Gay Science.* Trans. Walter Kaufmann. New York: Vintage Books.

Novitz, D. (2001). Participatory art and appreciative Practice. *The Journal of Aesthetics and Art Criticism*, 59(2), Spring 2001, 153–166.

Oliver, G. (1996). An underground memoir. *Rassegna*, XVIII(66), 34–39.

Oliver, P., Davis, I. and Bentley, I. (1981). *Dunroamin: The Suburban Semi and Its Enemies.* London: Barrie and Jenkins.

Park, R. (1967). *On Social Control and Collective Behaviour.* Chicago: University of Chicago Press.

Parker, S. F. (2001). Power and identity in the urban community. *City*, 5(3), 281–309.

Pevsner, N. (1942). Patient progress: The life work of Frank Pick. *Architectural Review*, XCII, 31–48.

Plečnik, J. (1908). Letter to the editor. In *Styl*, Prague, Vol. 1, 1908–9.

Plečnik, J. (1929). *Regulacija Ljubljane in njene okolice.* Arhiv Slovenije MAPA VI.

Pozzetto, M. (1979). *La Scuola di Wagner 1894–1912.* Trieste: Commune di Trieste.

Prelovšek, D. (1997). *Jože Plečnik 1872–1957: Architectura Perennis.* New Haven: Yale University Press.

Radford, E. (1906). *A Collection of Poems*, cited in Dyos and Wolff, 1973.

Rasmussen, S. E. 1990 (1928). First impressions of London. *A A Files*, 20, Autumn, 15–21.

Renzi, R. (1995). *The Bologna Dialect.* In Fanti and Susini, 1995.

Riedel, J. (ed.) (1999). *The Plastic People of the Universe.* Prague: Matla.

Roberts, T. (2002). The seven lamps of planning. *Town Planning Review*, 73(1), 24–26.

Rossi, A. (1982). Trans. Ghirardo, D. and Ockmen, J. *The Architecture of the City.* Cambridge, MA: Graham Foundation.

Rossi, A. (1986). *The Architecture of the City.* Cambridge: MIT Press, Oppositions Books.

Rossi, A. et al. (1990). *Aldo Rossi Architect – Works and Projects.* Barcelona: Gustavo Gilli.

Rowe, P. G. (1997). *Civic Realism.* Cambridge, MA: MIT Press.

Rubbi, P., Tassinari Clò, O. and Renzi, R. (1996). *Bologna la Bella.* Bologna: L'inchiostrobeu.

Sabloff, J. (1989). *The Cities of Ancient Mexico – Reconstructing a Lost World.* New York: Thames and Hudson.

Saint, A. (1996). What the Underground Means for London. *Rassegna*, XVIII(66), 24–33.

Sammarco, A. M. (1995). *Boston – A Century in Progress.* Dover, New Hamphshire: Arcadia.

Sanchez Lacy, A. R. (1999). *En El Mundo de Luis Barragán.* Mexico, D.F.: Artes de Mexico.

Sandercock, L. (2002). *Difference, fear and habitus: a political economy of urban fears.* In Hillier and Rooksby (2002).

Sayer, D. (1991). *Capitalism and Modernity: Excursus on Marx and Weber.* London: Routledge.

Scannavini, R. (1995). *Bologna – Urban Development.* Paris: Gallimard Guides.

Schmidt, E. (1997). *Building a New Boston.* Unpublished Conference Paper.

Schütz, J. (ed.) (1991). *Mexico City.* Hong Kong: APA Publications.

Sells, M. A. (1998). *The Bridge Betrayed: Religion and Genocide in Bosnia.* Berkeley: University of California Press.

Short, J. R. (2001). Civic engagement and urban America. *City*, 5(3), 25–36.

Sidorov, A. (1991). *Stalin's art through Soviet eyes.* In Bown (1991).

Sitte, C., 1964 (1889). *The Art of Building Cities.* Ann Arbor: University Microfilms.

Šlapeta, V. (1986). *Jože Plečnik et Prague.* In Kubova and Ballange (1986).

Šlapeta, V. (1992). *Cubism in architecture.* In von Vegesack (ed.) (1992).

Šlapeta, V. (1996). *Competing Ideas in Czechoslovakian Architecture.* In Leśnikowski (ed.) (1996).

Šmejkal, F. (1990). *Devětsil: an Introduction.* In Švachá, R. (ed.) (1990).

SMWM (2000). *Boston Central Artery Corridor Master Plan.* Boston, MA: Boston Redevelopment Authority.

Steeve, J. (1992). Ricardo Legorreta. In *MIMAR, Architecture and Development*, Vol. 12, June 1992. London: Concept Media.

Stelè, F. (1967). *Arh. Jože Plečnik v Italiji 1898–1899*. Ljubljana: Slovenska Matica.

Stone, A. R. (1996). *The War of Desire and Technology at the Close of the Mechanical Age*. Cambridge, MA: MIT Press.

Street Porter, T. (1989). *Casa Mexicana*. New York: Stewart, Tabori and Chang, Inc.

Štursa, J. (Dec 1990). Interview with Ian Bentley and Georgia Butina Watson, Prague.

Šumi, N. (1983). *Plečnik and absolute architecture*. In Bentley and Gržan-Butina (eds) (1983).

Švácha, R. (ed.) (1990). *Devětsil: Czech Avant-Garde Art Architecture and Design of the 1920s and 30s*. Oxford: Museum of Modern Art.

Švácha, R. (1995). *The Architecture of the New Prague*. Cambridge, MA: MIT Press.

Sylvester, D. (ed.), 1969 (1944). *Henry Moore: Sculpture and Drawings*, Vol. 1, 1921–48. London: Lund Humphries.

Taffuri, M. and Dal Co, F. (1976). *Modern Architecture/I*. Milan: Electa.

Teige, K. (1932). *Nejmenši byt*. Prague.

Templ, S. (1999). *Baba: The Werkbund Housing Estate Prague*. Basel: Birkhauser.

The Times, June 14, 1879. Cited in Jackson, A.A. (1986), *London's Metropolitan Railway*. Didcot: Wild Swan.

Tisdall, C. and Bozzolla, A. (1977). *Futurism*. London: Thames and Hudson.

Todisco, P. J. (1976). *Boston's First Neighborhood; the North End*. Boston: Public Library.

Too, A. (1980). Didactic street-fronts and backlanes – The shophouse typology. In *Malajah Arkitek*, May. Kuala Lumpur.

Touraine, A. (2000). *Can We Live Together?* Cambridge: Polity Press.

Vanderwarker, P. (1982). *Boston Then and Now*. New York: Dover Publications.

Vasak, L. (1989). *Achieving Reinforcement of City Image*. Unpublished MA. Oxford: Joint Centre for Urban Design.

Villaseñor, D. (1994). Interview with Georgia Butina Watson, Punta Zicatella, Mexico.

Villaseñor, D. (1995). Interview with Georgia Butina Watson, Mexico City.

Villaseñor, D. (2000). Interview with Georgia Butina Watson, Mexico City.

Villaseñor, D. (2002). Interview with Georgia Butina Watson, Oxford.

Villaseñor, D. (2005). Interview with Georgia Butina Watson, Oxford.

Vine, B. (1991). *King Solomon's Carpet*. Harmondsworth: Penguin.

von Vegesack, A. (ed.) (1992). *Czech Cubism: Architecture, Furniture and Decorative Arts 1910–1925*. Montreal: King.

Vuga, B. (1995). Edvard Ravnikar: *Maybe You Are Too Young for This* ... In Ivanšek (ed.) (1995).

Wagner, O., Trans. Mallgrave, H. F., 1988 (1896). *Modern Architecture*. Santa Monica: Getty Center.

Wales, Charles Prince of 1989. *A Vision of Britain: A Personal View of Architecture*. London, New York: Doubleday.

Welsch, W. (1997). *Undoing Aesthetics*. London: Sage.

West Dorset District Council (2002). *Visions for West Bay: Ideas for Consultation*. Dorchester: West Dorset District Council, Bridport Town Council and Bridport Town Assembly.

Westley, F. (1991). The affective side of global social innovation. *Human Relations*, 44, 1011–1036.

Woods, R. A. (1902). *Americans in Process*. Boston: Houghton Miffin.

Woodward, K. (ed.) (1997). *Identity and Difference*. London: Sage.

Yampolsky, M. (1993). *The Traditional Architecture of Mexico*. London: Thames and Hudson.

Yanosik, J. (1996). *The Plastic People of the Universe*. http://www.furious.com/perfect/pulnoc.html

Yeang, K. (1986). *The Tropical Verandah City*. Ampang: Asia Publications.

Yeang, K. (1987). *Tropical Urban Regionalism – Building in a South-East Asia City*. Singapore: Concept Media.

Yoong, C. C. (ed.) (1988). *Post-Merdeka Architecture*. Kuala Lumpur: PAM.

Ypma, H. (1997). *Mexican Contemporary*. London: Thames and Hudson.

Zeisel, J. (1981). *Inquiry by Design – Tools for Environment Behaviour Research*. Cambridge: Cambridge University Press.

译后记

本书探讨的是场所的形成与使用者的社会认同之间关系，以及这种认同的需求如何影响了规划与设计，说明了当代人们如何通过模式化的设计产品来建构一个有意义的空间。作者以城市的案例分析为线索，分别涉及布拉格、卢布尔雅那、墨西哥城、伦敦、博洛尼亚、佩鲁贾、吉隆坡、波士顿及布莱克斯顿的安吉尔镇的案例，这些案例大多数在我国的研究文献中较少涉及，对于理解这些城市的形态形成过程具有重要价值。

本书翻译的具体分工为：魏羽力负责致谢、绪论、第1章—第5章和结论，杨志翻译第6章—第9章，最后由魏羽力统稿和修改。许昊和姚昕悦分别参与了第3章和第4章的初译，在此一并致谢。还要感谢中国建筑工业出版社的程素荣女士对本书的选题、翻译与出版工作的推动与支持。

对于一些具有多种理解的词和词组，在翻译过程中结合全书的总体上下文来确定中文译法。本书的核心词是place－identity，identity在建筑学领域中较多翻译为“识别性”，在本书中place－identity在不同的上下文中有不同的意思，其普遍意义为一个地点对使用者所产生的一种根深蒂固的归属感，而并不主要是一个有形的物质形式的认知之意，因此其基本译法为“场所－认同”，而在不同的语境中根据上下文也译为“场所认同感”或“场所特性”。Imagined community也是常出现的词汇，我国大陆社会学界一般译为“想象的共同体”，台湾译者则译为“想象的社群”，community我国大陆一般译作“社区”。虽然用“想象的共同体”在文章中也可以成立，但若相应地将community译为“共同体”则不甚通顺，因此采用了“想象的社群”的译法，一方面可以兼顾community的各种使用搭配，另一方面也包含了社区和群体两方面的意思，较符合作者的原意。

本书的翻译并非易事，作者除了英语之外，还引用了大量的捷克语、斯洛文尼亚语、马来语、意大利语和西班牙语。多种语言的功夫一方面体现了西方学者的专业训练与素养，另一方面更重要的是包含了词源、语义和专业知识方面的精确而微妙的差异，因此需要多方查证，给翻译增加难度。译者依靠自己的语言基础，加上与身边通晓法语、意大利语的学者的探讨，尽量将这些微妙之处表达出来，但限于自身语言能力，必定存在诸多不足之处，还希望方家和读者指正。一般按照翻译与阅读的习惯，人名和主要的地名、城市名均按照通常的译法音译，街道名为便于考证与对应，一般除了一些在中文语境中已广为人知的外均保留原文，外来语专业词汇尽量按照其所表达的意思翻译出来，或采用“音译＋译注”的方式来传达愿意。

一本书有很多种读法，本书也不例外。首先我们可以将它作为一本建筑学专业的参考读物。本书以城市案例为线索，研究了不同建筑师和建筑作品对城市及其社会的考虑，以及这些作品和城市的物质形态、社会经济和政治等方面的联系，如普雷尼克之于卢布尔雅那，巴拉干之于墨西哥城，罗西之于佩鲁贾，林倬生之于吉隆坡等，有助于我们将建筑设计与城市形态的社会方面联系起来。

同时，本书也是关于城市规划与设计的社会学分析的作品，它包含了规划与设计的社会价值取向（所有章节均有涉及），以及城市形态的社会意义（第1、2、5、7、9章）、设计的公众参与（第8章）等方面的内容。可以作为城市规划专业的城市社会学方面的参考书，也可以作为一本城市的文化地理学读本，涉及不同文化背景的社群对城市形态与建筑类型的认知。当然，在城市规划方面，译者更倾向于将本书作为一本供城市管理者使用的参考书，这些城市的场所认同方面的案例对我国当前的城市建设都是很好的参考，

最后，我更愿意本书成为一本专业的旅游指南，它既包含特定城市形态的历时演变的内容，也将当代城市设计的共时作用展现于其上，更有丰富的建筑师及其作品信息，当我们带着这些内容穿越那些城市时，对城市形态的体验必将是不同的，形形色色的城市形态与建筑对我们而言具有了新的“意义”，超越了纯粹的美学范畴。同样，我们可以利用这一方式来阐释自己身边的城市形态和设计案例。

最后，关于本书中的议题，还可以进一步思考的是，是否我们的城市形态和建筑形式应当表达这些不同的社会与文化意指，或者当代这种不容置疑的“社会表现”是否就是正当合理的？城市空间是社会的产物，但并不一定是社会生活的反映，而是一个在与其他特征相互依存中才能把握的特征。而在当代，很显然当自由表达导致了身份的危机，城市和建筑形象越来越多地承担了原本由服饰、用品等其他方面所承担的个人表达和身份认同的作用，导致高科技的空间是金属化的，文化的空间是民族化的，消费的空间是女性化的，儿童的空间是卡通化的。当代城市的场所－认同问题其实也有一部分是社会表达，或者社会过度表达的问题。认识到这一点多少有点悲哀，因为它离那个建筑自明性的纯真年代，已渐行渐远。

魏羽力

2009年8月于南京东南大学